木结构设计理论与实践丛书

多层木结构及木混合结构
设计原理与工程案例

何敏娟　倪　春　著

U0196538

中国建筑工业出版社

图书在版编目（CIP）数据

多层木结构及木混合结构设计原理与工程案例/何敏娟，倪春
著. —北京：中国建筑工业出版社，2018.10
（木结构设计理论与实践丛书）
ISBN 978-7-112-22409-8

Ⅰ.①多… Ⅱ.①何…②倪… Ⅲ.①多层结构-木结构-结构设
计-研究②钢结构-木结构-混合-结构设计-研究 Ⅳ.①TU366.2
②TU398

中国版本图书馆 CIP 数据核字（2018）第 145974 号

　　本书系统介绍了各类多层木结构和木混合结构的体系构成、材料性能、荷载特点、传力路
径、结构分析方法、设计特点以及相应的构造要求等。具体结构体系包括：轻型木结构、胶合
木框架结构、正交胶合木（CLT）结构、轻型木结构与钢筋混凝土结构的上下混合体系、轻型
木结构与钢筋混凝土框架的同层混合体系、轻型木结构与钢框架的同层混合体系等多种结构体
系。本书着眼于工程应用，通过每种结构形式的具体案例分析，展示了相应结构体系的设计
方法。
　　本书可供从事多高层木结构设计、施工和工程管理等工程技术人员参考，也可作为高等院
校学生的学习参考书。

责任编辑：王　梅　辛海丽
责任校对：王雪竹

木结构设计理论与实践丛书
多层木结构及木混合结构设计原理与工程案例
何敏娟　倪　春　著
*
中国建筑工业出版社出版、发行（北京海淀三里河路9号）
各地新华书店、建筑书店经销
北京科地亚盟排版公司制版
北京市密东印刷有限公司印刷
*
开本：787×1092毫米　1/16　印张：17¾　字数：437千字
2018年11月第一版　　2018年11月第一次印刷
定价：**59.00**元
ISBN 978-7-112-22409-8
（32282）

前　言

　　木结构是中国的一种传统结构形式，具有几千年的历史。一些著名的木结构历史建筑如位于山西的应县木塔，历经近千年风霜，仍屹立于中国大地。近年来，随着我国对建筑业可持续发展、推行绿色施工等问题的重视，木结构因利用可再生木材资源、装配化程度高等特点受到业内的重视。近两年，国务院、住房和城乡建设部及地方政府等连续颁发文件，鼓励有条件情况下应用木结构。

　　国外对现代木结构材料、结构形式、结构性能等研究深入，木结构建设规模不断向大跨、高层发展，近年建起了不少十层以上的木结构建筑，2016年高达53m的18层木结构在加拿大不列颠哥伦比亚大学（UBC）结构封顶，不久24层的木结构有望在维也纳落成。我国人口众多、城市建设用地有限，多高层木结构也是我们期待的一种绿色、装配化建筑形式。虽然中国超高层建筑数量已达全球第一，有着丰富的设计和建造经验，但木结构不同于钢筋混凝土结构和钢结构，无论是结构体系，还是构造方式等都有其特殊性，而目前由于我国木结构设计资料和建筑工程案例缺乏，设计师往往觉得设计时力学模型和相关参数等不易确定、较难马上开展设计工作。基于近年来国内外工程案例分析以及木结构和木混合结构方面的研究成果，编写《多层木结构及木混合结构设计原理与工程案例》，以期对投资方进行工程决策、设计师进行工程设计、管理部门进行工程审批，以及相关工程技术人员从事项目建设与管理等都有所帮助。

　　本书共分七章，内容包括木结构特点与材料性能，多层轻型木结构、多层胶合木框架结构、多层正交层板胶合木结构、多层轻型木结构与混凝土上下混合结构、多层轻木-混凝土框架混合结构和多层轻木-钢框架混合结构等多种结构形式的特点、设计原理、设计方法以及设计案例。本书由同济大学何敏娟教授、加拿大林业创新研究院倪春研究员合作编著，编著过程中得到团队许多同事和研究生们的帮助，很多内容源于团队研究生近年来的研究成果。同济大学建筑设计研究院（集团）有限公司的孙永良高工、何桂荣工程师参加了本书第二、第三章的编写，同济大学研究生罗晶、韩倩文、王佳瑶、王希珺等分别参加了第四、第五、第六、第七章等内容的整理，苏州昆仑绿建的周金将先生提供了实际工程——御玲珑项目的案例分析，在此一并表示感谢。本书出版得到加拿大木业协会的经费支持，也表示衷心的感谢。限于作者时间和水平有限，书中谬误之处在所难免，敬请读者指正。

目 录

第一章 概　　述

第一节　木结构特点

　　木结构是指以木材为主要受力体系的工程结构。木混合结构则指以木材与其他建筑材料共同形成受力体系的结构工程，本书所述木混合结构有别于只将木材作为填充墙体（不起结构作用）、受力体系由其他材料形成的结构。木结构及木混合结构在房屋建筑、桥梁、道路等方面都有应用。在房屋建筑方面，木结构及木混合结构除大量用于住宅、学校和办公楼等中低层建筑之外，也大量存在于大跨度建筑，如体育场、机场、展览馆、图书馆、会议中心、商场和厂房等；本书主要涉及用于住宅、学校、办公楼等多层木及木混合结构的设计原理及工程案例。与其他材料建造的结构相比，木结构具有资源再生、绿色环保、保温隔热、轻质、美观、建造方便、装配化程度高、抗震和耐久等许多优点。

　　（1）木材资源最可再生。木材依靠太阳能而周期性地自然生长，只要合理种植、开采，相对于其他建筑材料如砖石、混凝土和钢材等，木材最易再生产，一般周期为 50～100 年；随着林业、木材加工业的发展，很多速生材也可用于建筑结构中，这样大大缩短林业资源的再生产周期。

　　（2）木材是一种绿色环保材料。对分别以木材、钢材和混凝土为主要结构材料的面积约 200m² 的一幢住宅建筑进行比较，结果表明：木结构建筑耗能、二氧化碳排放、对空气和水的污染、生态资源耗用都是最低的；木材工业发展虽损失大片林区，但这一影响只是短暂的，树木再植、森林资源的可持续管理将生态资源影响降低到最低程度。因此，综合考虑各种因素，木材最为绿色环保。

　　（3）木结构建筑美观。木结构建筑的纹理自然，与人有很强的亲和力。住在木结构的建筑中使人有一种回归自然的感觉。

　　（4）木结构可降低软土地区的基础造价。木材密度比传统建筑材料都小。木材的强度与荷载作用方式、荷载与木纹的方向等因素有关，但只要设计合理，木材的顺纹抗压、抗弯强度还是比较高的。因此，木结构建筑总体上自重较轻，可以降低软土地区的基础造价。

　　（5）木结构建筑具有较好的抗震性能。结构物上的地震作用与结构质量有关，木结构质量轻，产生的地震作用当然也小；同时，由于木结构质量轻，地震致使房屋倒塌时对人产生的伤害也会小一些。另外，木结构的整体结构体系一般具有较好的塑性、韧性，因此在国内外历次强震中，木结构都表现出较好的抗震性能。

　　（6）木结构建筑装配化程度高。木材加工容易，可锯切成各种形状；木构件、木部件可在工厂预制，运到现场组装，使木结构建造作业面多、施工周期短，现场只是通过螺栓等连接件进行组装，湿作业少、施工污染少，装配化程度高，有利于推动绿色施工。对于运输条件好、设计合理的建筑，甚至可分段预制、整幢预制，现场只要节段拼装或整体连于基础，装配化程度非常高。

(7) 木结构具有一定的耐久性。如果木结构设计合理，具有较好的防潮构造、合理的防火措施，则也有很好的耐久性。如现存的我国五台山南禅寺大殿和佛光寺大殿都已有1200 年左右的历史。挪威一座建于 12 世纪的木结构教堂，由于其出色的设计和精心的保养，历经 800 年的风雨依然完好如初。无数北美和欧洲的 19 世纪建造的木结构建筑物，都证明了木结构能够经受得起时间的考验。

但是木结构也有一些缺点，这些缺点有时会影响木结构的应用，因此需合理设计，避免这些缺点对建筑物使用的影响。

(1) 木材各向异性。树木自然生长，断面上有显示生长周期的年轮；树木沿纵向随其纤维长度的生长而增高。因此从外观上看，木材沿纵向、横向完全不同，而从力学性能上说为各向异性体。木材强度按作用力性质、作用力方向与木纹方向的关系一般可分为：顺纹抗压、横纹抗压、斜纹抗压、顺纹抗拉、横纹抗拉、抗弯、顺纹抗剪、横纹抗剪、抗扭等，各种强度差别相当大，其中顺纹抗压、抗弯的强度较高。因此，木结构设计最好尽可能使构件承受压力，避免承受拉力，尤其要避免横纹受拉。

(2) 木材容易腐蚀。木材腐蚀主要是由附着于木材上的木腐菌的生长和传播引起，但木腐菌生长需要有一定的温度、湿度条件。木腐菌最适宜的生长温度约为 20℃，这也是人类生活的舒适温度，因此控制湿度是阻止木腐菌生长的唯一办法。使用干燥的木材，做好建筑物的通风、防潮，都是避免木材腐蚀的有效措施；当然长期可能受到潮气侵入的地方，如与基础连接的木构件、直接暴露于风雨中的构件等，可采用具有天然防腐性的木材或对木材进行防腐蚀处理。

(3) 木材易于受虫害侵蚀。侵害木材的虫类很多，如白蚁、甲虫等，品种因地而异。切实做好木材防潮是减少或避免虫害的主要措施；在房屋建造前，对建房场地及四周土壤清理树根、腐木，设置土壤化学屏障等也是预防虫害的一种措施；木结构一旦遭受虫害，需及时用药物处理。

(4) 木材易于燃烧。对于房屋的使用者而言，火灾是随时存在的危险，但研究和事实表明：房屋的防火安全性与建筑物使用的结构材料的可燃性之间并无太多关联，很大程度上取决于使用者对火灾的防范意识、室内装饰材料的可燃性以及防火措施的得当与否。因此，木结构须按防火规范做好防火设计，合适的防火间距、安全疏散通道、烟感报警装置的设置等都是防止火灾发生的必要措施。

第二节　木结构材料

一、木材的树种

木材可分为两类：针叶材和阔叶材。针叶材一般质地较软，又称为软木；而阔叶材一般质地较硬，所以又称硬木，见图 1-1。结构中的承重构件大多采用针叶材。针叶材一般为四季常青，而阔叶材秋冬季会落叶。其实，软木（针叶材）并非强度一定比硬木（阔叶材）低，有些软木的强度比一些硬木强度还高。但是硬木的木纹不像软木那样平直、有规律，而木材加工时沿着木纹取材、刨光者较多，因此硬木加工较困难，感觉很硬，而使用时因木纹方向变化较大使得强度离散性很大，所以硬木用作结构材较少。

截至 2015 年年底，我国森林面积达 2.08 亿公顷，居世界第 5 位，森林覆盖率达 21.66%；我国森林资源呈总量持续增长、质量不断提高、天然林稳步增长、人工林快速发展的特点。但是我国森林覆盖率仍远低于全球 31% 的平均水平，人均森林面积仅为世界人均水平的 1/4；森林总量相对不足、质量不高、分布不均，因此目前还是大量通过进口来满足国内木材需求。

(a)   (b)

图 1-1 树种

(a) 针叶材；(b) 阔叶材

我国各地区可供选用的常用树种有：

（1）黑龙江、吉林、辽宁、内蒙古：红松、松木、落叶松、杨木、云杉、冷杉、水曲柳、桦木、槲栎、榆木。

（2）河北、山东、河南、山西：落叶松、云杉、冷杉、松木、华山松、槐树、刺槐、柳木、杨木、臭椿、桦木、榆木、水曲柳、槲栎。

（3）陕西、甘肃、宁夏、青海、新疆：华山松、松木、落叶松、铁杉、云杉、冷杉、榆木、杨木、桦木、臭椿。

（4）广东、广西：杉木、松木、陆均松、鸡毛松、罗汉松、铁杉、白椆、红椆、红锥、黄锥、白锥、檫木、山枣、紫树、红桉、白桉、拟赤杨、木麻黄、乌墨、油楠。

（5）湖南、湖北、安徽、江西、福建、江苏、浙江：杉木、松木、油杉、柳杉、红椆、白椆、红锥、白锥、栗木、杨木、檫木、枫香、荷木、拟赤杨。

（6）四川、云南、贵州、西藏：杉木、云杉、冷杉、红杉、铁杉、松木、柏木、红锥、黄锥、白锥、红桉、白桉、桤木、木莲、荷木、榆木、檫木、拟赤杨。

（7）台湾：杉木、松木、台湾杉、扁柏、铁杉。

此外，各地往往对同一树种有不同的称呼。

目前可供建筑使用的常用进口树种有：

（1）北美：花旗松、北美黄杉、粗皮落叶松、加州红冷杉、巨冷杉、大冷杉、太平洋银冷杉、西部铁杉、白冷杉、太平洋冷杉、东部铁杉、火炬松、长叶松、短叶松、湿地松、落基山冷杉、香脂冷杉、黑云杉、北美山地云杉、北美短尾松、扭叶松、红果云杉、白云杉。

（2）欧洲：欧洲赤松、落叶松、欧洲云杉。

（3）新西兰：新西兰辐射松。

（4）俄罗斯：西伯利亚落叶松、兴安落叶松、俄罗斯红松、水曲柳、柞木、大叶椴、小叶椴。

（5）东南亚：门格里斯木、卡普木、沉水稍、克隆木、黄梅兰蒂、梅灌瓦木、深红梅兰蒂、浅红梅兰蒂、白梅兰蒂。

（6）其他国家：辐射松、绿心木、紫心木、李叶豆、塔特布木、达荷玛木、萨佩莱木、苦油树、毛罗藤黄、红劳罗木、巴西红厚壳木。

国内在用的进口树种也不仅限于上述，很难一一列举。

二、木材的构造

木材的构造分宏观构造和微观构造。宏观构造为肉眼或放大镜下观察到的木材构造及其特征；微观构造是木材在显微镜下观察到的木材各组成分子的细微特征及其相互联系。

（一）宏观构造

1. 木材三向特征

木材特征沿三个方向不同，此三向为：纵向（longitudinal，简记为 L）、径向（radial，简记为 R）和切向（tangential，简记为 T）。木材在不同方向上的分子特征不同，其物理性质、力学强度也因此不同。木材三个方向见图 1-2。纵向是沿着木纹生长的长度方向；径向和切向均垂直于木纹长度方向，径向为沿着横截面的半径方向，切向为沿着横截面的切线方向。

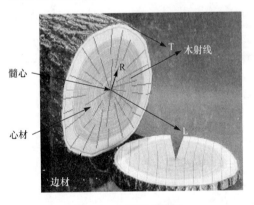

图 1-2　木材宏观构造

2. 边材和心材

边材是指在存活树木中含有活细胞及储存物质的木材部分，位于树皮内侧并靠近树皮处，边材材色一般较浅，含水率一般较大；心材是指在存活树木中不包含活细胞，位于边材里面的木材，一般颜色较深。树横断面中心部位称为髓心，髓心为第一年的初生木质，常为褐色或淡褐色，髓心质地较软、强度低、易开裂，在工程木材加工时，往往去除髓心。心材、边材、髓心的位置也见图 1-2。

有些树种，心材和边材区别显著，如马尾松、云南松、麻栎、刺槐、榆木等，称为心材树种。有的树种，木材外部和内部材色一致，但内部的水分较少，称为熟材树种或隐心材树种，如冷杉、云杉等。有的树种，外部和内部既没有颜色上的差异，也没有含水量的差别，称为边材树种，如桦木、杨树等。

心材是由边材转变而成的。心材密度一般较大，材质较硬，天然耐腐性也较高。

3. 年轮、早材和晚材

年轮：指一年内木材的生长层，在横断面上围绕髓心呈环状。年轮在许多针叶材中明显，见图 1-3。在热带、亚热带，树木的生长期与雨季、旱季的季节相适应，因此一年内能形成数个年轮；而在温带、寒带，树木的生长期则与一年相符，一年形成一轮，因此通称年轮。

早材：指一个年轮中，靠近髓心部分的木材。在明显的树种中，早材的材色较浅，一般材质较松软、细胞腔较大、细胞壁较薄、密度和强度都较低。

晚材：指一个年轮中，靠近树皮部分的木材。材色较深，一般材质较坚硬、结构较紧密、细胞腔较小、细胞壁较厚、密度和强度都较高。

在年轮明显的树种中，一个年轮内从早材过渡到晚材，有渐变的，也有急变的。渐变者为年轮中早材、晚材界限不明显，从早材到晚材颜色逐渐由浅变深；急变者为年轮中早材、晚材界限明显，从早材到晚材颜色突变。

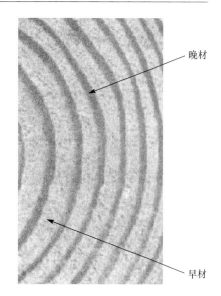

图 1-3　年轮

4. 木射线

木射线为从髓心到树皮连续或断续穿过整个年轮的、呈辐射状的条纹，仍可见图 1-2。木射线在树木生长过程中起横向输送和储藏养分的作用。木材干燥时，常沿木射线开裂。木射线有利于防腐剂的横向渗透。

（二）微观构造

1. 木材的细胞组成

针叶树材的细胞组成简单、排列规则，因此材质均匀，主要分子组织为轴向管胞、木射线、薄壁组织及树脂道等。轴向管胞占总体积的 90% 以上，是决定针叶树材料物理力学性能的主要因素。木射线约占 7%。管胞的形状细长，两端呈尖削状，平均长度为 3～5mm，其长度为宽度的 75～200 倍。早材管胞细胞壁薄而腔大呈正方形；晚材管胞细胞壁比早材厚约一倍而腔小呈矩形。

阔叶树材的组成分子包括木纤维、导管分子、木射线和轴向薄壁组织细胞等。其中以木纤维为主，占总体积的 50%，是一种厚壁细胞，它是决定阔叶树材物理力学性能的主要因素；导管分子是一串连轴向细胞末端顺纹相连组成的管状组织，约占总体积的 20%，在树木中起输导作用；木射线约占 17%；轴向薄壁组织细胞约占 13%。阔叶树材组成复杂、排列不整齐、木射线全由薄壁细胞组成，轴向薄壁组织发达，材质不均匀。

2. 木材细胞壁的纹孔

木材细胞壁上有不少纹孔。这是轴向细胞之间、轴向细胞与横向木射线细胞之间水分和养分的通道；也是木材干燥、防腐药剂处理及胶合时，水分、药剂及胶料渗透的通道。

3. 木材细胞的成分

木材细胞的主要成分为纤维素、木素和半纤维素。其中以纤维素为主，在针叶树材中约占 53%。纤维素的化学性质很稳定，不溶于水和有机溶剂，弱碱对纤维素几乎不起作用。这就是木材本身化学性质稳定的原因。

针叶树材的木素含量约为 25%，半纤维素含量约为 22%。它们的化学稳定性较低。

阔叶树材的纤维素和木素含量较少，而半纤维素较多。

木材细胞基本元素的平均含量几乎与树种无关，其中碳约 49.5%，氢约 6.3%，氧约

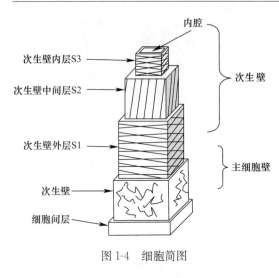

图 1-4　细胞简图

44.1%，氮约 0.1%。

4. 木材细胞壁的构造

纤维素分子能聚集成束，形成细胞壁的骨架，而木素和半纤维素包围在纤维素外边。图 1-4 为一个细胞的简图。细胞壁本身分成主细胞壁和次生壁。次生壁进一步分成三层：S1、S2 和 S3，细胞壁主体为厚度最大的次生壁中层 S2，该层微细纤维紧密靠拢，排列方向与轴线间成 10°～30°角，这就是木材各向异性的根本原因。其他各层尽管与轴向夹角较大，但因厚度较小，对木材强度不起控制作用。

三、木材缺陷

木材主要缺陷有木节、斜纹、髓心、裂缝、变色及腐朽，这些都会降低木材利用价值，影响材料的受力性能。

木节为树干上分枝生长而形成，木节周边会形成涡纹，因此木节与周围纤维的联系较弱。外观尺寸相同的木节随在材料上的位置不同而对材料性能产生不同的影响。

斜纹有天然和人为之分。天然斜纹在木材生长过程中产生，人为斜纹是锯面与木纹方向不平行而引起。木纹较斜、木构件含水率较高时，干燥过程会产生扭翘变形和斜裂纹，从而对构件受力不利。

髓心如前所述，其组织松软、强度低、易开裂，因此对受力要求较高的构件应避免用髓心部位的材料。

裂缝是木材受外力作用，或随温度、湿度变化而产生的木材纤维间的脱离现象，裂缝既影响外观又影响受力性能。

变色是由木材的变色菌侵入木材后引起的，由于菌丝的颜色及所分泌的色素不同，有青变（青皮、蓝变色）及红斑等；如云南松、马尾松很容易引起青变，而杨树、桦木、铁杉则常有红斑。变色菌主要在边材的薄壁细胞中，依靠内含物生活，而不破坏木材的细胞壁，因此被侵染的木材，其物理力学性能几乎没有太大改变。一般除有特殊要求者外，均不对变色加以限制。

木腐菌在木材中由菌丝分泌酵素，破坏细胞壁，引起木材腐朽，使木材材质变得很松软或成粉末，降低木材强度。

四、木材的受力性能

木材是一种自然生长的材料，其受力性能受树木生长速度、生长条件、树种、材料含水率以及缺陷等许多因素的影响。如前所述，树木生长有年轮；木材力学性能沿纵向、横向完全不同，为各向异性体。这些都会影响木材强度。

木材强度按作用力性质以及作用力方向与木纹方向的关系一般可分为：顺纹抗拉、顺纹抗压、抗弯、顺纹抗剪及横纹承压等几类。其他形式受力如横纹抗拉等因强度太低，应尽可能避免，规范也不给出相应的强度设计值。

1. 顺纹抗拉强度

木材顺纹受拉的应力-应变曲线接近于直线，因此木材受拉破坏前并无明显的塑性变形阶段，表现为脆性破坏。木材顺纹抗拉强度极限较高，但木材横纹抗拉强度很低，一般为顺纹抗拉强度的1/40～1/10。因此，在受力构件中不允许木材横纹受拉。

木材缺陷对顺纹抗拉强度的影响很大。有斜纹时，由于木纹方向与拉力方向不一致，产生横纹方向的分力，而使受拉构件的强度降低，木纹斜率越大，降低也越多。干缩裂缝沿斜率较大的木纹开展时，对受拉构件的危害极大，甚至导致断裂。因此对受拉构件应严格限制木纹的斜率。

木节对受拉构件承载能力的影响也很大。木节与周围木质之间的联系很差，削弱了截面并使截面偏心受力；木节旁存在涡纹，使该处形成斜纹受拉；木节边缘产生局部的应力集中，由于木材受拉工作的脆性特点，这种应力集中一直到破坏得不到缓和。木节对强度的影响不但与木节的尺寸有关，且与木节在构件截面上的位置也有关系。位于边缘部分的木节影响最大，试验表明：当木节的尺寸等于构件宽度的1/4，且位于边缘部分，构件的承载能力只相当于同样尺寸无节试件的30%～40%。这说明在选择拉杆木材时严格限制木节尺寸的重要性。具有相同净截面面积的情况下，有缺孔等局部削弱的拉杆的承载能力，要比没有削弱时为低；因为削弱后的孔边会出现应力集中现象。

2. 顺纹抗压强度

木材顺纹受压破坏时，纤维失稳而屈曲。木材顺纹受压和受拉相比，受压时木材具有较好的塑性。正由于这种性质，能使局部的应力集中逐渐趋于和缓，所以在受压构件中通常可不考虑应力集中的不利影响。木节的影响也远小于受拉。例如，当木节尺寸为构件宽度的1/3，且位于边缘部分时，构件的承载能力为同样尺寸无节试件的60%～70%。斜纹的影响也小得多。裂缝在轴心受压时几无影响。因此，木构件的受压工作要比受拉工作可靠得多。

3. 抗弯强度

木材的抗弯强度极限介于抗拉和抗压强度极限之间。由于木材受弯时既有受压区又有受拉区，因此木节和斜纹对强度的影响介于受压和受拉之间。当木节直径之和占宽度的1/3时，其强度为无节试件的45%～50%。木节对原木受弯构件的影响小于锯材，因为锯材边缘的纤维被切断，节旁斜纹在受弯时会劈开，而原木无此等现象。故木节尺寸达到上述程度时，原木的强度能达到无节试件的60%～80%。

4. 承压强度

连接处常常为木材承压受力。按承压受力方向与木纹所成角度的不同，可分为顺纹、横纹和斜纹三种情况，见图1-5，顺纹承压强度稍小于顺纹抗压强度，这是因为承压面不可能完全平整所致。但差别很小，故规范中对顺纹抗压强度设计值和顺纹承压强度设计值不作区别。

木材横纹承压在开始时是细胞壁的弹性压缩阶段，当应力超过比例极限以后细胞壁失去稳定，细胞腔被压扁，这时荷载虽然增加很少，但变形却增长很快。最后，当所有的细胞腔压扁以后，其变形逐渐减少，而应力急剧上升，直到无法加压为止。木材横纹承压变形较大，在实际使用中不希望在构件的连接处产生过大的局部变形，因此，一般由比例极限确定木材横纹承压强度。

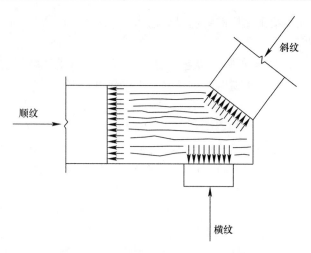

图 1-5　木材承压的三种方向

在横纹承压中，又可分为全表面承压，见图 1-6（a），以及局部表面承压，见图 1-6（b）、（c）。

横纹全表面承压的强度几乎与承压面的尺寸无关。

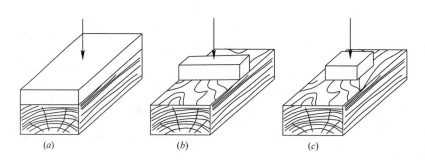

图 1-6　木材横纹承压几种不同情况
（a）全表面承压；（b）局部长度承压；（c）局部长度和宽度承压

局部长度承压时，见图 1-6（b），不但压块下面一定深度的木材纤维参加承压工作，在压块两端一定范围内的木材纤维也参加工作，但它们是处于受弯和受拉状态，见图 1-7（a）。由于压块两端范围内木材纤维的支持，局部长度承压强度高于全表面承压。

横纹承压强度值与承压面长度 l_a 和非承压面自由长度 l_c 的比值有关。当 $\dfrac{l_c}{l_a}=0$ 时，即为全表面承压，此时强度最低；当 $\dfrac{l_c}{l_a}$ 很小时，非抵承端部可能出现横纹撕裂现象，如图 1-7（b）；只有当 $\dfrac{l_c}{l_a}$ 足够大时，才能考虑横纹承压强度的提高，当 $\dfrac{l_c}{l_a}=1$，且 $l_a \leqslant h$ 时，局部承压强度几乎达到最大值，以后再增加 $\dfrac{l_c}{l_a}$ 比值，强度几乎不再提高。

当长度方向和宽度方向都局部承压时，见图 1-6（c），由于木材纤维横向的联系很弱，其强度与局部长度承压相差甚微。

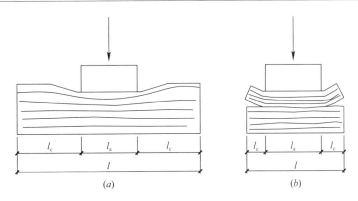

图 1-7　横纹局部长度承压时两端非抵承面木材纤维的工作情况

(*a*) 非抵承面较长时；(*b*) 非抵承面很短时

5. 抗剪强度

木材受剪破坏时变形很小，达到强度极限时突然破坏，表现为脆性特点。木材抗剪强度很低，应尽可能避免。

6. 受拉、受压、受剪及弯曲弹性模量

木材顺纹受压和顺纹受拉弹性模量基本相等，记作 E_L。横纹弹性模量分为径向 E_R 和切向 E_T，它们与顺纹弹性模量的比值随木材的树种不同而变化，当缺乏试验数据时，可以近似取：$\dfrac{E_T}{E_L} \approx 0.05$，$\dfrac{E_R}{E_L} \approx 0.1$。木材顺纹弹性模量近似地比木材静力弯曲弹性模量提高 10%。

木材受剪弹性模量 G（也称剪变模量），随产生剪切变形的方向而变化。G_{LT} 表示变形发生在沿木材纵向和横断面切向所组成的平面内的剪变模量；G_{LR} 表示变形发生在沿木材纵向和横断面径向所组成的平面内的剪变模量；G_{RT} 表示变形发生在横断面内的剪变模量。

木材剪变模量也随树种、木材密度等因素变化，具有近似关系式：$\dfrac{G_{LT}}{E_L} \approx 0.06$，$\dfrac{G_{LR}}{E_L} \approx 0.075$ 和 $\dfrac{G_{RT}}{E_L} \approx 0.018$。

五、木结构材料的种类

结构用木材按照其加工方式不同，主要分三大类：原木、锯材和胶合材。

原木为伐倒的树干经打枝和造材加工而成的木段。

锯材为原木经切割加工而成的成品材或半成品材，按其断面尺寸不同分为方木、板材和规格材。随着木材加工技术的发展，锯材生产过程的自动化程度不断提高，通过计算机控制，对断面进行最优分割，从而最大程度地利用原材料，生产出各种截面的锯材，提高生产效率和原材料利用率。

胶合木为以木材为原料通过施压胶合，制成的各种矩形截面构件和板材的总称。胶合木由于在加工过程中所用单块原材料较薄或较小，所以容易去除木材本身的缺陷，从而材质较为均匀、强度和可靠度都比同样尺寸的锯材高，同时材料利用率也较高。

木结构中除上述三类结构木材外，还有一些用木材制作而成的工程构件，如轻型木桁架、"工"字木等。现代木结构中，锯材、胶合木和工程构件应用广泛，下面分类作一详细介绍。

1. 原木

原木为伐倒的树干，经打枝、去皮制作后可直接用作结构的构件。原木用作结构构件时往往要求很高，整根构件长度大、直径变化小、外观好、缺陷少，因此这样的建筑往往造价很高，且不利于充分利用原材料。国内的一些历史建筑很多用原木作结构的柱子，20世纪农村住宅常常以原木作梁，并以梁的直径作为财富的象征；国内外目前仍在建造一些原木建筑，但造价相当昂贵、数量也不多。

2. 锯材（Sawn Timber）

如上所述，锯材分方木、板材和规格材。

（1）方木（Square Timber）

方木指从原木经直角锯切得到的、宽厚比小于3的、截面为矩形或方形的锯材，常用作建筑物的梁和柱。一般方木的最小截面尺寸为140mm×140mm，最大截面尺寸可达到400mm×400mm左右。截面尺寸越大，要求原木直径越大，材料越难得到。因此较易得到的方木截面尺寸一般在240mm×240mm以下，长度约9m。对于大尺寸方木并不是所有树种都可得到，因为有些树种的树干直径有限。此外大尺寸方木需提早预订，而且并非所有工厂可供货。

方木常用干燥方法为放在空气中自然晾干或在干燥棚中烘干。由于方木截面尺寸和构件长度都较大，中心部位水分难以彻底挥发，因此在自然状况下难以彻底干燥；而放进棚中干燥，表面和中心部位水分挥发速度差异很大，容易产生裂缝。所以方木一般在使用过程中容易产生收缩并导致裂缝，但只要裂缝不超过规范规定的范围，不会影响承载能力和正常使用。为避免方木中大裂缝的产生，使用前最好留有足够时间使它在空气中慢慢干燥，使用时避免温度较高、湿度很低的环境。

（2）板材（Plank）

板材指从原木直角锯切得到的，宽厚比大于等于3的，截面为矩形的锯材。常用的板材为启口板，常用于"梁柱式木结构"体系中的楼、屋面板。相对于"轻型木结构"，在"梁柱式木结构"体系中，楼、屋面板跨度较大，所以此处所用启口板为单跨或多跨的承重板。在楼屋面结构中，如果启口板质量等级较高，其外观和承载能力都较好，此时它既是承重楼板又是装修面板。启口板常用厚度为40mm、65mm、90mm，在结构中采用何种厚度的板是根据板的跨度和楼屋面荷载确定。板厚度较薄如40mm厚时，板边缘采用单启口，板厚度较厚如65mm、90mm厚时，板边缘采用双启口，相邻板块通过启口镶嵌保证固定；厚度为65mm或90mm的板沿板长度方向每隔一定距离预先钻一小孔，安装时每一小孔用一长钉子连接相邻板块，以此确保板块间固定。启口板与支座的固定方式既有斜钉、又有直钉。启口形式、连接方式示意于图1-8。启口板在使用前均需经过干燥处理，否则安装后板块收缩较大，从而引起启口之间松动、板块之间产生缝隙，这样既影响美观也影响受力。

3. 规格材（Dimension Lumber）

规格材为木材截面的宽度和高度按规定尺寸加工的规格化木材。规格材的常用厚度为40mm、65mm、90mm，截面高度为40mm、65mm、90mm、140mm、185mm、235mm、

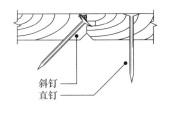
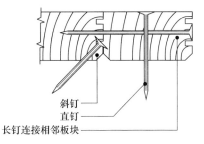

斜钉
直钉

斜钉
直钉
长钉连接相邻板块

图 1-8　启口板及连接

285mm 等，规格材示意于图 1-9。规格材生产过程为先经去皮，然后锯成一定截面规格、目测分类、干燥、表面磨光、按外观及强度分等级、打包。其中并非所有材料需经干燥处理，根据用户要求及截面规格确定，厚度约为 40mm 的规格材一般经干燥处理，而厚度较大，如 65mm 或 90mm 的规格材一般不经干燥处理，而仅供应"湿材"。规格材主要用于"轻型木结构"建筑的主体结构中，如墙骨柱、楼面搁栅、椽条、檩条以及轻型木屋架的弦杆和腹杆等。

规格材等级与各种缺陷有关，如木节的大小和位置、木纹的方向、缺损的大小、各种裂纹裂缝的位置和长度等。构件越大，出现缺陷的概率越高，强度越低。规格材的强度分等有目测分级和机械分级两种。目测分级为用肉眼观测方式、按标准对木材材质划分等级；机械分级则采用机械应力测定设备对木材进行非破坏性试验，按测定的木材弯曲强度和弹性模量确定木材的材质等级。

对于长度较大的构件，规格材可用"指接"连接。所谓"指接"，就是将相邻规格材端部用特定的机器切成"齿形"，在"齿形"断面上均匀涂抹特定的胶水，然后将两者对接、加压连为一体。"指接"节点见图 1-10。只要工艺质量保证，相同等级的"指接"规格材强度并不低于非"指接"规格材。

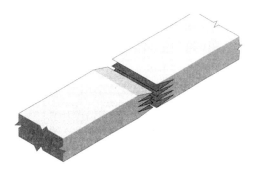

图 1-9　规格材示意　　　　　　　图 1-10　规格材"指接"

4. 胶合材

以木材为原料通过胶合压制而成的产品的总称为胶合材。胶合材类型非常多，木结构中常用的有层板胶合木（Glued laminated timber，简称 Glulam）、正交层板胶合木（Cross laminated timber，简称 CLT）、旋切板胶合木（Laminated veneer lumber，简称

LVL)、平行木片胶合木（Parallel strand lumber，简称 PSL）、木基结构板（Wood-based structural panels）等。

（1）层板胶合木（Glued laminated timber，简称 Glulam）

层板胶合木制作时将多层胶合木层板沿顺纹方向叠层胶合而成的木制品，也称胶合木或结构用集成材，简称 Glulam，如图 1-11。Glulam 通常用于结构的梁或柱，且可加工成楔形、拱形等各种曲线形。Glulam 中所用的单层胶合木层板的厚度不大于 45mm，当构件曲率半径较小时，可用更薄的，如约 20mm 厚的层板。所用层板都须经干燥处理，所以成品收缩较小。当 Glulam 用于承受轴向荷载时，各层层板强度相同；当用于承受弯矩时，受拉缘外侧的层板可采用强度较高的材料。

（2）正交层板胶合木（Cross laminated timber，简称 CLT）

正交胶合木是以厚度为 15～45mm 的层板相互叠层正交组坯后胶合而成的木制品，也称正交胶合木，简称 CLT，见图 1-12。CLT 由于正交组坯、双向力学性能接近，克服了以往木材正交各向异性的缺点；同时，CLT 强度高、刚度大、变形小、有一定碳化抗火能力；此外，CLT 通常在工厂切割、开孔，到现场拼装，装配化程度非常高。由于 CLT 的诸多优点，目前大多数多高层木结构都会用到 CLT 材料。

图 1-11　胶合木

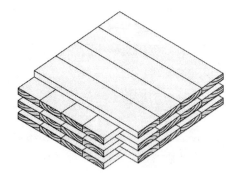

图 1-12　正交胶合木

（3）旋切板胶合木（Laminated veneer lumber，简称 LVL）和平行木片胶合木（Parallel strand lumber，简称 PSL）

旋切板胶合木（LVL）和平行木片胶合木（PSL），可统称为结构胶合材（Structural composite lumber，简称 SCL）。结构胶合材就是将原木经剥皮、旋切成厚度为 3～5mm 的薄层按要求裁成一定规格的薄片，薄片经烘干、质量分等或去除木质缺陷后，均匀涂抹胶水经热压在流水线上生产出一定断面的、连续的材料，然后按用户要求切成一定的长度和截面，其长度受运输限制一般最长在 20m 左右。生产时木纹方向总是与长度方向一致。尽管每一薄片长度为 2400mm 左右，但生产过程中木片之间在长度方向均匀搭接，所以保证成品在长度方向强度均匀稳定，不受接缝影响。由于生产过程中分散或去除了木质缺陷，产品的质量稳定、强度较高，如抗弯强度可达到同样尺寸规格材的 3 倍。此外，生产中经干燥处理，含水率较低；使用时不易收缩、变形，不易产生裂缝。结构胶合材主要用作梁或柱，当结构要求梁柱厚度较大时，几层胶合材可用钉或螺栓连为一体形成组合梁或组合柱。

平行木片胶合木（PSL）和旋切板胶合木（LVL）的主要区别在于生产时所切成的薄

片规格不同。PSL 的薄片规格呈条状；LVL 的薄片规格呈板状，与结构胶合板类似，但 LVL 相邻板状薄片的木纹总是沿同一个方向。PSL 和 LVL 的产品外观见图 1-13。两者的对比见表 1-1。PSL 和 LVL 为专利产品，其强度及其他结构参数由专门机构认定。

 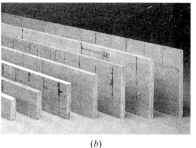

(*a*)　　　　　　　　　　　　　　(*b*)

图 1-13　PSL 和 LVL 外观

(*a*) PSL；(*b*) LVL

表 1-1

PSL 与 LVL 的对比表

产品名称	薄片规格（mm）	流水线上产品断面（厚度×高度）（mm×mm）	成品断面（厚度×高度）（mm×mm）	产品质量
PSL	13×2400	280×455	(45～180)×(240～455)	外观好，免装修
LVL	(600 或 1200)×2400	45×(600 或 1200)	45×(240～475)	一般需另行装修

注：产品规格在一定范围内，但并非任意尺寸，按供方产品目录定。

（4）木基结构板（Wood-based structural panels）

木基结构板（Wood-based structural panels）主要用作轻型木结构中墙体、楼面及屋面的面板。其规格为 1200mm×2400mm，厚度为 6～20.5mm。安装时在板边缘和中间用间距较密的钉子与骨架固定，既增加骨架的刚度，与骨架共同作用来抵抗板平面内的荷载；又用作外表装修层的固定体。板边缘有直边和启口形两种。

结构中常用的木基结构板按其制作方法不同目前常用的主要有两种：结构胶合板（Plywood）和定向木片板（Oriented strand board，简称 OSB）。

结构胶合板（Plywood）的制作方法与前述 LVL 类似，不同之处：结构胶合板主要用作板，要求沿板面两个方向的强度相当，所以制作时相邻薄片纤维方向两两正交；结构胶合板尺寸规格一般为 1200mm×2400mm。

定向木片板（OSB）对原材料的要求较低，可利用速生、小杆径树木，也可用弯曲、扭曲而无其他利用价值的树木，将这些树干去皮后切成厚度小于 1mm、长约为 80mm 的薄片，经烘干、用胶、施压合成一定厚度的板。对于板的两表面，纤维方向总体上沿长度方向，所以沿板长度方向的强度略高；中间层纤维方向任意。由于定向木片板生产过程中能够去除有木材缺陷的薄片，所以产品强度、质量较稳定；此外，能够充分利用森林资源，利于环境保护、降低成本、提高结构经济性能。

5. 其他工程木制品

木结构中常用的工程木制品，一般由规格材、胶合材等通过一定加工，形成的结构受力构件，如轻型木桁架、木"工字形"梁。

（1）轻型木桁架

轻型木桁架，如图 1-14 所示，由约 40mm 厚的规格材和镀锌钢齿板连接而成。齿板，如图 1-15 所示，就是经表面镀锌处理的钢板冲压成很多齿的连接件。在桁架节点处，齿板上的齿压入该节点区域的构件中，只要节点上齿板强度足够，就能保证节点的牢固连接。木桁架根据结构要求可以制成各种形式，如三角形、矩形、梯形及其他各种异形形式，如图 1-16 所示。

图 1-14　木桁架　　　　　　　　　图 1-15　钢齿板

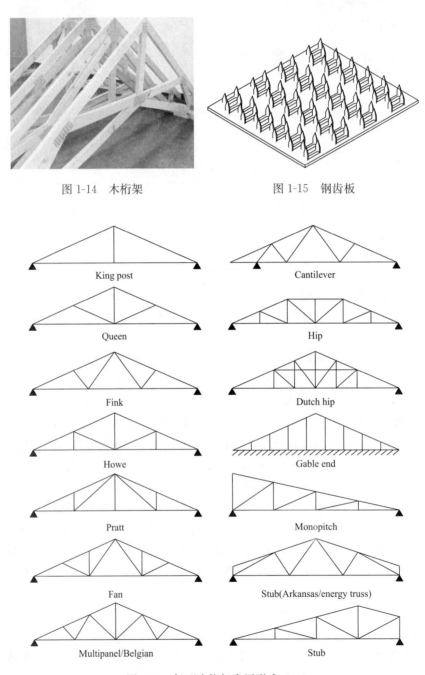

图 1-16　轻型木桁架常用形式（一）

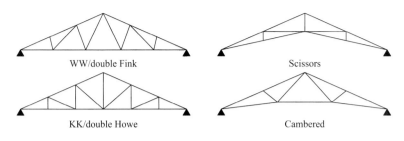

图 1-16　轻型木桁架常用形式（二）

木桁架可以利用断面较小的规格材支撑跨度较大的屋面，提高原材料利用率；木桁架制作简单，劳动生产效率高，结构造价低；由于齿板由较薄的钢板制成，一旦锈蚀就会影响连接性能，所以木桁架一般不用于潮湿、易锈蚀的环境中。

（2）木"工字形"梁

木"工字形"梁见图 1-17。一般来说，木"工字形"梁中翼缘和腹板之间用防水胶粘合，翼缘材料常用规格材或 LVL，腹板材料用胶合板或 OSB 板。因为木工字形梁强度、刚度均匀可靠，重量轻，所以广泛用于跨度较大的楼面、屋面结构中。

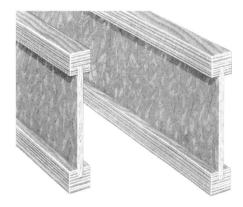

图 1-17　"工字形"木构件

六、影响木材性能的主要因素

1. 含水率对木材性能的影响

木材是一种容易吸湿的材料，其含水率随环境湿度变化而变化。木材含水率的变化会影响材料强度，引起构件收缩或膨胀，从而影响结构受力，产生裂缝，影响外观，严重时影响构件承载或正常使用。木材过湿，还会引起腐烂。

一般情况下，木结构中木材含水率越低，材料强度就越高。

木材长期放置于一定的温度和一定的相对湿度的空气中，会达到相对恒定的含水率。此时的木材含水率称为平衡含水率。当木材的实际含水率小于平衡含水率时，木材产生吸湿；若当木材实际含水率大于平衡含水率时，则木材蒸发水分，称为解湿。

材料含水率变化会引起木材的膨胀或收缩，但其值变化沿木材纵向以及沿断面的环向或径向各不相同。木材断面的环向与径向尺寸随含水率变化而变化，且沿环向的变化比沿径向变化更大；含水率变化对木材纵向尺寸几乎没有什么影响。各向不同的收缩易引起木材的弯曲、翘曲，影响受力甚至使用。

为避免含水率变化对材料带来不利影响，应尽可能采用干燥的木材。所谓干燥的木材一般指其成品含水率达到一定值或以下，此时材料在环境条件下含水率变化较小。我国《木结构设计规范》GB 50005 对木材含水率的规定为：现场制作的原木或方木结构，不应大于 25%；板材、规格材和工厂加工的方木不应大于 19%；方木、原木受拉构件的连接板不应大于 18%；作为连接件时不应大于 15%；胶合木和正交胶合木的层板应为 8%～

15％，且同一构件各层层板间的含水率差别不应大于 5％。此外，在结构使用木材时先调查环境平均湿度，尽可能采用与环境湿度相近的原材料以减小含水率的变化。材料运输和使用过程中注意防护，避免太阳直射。

2. 荷载持续作用时间对木材性能的影响

如果较大的荷载在木构件上长期持续作用，则可能使木材的强度和刚度有很大降低，因此对于木材需建立一个长期荷载作用对强度影响的概念。一般情况下，如果荷载持续作用在木构件上长达 10 年，则木材强度将降低 40％左右。当然每一种构件具体强度降低程度随树种和受力性质而变化。确定木材设计强度时必须考虑荷载持续时间影响系数，同时也应满足国家标准对可靠度的相关要求。当木结构确定了使用年限后，需对其强度进行适当调整。如对于使用年限仅 5 年的短期使用结构，木材强度设计值和弹性模量可乘以一个 1.1 的提高系数；如对于使用年限达 100 年及以上的重要结构，木材强度设计值和弹性模量可乘以一个 0.9 的调整系数。

3. 构件尺寸对木材性能的影响

对于同一等级的结构材，构件截面越大、构件越长，则构件中包含缺陷（木节、斜纹等）的可能性越大。木节的存在减小了构件的有效截面、产生了局部纹理偏斜，并且有可能产生与木纹垂直的局部拉应力，从而降低了木材的强度。我国《木结构设计规范》GB 50005 中对规格材强度进行了尺寸调整。

4. 温度对木材性能的影响

木材强度随温度变化不很显著。在低温（0℃）以下，抗弯强度、抗压强度和抗冲击性能略高于常温情况；高温（37℃）时，强度略低；常温下，随温度升高强度降低，强度降低程度与木材的含水率、温度值及荷载持续作用的时间等多种因素有关。木材短暂时间受热，温度恢复后木材强度也恢复；木材长期（一年或以上）受高温（如气干木材保持在 66℃），强度降低到一定程度后不再变化，但当温度降低到正常温度后，强度也不再恢复。木材温度达到 100℃或以上，木材开始分解为组成它的化学元素（碳、氢和氮），即木材会碳化。当温度在 40～60℃间长期作用时，木材也会慢慢碳化。

5. 密度对木材性能的影响

木材密度是衡量木材力学强度的重要指标之一。一般来说，密度越大，则强度越高，这一效应对同一树种的木材是相当显著的。

密度随木材的种类而变化。

6. 系统效应对木材性能的影响

当结构中同类多根构件共同承受荷载时，木材强度可适当提高，这一提高作用可称为结构的系统效应。我国《木结构设计规范》GB 50005 体现在当 3 根以上木搁栅存在，且与面板可靠连接时，木搁栅抗弯强度可提高 15％，即抗弯强度的设计值 f_m 乘以 1.15 的共同作用系数。

7. 不同使用条件

当木材所处使用条件不同时，其力学性能不同。如结构按露天环境工作、恒载起控制作用的工况计算分析时，材料强度设计值、弹性模量都需适当折减。

8. 不同木纹方向荷载作用

木材承压强度与力与木纹的方向有关。当力与木纹方向平行时，称为顺纹承压，此时承压强度最高；当力与木纹方向垂直时，称为横纹承压，此时承压强度最低；当力与木纹方向成一定夹角时，称为斜纹承压，斜纹承压的强度介于顺纹承压和横纹承压强度值之间，按顺纹承压和横纹承压强度，由一定的关系式确定。

第三节　多层木结构及木混合结构研究进展

多高层木结构的发展，首先得益于木材科学的发展。与传统木结构主要用原木、方木相比，现代木结构更多采用的是工程木产品。如层板胶合木、旋切板胶合木、正交层板胶合木等，尤其正交层板胶合木（CLT）可在工厂开好门窗洞口，用作楼板、墙板且无需梁柱，装配化程度更高，且能有效传递竖向荷载、横向荷载，保证结构整体抗侧刚度。工程木产品的最大特点是，原木通过加工，弥补了天然木材自然产生的缺陷如木节、变形、幅面小等，使产品材质均匀化、材料利用率更高、构件尺寸更大。

除了木材科学的发展外，近年国内外在多高层木结构和木混合结构方面开展了很多研究工作。下面将分别详细介绍针对该类结构开展的大型足尺振动台试验及其结构动力响应、抗震性能评估、可靠度分析、抗火性能试验及其分析等研究进展。

一、多层木和木混合结构的抗震性能研究

近 20 年来，欧洲、北美等发达国家在木结构向多高层方向发展方面倾注了很大的精力，分别启动了多部门合作的研究项目，研究的一个重点就是结构的抗震性能和评估。

1. 英国的"TF2000"研究项目

1995 年，在英国建筑研究院（British Building Research Establishment）和木结构工业（Timber Frame Industries）的共同主持下，英国启动了世界上首个关于多层木结构的合作项目"Timber Frame 2000（TF2000）"[1.1]。该项目对一个足尺六层轻型木结构（图 1-18）进行激振试验，表明构件通过钉连接的屈服而进入塑性变形阶段，整体结构具有良好的抗震性能且层间位移角位于限值以内，同时石膏板隔墙以及楼梯等非结构构件能够有效提高整体结构的抗侧刚度[1.2]。在门窗洞口处设置钢支架作为补强措施，能够为整体结构提供延性加强带，在增强结构整体性的同时也能够提高结构的耗能能力[1.3]。通过结构的抗连续倒塌试验，即抽去不同位置处的面板，证明按照英国木结

图 1-18　TF2000 试验建筑

构规范 BS-5268（该规范于 2007 年 12 月并入到欧洲木结构规范 EC 5 中）设计的具有合理布置与可靠连接的多层木结构具有足够的强度和整体性[1.4]。

2. 美国的"NEESWood"研究项目

2005 年，美国国家科学基金会（US National Science Foundation）主持开展了一个为期四年共五所高校合作的研究项目"NEESWood"。2009 年，基于基准试验的研究成果，对一个底层为钢结构、上部为六层轻木结构的七层木混合结构（图 1-19）进行振动台试验，该试验采用了多条模拟地震波，最严重的地震波相当于重现期为 2500 年的日本阪神

大地震[1.5]。

试验结果表明，首层钢框架在大震作用下仍处于弹性阶段，上部的多层轻木结构具有良好的抗震性能且要优于设计的预期，表明设计规范能够较好地适用于多高层木结构的设计与制作[1.6]。多层轻木结构在大震作用下最大的层间位移角均值为2‰，试验测得较高层位置处的速度也较为合理，只有少数非主体结构发生破坏，而这些破坏是可以通过加强措施提前预防的[1.7]。

3. 意大利的"SOFIE"研究项目

2007年，意大利国家研究委员会——林业与木业研究所启动了一个叫作"SOFIE"的研究项目。该项目通过对一个足尺7层的CLT结构的振动台试验，研究该种新结构体系的适用性及抗震性能（图1-20)[1.8]。

图 1-19　6 层木框架振动台试验　　　　图 1-20　7 层 CLT 木结构振动台试验

从实验现象可以看出，在15种主要的地震波条件下，破坏主要集中在非结构构件，木结构主体部分几乎没有发生破坏，仅仅在峰值加速度为0.5g的阪神地震波下出现一些可修复的轻微破坏，说明高层CLT结构有着良好的抗震性能，同时具有充足的抗侧刚度和延性[1.9]。通过分析发现，CLT面板具有较大的平面内刚度和承载能力，整体结构主要通过连接件传递侧向力。试验表明连接件的形式和布置是CLT面板运动形式和整体结构抗震设计的关键因素，特别是结构的延性和耗能依赖于钉连接与角钢等钢构件的塑性变形[1.10]。

4. 日本木混合结构研究

1999年，东京大学和日本建筑研究所牵头开展了一个为期5年的木混合结构研究项目。该项目的主要研究内容是开发高性能的木组合结构构件和具有良好抗震性能的混合结构体系。

该项目对一个两层梁柱式木结构与混凝土筒体结构的混合结构进行振动台试验，结果表明混合结构体系具有良好的抗震性能，同时提出了混合结构体系基于剪力分配和层间位移角的抗震性能评估方法。试验结果显示在地震作用下混合结构的破坏主要发生于两种结构体系的连接部分，说明连接的设计对混合结构体系的抗震性能有很大影响[1.11]。研究主要提出了两种不同组合方式的木混合结构体系。其中一个是使用木组合构件和节点形成的结构体系，比如采用 FRP 加强的胶合木柱和纤维加强的带内插钢板的梁柱节点相结合。另一个是不同类型结构体系间的有机组合，如外部混凝土墙体加内部木框架的混合结构体系[1.12]。

基于项目的研究成果，日本于 2005 年建成了国内首个 5 层木混合建筑（图 1-21），首层为混凝土结构，2～5 层为木混合结构。实测结果说明多层木混合结构具有良好的抗震性能；基于构件足尺试验的结果提出了数值分析模型，虽然数值模拟的变形和地震力结果要偏低于实测结果，但依然能够有效地评估混合结构的抗震性能[1.13]。

5. 新西兰预应力木结构研究

2000 年，新西兰的坎特伯雷大学（University of Canterbury）开展了关于多高层预应力木结构的研究，开发了一种预应力结构体系并研究其抗震机理与性能（图 1-22），为最高 20 层的木结构提供参考和设计依据[1.14]。

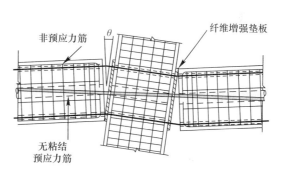

非预应力筋　　纤维增强垫板　　θ

无粘结预应力筋

图 1-21　日本 5 层木混结构　　　　图 1-22　预应力梁柱连接摇摆机制

项目首先对预应力木柱和节点进行推覆试验，表明预应力构件具有良好的自平衡特性，在地震作用下可以通过钢连接件的屈服变形耗能[1.15]。在此基础上，对一个采用预应力构件的 6 层木-混凝土混合结构进行抗侧性能试验。从中可以发现，对木梁、柱等施加预应力能够实现构件摇摆机制，有效提高结构的延性和自平衡性，在大震作用下可发生较大的塑性变形而结构构件未出现破坏，残余变形较小，整体结构具有良好的抗震性能[1.16]。研究还表明，在墙体间设置 U 形耗能构件（图 1-23），不仅可以提高结构的整体性，还能转移耗能部位从而减小主体结构的破坏[1.17]。

图 1-23　耗能连接构件

6. 加拿大木产品与建筑体系创新

2010 年，作为加拿大"木产品和建筑体系创新"的一个子项目，加拿大纽布伦斯威克大学（UNB）、英属哥伦比亚大学（UBC）和林产品创新研究院（FPInnovations）等合作研究，将钢框架与 CLT 剪力墙相结合，形成钢—

木混合结构体系[1.18]，并分别建立了6层和9层该种混合结构的数值模型进行非线性动力分析。结果表明CLT剪力墙与钢框架间有着较好的协同作用，整体结构在中震作用下仅连接处发生轻微破坏，具有良好的抗震性能[1.19]。项目还提出一种轻木—配筋砌体核心筒的混合结构体系，建立了6层的混合结构的有限元模型，对其进行时程分析并与6层轻木结构进行对比，发现砌体核心筒与轻木结构的相对刚度对整体结构的抗震性能有较大影响，需要根据具体的地震动条件选择合适的刚度比与可靠的连接[1.20]。

7. 中国钢木混合结构体系研究

2010年起，何敏娟等利用简化的木楼盖单元建立了一个6层混凝土框架—轻型木楼盖模型，分析表明轻型木楼盖具有轻质、平面内刚度大等特点，能够有效地减少多层木混合结构在地震作用下的侧向力和传递给基础的作用力，整体结构在造价降低的同时还具有良好的抗震性能[1.21]。将6层钢框架—轻型木楼盖模型与采用压型钢板混凝土组合楼盖的模型对比分析，进一步说明轻型木楼盖能够保证水平荷载较好的转移与分配，有效提高混合结构的抗震性能[1.22]。2013年提出了一种新型多高层钢木混合结构体系，该体系由钢框架、轻木剪力墙和钢木混合楼盖组成。利用自定义程序开发的数值模型对该结构体系进行了参数化分析，结果显示轻木剪力墙的高跨比以及轻木剪力墙与钢框架的刚度比等对钢木混合结构的初始刚度、承载能力和耗能性能均有较大影响。在弹性阶段轻木剪力墙为混合结构提供主要的抗侧刚度，在塑性阶段木剪力墙由于破坏累积逐渐降低对结构抗侧刚度的贡献但可以通过非线性变形为结构耗散大量能量[1.23]。

二、多层木及木混合结构的抗火性能研究

抗火对于木结构来说也是非常重要的一个课题，上述启动的大型研究项目中很多对抗火问题也开展了相关的研究。

1995年启动的TF2000项目对整体结构进行了抗火试验研究（图1-24）[1.24]。从试验现象可以得到，多层木结构整体的抗火性能不低于单个木构件的抗火性能，满足英格兰和威尔士的建筑工程规程（Building Regulations）以及苏格兰的建筑工程标准（Building Standards）对抗火性能的要求，并能够保持结构的完整性。结构的楼梯采用特殊的无毒防

图1-24 TF2000项目的
抗火试验

火涂料处理并在底面贴上石膏板，若火灾在木楼梯处发生，火灾发生30min后仍能够正常使用，进一步证明了多高层木结构在抗火性能上的可靠性。同时，试验还表明结构的隔墙、窗户、楼板以及电梯等分隔能够对火灾的蔓延起到一定的阻碍作用，因此通过合理设置防火分区可以进一步确保木结构整体的抗火性能。

1999年日本启动的研究项目对不同类型的木组合结构构件进行抗火试验[1.25]。试验表明在木构件外表面包覆石膏板等不易燃材料以及在木构件中内置型钢这两种方法均可以保证木结构构件有着充足的耐火时间，且后一种方式若采用特殊的加工工艺，木结构构件还将具有自熄特性。

2006年意大利的SOFIE项目对一个3层CLT木结构进行了整体抗火试验[1.26]。结构南面与西面的墙体采用石膏板与保

温棉覆面，北面与东面的墙体不用其他材料覆面作为对比。在火灾发生 1h 后，南面与西面墙体的石膏板基本破坏，部分保温层依旧覆在表面，CLT 板因表面碳化保护而未发生结构性破坏，北面与东面未由石膏板覆面的 CLT 板材则发生较明显的破坏。同时通过仪器检测到，火灾所发生的防火分区以上的房间没有明显的温度上升和烟雾出现。以上试验表明，与轻木结构体系相比，受荷单元为大面积 CLT 板的结构体系没有空气流通的结构空腔，有效减缓了结构内火灾的蔓延。通过石膏板覆面、构件防火隔断以及合理的防火分区设计，能有效降低火灾对结构的破坏，使整体结构具有良好的抗火性能。

2008 年，瑞士和意大利的研究机构对 CLT 的抗火性能进行了试验和数值分析的对比研究[1.27]。试验主要研究了 CLT 层板的个数和厚度对碳化速率的影响，而在数值分析方面将 CLT 面板的密度、热导率及其独特的热性能作为温度的函数来模拟温度变化下碳化层的厚度、分布变化及其对 CLT 抗火性能的影响。结果表明，CLT 的碳化速率随碳化层的加厚逐渐下降，当 CLT 的一个层板在全部碳化脱落后，原本在内侧的层板直接接触火灾而碳化速率上升。CLT 的抗火性能很大程度上取决于单层木片的性能，在总厚度相同的条件下，层板个数越少、层板厚度越大，其碳化速率就越低，同时 CLT 单个层板的厚度及胶粘剂等也会影响碳化层的脱落进而影响板材平均的碳化速率。有限元模拟结果与试验结果在各方面都比较吻合，这对今后进行多高层 CLT 结构抗火性能的数值分析和抗火设计起到了很好的推动作用。

2010 年，加拿大木产品和建筑体系创新的项目对 CLT 内墙、楼板等构件进行了全面的抗火试验研究（图 1-25）[1.28]。试验结果显示，普通 CLT 构件就具有很好的抗火性能，而经过特别设计的 CLT 墙体和楼板能达到 3h 以上的阻燃效果，要远高于加拿大国家防火安全法规（The National Fire Code of Canada）中对结构用材抗火时间的要求。

图 1-25　楼板的抗火试验

三、多层木及木混合结构的设计方法

多层木及木混合结构关于设计方法的研究，在初期表现为基于研究所在国的相关规范设计的试验建筑，根据试验和有限元分析的结果验证并修正设计方法。之后提出突破传统设计方法局限性的不同种类基于性能的抗震设计方法（performance-based seismic design approach），即允许利用新的材料、结构体系以及隔震减震措施实现期望的性能目标。而在概念分析和初步设计方面，提出木及木混合结构可以向更高层数的超高层方向发展。

van deLindt 等[1.29]通过理论计算与试验数据的对比分析，改进了木结构抗震分析方法，从而能够比较准确地预测多高层木结构在地震作用下的最大层间位移角，并以此作为性能化设计的指标。

李征等[1.30]对钢木混合结构体系基于性能的抗震评估和抗震设计进行了相关研究。选用不同地震水准下的地震记录对结构进行非线性数值分析，得到不同结构性能目标的累积概率分布曲线，在考虑不同保证率的条件下可建立基于概率的性能曲线，从而通过建立形式各异的设计曲线实现对结构重要部件性能化的抗震设计。Kim 等[1.31]通过自主开发的程序对多高层木结构剪力墙进行抗震分析并与足尺试验结果对比，提出一种易损性分析方法。考虑不同结构构件相对整体结构性能的调整因素，以极限位移和极限上拔力为参数得到结构的易损性曲线，预估结构的薄弱区域及可能发生的破坏情况。van de Lindt 等[1.32]将概率论系统辨识的概念引入木结构的抗震设计中，提出轻木结构木剪力墙设计的基本思路和步骤。对两个实例结构进行弹塑性动力时程分析，结果显示其极限位移等满足期望目标，表明该种系统具有一定的适用性并可用于发展多高层木结构基于性能的设计方法中。

Pang 等[1.33]提出一种新的直接位移法并用于一个 6 层轻木结构的设计中。通过振动台试验及非线性时程分析，提出层间位移角与可见的破坏现象间存在较为明显的相关关系，采用直接位移法（direct displacement design approach）设计的多层木结构能够满足四个性能指标：损害限制，生命安全，远场和近场地震的抗倒塌性能。与传统设计方法相比，新的设计方法可以不用模态分析且超越概率不局限于 50%，因此可以制作不同超越概率下的位移角限值图表，方便设计者使用。

Palermo 等[1.34]通过抗侧试验发现，预应力 LVL 结构在不损失抗侧刚度和承载能力的条件下极大提高了结构的延性，借鉴预应力混凝土结构的设计方法，提出一种适用于多层预应力 LVL 结构且以结构侧移为性能指标的无损伤设计方法（no damage design approach），即通过较大的延性变形保证主体结构构件不发生破坏。

Dujic 等[1.35]对比 SOFIE 项目中 7 层 CLT 结构的抗震试验结果，提出 CLT 结构能够根据数值模拟的结果进行较为准确的抗震设计与分析，同时可以根据 CLT 结构在地震作用下自复位的特性进行无损伤设计方法的研究。Pei 等[1.36]以层间位移角作为性能指标设计了一个 10 层 CLT 结构，通过非线性时程分析与使用现有规范中等效侧力法设计的结果进行对比。表明使用现有规范的方法去实现 CLT 结构的抗震性能化设计会过于保守，从而提出了多层 CLT 结构设计中墙体性能的修正方法，并引入到规范中。

2010 年，Kuilen 等[1.37]提出了一种 30 层及以上的 CLT—混凝土混合结构体系。该结构以位于中心的混凝土核心筒为抗侧力构件，每 10 层木结构间采用混凝土厚板分隔，既提高了结构的抗侧刚度，也能有效防止火灾在结构中的蔓延。采用 CLT 混合结构体系不仅可以减小地震力作用，还能够增强结构的整体性，从而提高结构的抗震性能。2012 年，加拿大建筑师 Michael Green[1.38]在其报告 "The case for tall wood buildings" 中提出了一个 30 层的胶合木—钢混合结构，胶合木核心筒、剪力墙等保证抗侧刚度，钢梁作为连接构件保证结构整体的延性。2013 年，SOM 建筑设计事务所的 Skidmore 等[1.39]提出一个高达 42 层的木混合结构体系。该体系采用重木作为结构的主要构件，在节点处引入钢筋混凝土结构（a concrete jointed timber frame）消除木材由于横纹受压所产生的累积变形。整体结构的抗侧刚度由核心筒以及布置在结构周边的 CLT 剪力墙提供，剪力墙通过混凝土梁与相邻的墙体连接，保证结构在地震作用下具有良好的协同工作能力。

第四节　多层木结构及木混合结构的结构体系

随着多层木结构的发展，其结构形式越来越丰富多彩，尤其装配化施工、建造速度快成为其焦点和亮点。下面，将结合当前各国已建成的多高层木建筑案例，按照纯木结构、上下组合木混合结构、同一楼层内不同材料的混合木结构三种体系分别阐述各类结构形式的特点。

一、纯木结构体系

纯木结构指结构承重体系及抗侧向力体系均采用木材或木材制品制作的结构。所有竖向荷载和水平荷载均通过木制的梁、柱、支撑及剪力墙等结构构件最终传递到基础上。纯木结构中的连接节点可以为金属连接件，例如齿板连接件、角钢连接件、金属抗拔件等；也可采用木连接节点，例如齿连接、榫卯连接等。以下对纯木结构体系按结构形式分类介绍。

1. 轻型木结构体系

轻型木结构是用规格材、木基结构板或石膏板制作的木构架墙体、楼板和屋盖系统构成的建筑结构。轻型木结构在北美广泛应用于低多层住宅、办公和一些公共建筑中，层数可达六层；近一二十年来，轻型木结构也是我国新建木结构建筑的主要结构形式之一，但纯的轻型木结构在我国仅限于三层及三层以下建筑。

2. 木框架与木剪力墙结构体系

木框架节点刚度不足，需要由其他构件来承受和传递水平力。木框架与木剪力墙组成的结构体系中，木框架一般由胶合木的梁和柱构成，木剪力墙可由刚度较大的 CLT 板构成，这样 CLT 剪力墙就能承受和传递水平荷载。图 1-26 为 2014 年建在加拿大北英属哥伦比亚大学（UNBC）校园内名为"木材创意与设计中心"的纯木结构，建筑总高度29.5m，共 6 层且带有顶层设备间。该建筑主体为胶合木框架-CLT 核心筒结构。胶合木框架梁和柱保证了整体结构的延性，框架柱在楼层间竖向连续，框架梁在柱子边断开并插接于柱子两侧，梁与柱连接节点如图 1-27 所示。CLT 楼板底面支承于梁上并用自攻螺钉连接，楼板周边近似于铰接边界条件，CLT 楼板与胶合木框架梁的连接如图 1-28 所示。结构整体抗侧刚度主要由竖向连续的 CLT 核心筒提供，墙板上预留有凹口，以方便在墙体平面内框架梁端支承于核心筒剪力墙上，胶合木框架梁与 CLT 剪力墙的连接如图 1-29 所示。

该结构的建造进一步推动了 BC 省木结构的发展，展示了除基础之外，可不用任何混凝土材料来建造纯的多层木结构建筑。

图 1-26　UNBC 木材创意与设计中心

图 1-27　梁与柱连接节点

3. 木框架支撑结构体系

木框架中也可加支撑来承受和传递水平荷载，形成木框架加支撑的结构体系，这种结构体系中一般梁、柱仍由胶合木建造，承担和传递竖向荷载。图 1-30 为 2014 年位于挪威第二大城市卑尔根建成的当时世界最高的名为"Treet"的木结构建筑，共 14 层总计高

墙体平面外
梁与墙连接

墙体平面内
梁与墙连接

图 1-28　CLT 楼板与胶合木框架梁连接　图 1-29　胶合木框架梁与 CLT 剪力墙连接

度 52.8m，共包含 64 个公寓单元。该建筑为胶合木框架加支撑结构体系，电梯井以及部分内墙采用了 CLT 板，CLT 板墙体和胶合木支撑不设于同一柱间。结构主要竖向和水平荷载由设有胶合木斜向支撑的木框架承担。结构整体具有较高的抗侧刚度。由于层数较多，第 5 层和第 10 层设立结构加强层；为控制振型，整体结构中有三个楼层的楼板采用了混凝土。结构空间三维模型如图 1-31 所示，从图 1-31 外侧构架可看到第 5 层和第 10 层的加强桁架，两个加强桁架的上表面及屋顶都采用了混凝土楼板。

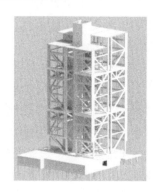

图 1-30　挪威 14 层木结构建筑 Treet　　　图 1-31　Treet 结构空间三维模型

二、上下组合的木混合结构体系

上下组合的木混合结构体系指由纯木结构与其他材料的结构采用上下组合方式建造构成的混合结构体系。目前已建成的上下组合木混合结构建筑几乎底部均采用混凝土结构；

近些年，也有国外科研机构开展了底部采用钢框架的上下组合的混合木建筑的研究。以下对上下组合的木混合结构体系，按不同结构形式进行分类介绍。

1. 木框架与混凝土上下组合的木混合结构体系

体系中底部若干层为混凝土框架（或框-剪）结构，上部楼层采用胶合木框架体系。木框架与混凝土上下组合形成的混合结构具有下重上轻，下刚上柔的非均匀结构特点。

日本于 2005 年建成了国内首个 5 层上下组合的木混合结构建筑（图 1-32），该建筑为设有斜撑的胶合木框架与混凝土形成上下组合的混合结构体系。其中最下层为混凝土结构，上部 2～

图 1-32　日本 5 层木混结构

5 层为设有斜撑的胶合木框架结构，斜撑的设置有利于胶合木框架抗侧刚度的提高。上部木结构与下部混凝土结构通过预埋在混凝土结构中的锚栓和抗拔连接件连接，锚栓和抗拔连接件所受荷载通过木框架和混凝土结构间内力分析获得。实测结果说明，木框架与混凝土结构上下组合的木建筑具有良好的抗震性能，基于性能的抗震分析法能够较理想地评价该类结构的抗震性能。

2. 木剪力墙与混凝土上下组合的混合结构体系

木剪力墙与混凝土上下组合结构是指上部为 CLT 剪力墙、下部为混凝土框架（或框剪）结构的上下组合的混合结构体系。相对于上部为木框架、底部为混凝土的混合结构来说，CLT 木剪力墙的抗侧刚度更接近混凝土。在水平地震作用或风荷载作用下，各楼层的内力分布更均匀并且结构侧向以弯曲变形为主。

图 1-33　英国 9 层 CLT
公寓楼 Stadthaus

图 1-33 为 2008 年在伦敦建成了一个名为"The Stadthaus"的公寓式 9 层木混合结构建筑，结构形式为上部 2～9 层的 CLT 剪力墙与底部混凝土上下组合而成的混合结构，楼板、电梯和楼梯井全部由 CLT 制成。施工过程中结构平面中部的电梯和楼梯井先行完成，竖向连续的楼梯井和电梯井可以为结构提供较大的水平抗侧刚度。随后，安装四周的 CLT 剪力墙，施工中的结构如图 1-34 所示。CLT 墙板与楼板均采用角钢连接件连接，CLT 墙板通过预埋在混凝土中的锚栓经角钢连接件与底层混凝土结构相连，CLT 板间的竖向拼缝均采用螺钉连接，图 1-35 所示为 CLT 剪力墙用角钢连接件与 CLT 楼板的连接图。由于木材横纹受压强度较低，在 CLT 板材的高应力区使用木钉及螺钉局部加强，并通过设置钢构件等保证结构的抗震性能。

图 1-34　施工中的 Stadthaus

图 1-35　CLT 剪力墙用角钢连接件与 CLT 楼板连接

在上木下混凝土上下组合的木混合结构中，也有上部为轻型木结构下部为钢筋混凝土框架的结构体系，这种结构应用较多，在此不详细举例了。

三、同一楼层内不同材料组成的木混合结构体系

有时木结构也与其他材料的结构如混凝土结构、钢结构在同一楼层内组合，形成混合结构体系。目前已建成的多高层木混合建筑中，有多幢采用木结构与竖向连续的钢筋混凝土核心筒混合形成的木混合结构的工程实例，这种结构形式采用混凝土核心筒抵抗水平

力，具有很好的抗侧性能。

图 1-36 为 2016 年在加拿大英属哥伦比亚大学（UBC）建成的一幢 18 层的木-混凝土混合建筑，该建筑体系为胶合木框架-混凝土核心筒混合木结构体系，为当前已建成最高的木结构建筑，总高达到了 53m。

该结构不同楼层的胶合木柱子间采用套管插接节点连接，该节点预制化程度高，现场安装方便，节点示意图如图 1-37 所示，为了防止在柱子竖向拔力作用下套管脱离，采用钢制销钉沿套管直径横穿入套管插接节点中，安装完毕的套管插接节点如图 1-38 所示。由于套管插接节点抗弯性能较弱，胶合木柱子均近似于两端铰接的摇摆柱，混凝土核心筒承受几乎所有的水平荷载，混凝土核心筒和胶合木柱子共同承担竖向荷载，施工中的混凝土核心筒如图 1-39 所示。楼板均采用 CLT，楼板水平面内设有刚性拉条，拉条的设置可以使楼板面内的水平力有效地传递给混凝土核心筒，刚性拉条如图 1-40 所示，具有较大面内刚度的楼板有效地将所有竖向承重构件连为整体。外墙板均通过设在每层楼板边缘的角钢连接件挂设在楼板外侧，如图 1-41 所示。由于该高层木建筑为混凝土核心筒和胶合木柱子混合承重，结构设计时需要考虑到竖向长期荷载下不同材料的徐变差。

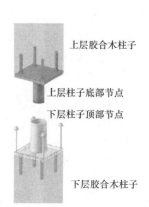

图 1-36　加拿大 18 层木-混凝土混合建筑　　图 1-37　套管插接节点示意图

图 1-38　安装完毕的套管插接节点　　图 1-39　施工中的混凝土核心筒

同一楼层内不同材料组成的木混合结构体系还有很多其他可能，如钢结构框架与木墙体及木楼屋盖的混合、钢筋混凝土框架与木墙体及木楼屋盖的混合，而且木板件可以是轻型木结构，也可以是 CLT 板体等，因此混合结构体系具有多样性。

图 1-40　CLT 楼板中的刚性拉条　　　图 1-41　连接外墙面板的楼板边缘角钢连接件

第五节　多层木结构及木混合结构设计的相关问题

木结构可以作为绿色、可持续建发展和工业化建造的一种结构，在国内外受到越来越多的重视，中国近两年从国务院、住建部到地方政府密集出台了很多政策，推动木结构的发展。

从 1995 年英国最早开始多层木结构研究项目 TF2000 启动以来，国内外开展了一系列针对多高层木结构及木混合结构的研究，内容涉及结构体系、结构抗震性能、抗火性能、设计方法等多方面的内容，大量研究都证明了多高层木结构和木混合结构建筑的可行性和经济性。近 10 年，国际上建起了不少多高层木结构及木混合结构，并在规模和高度上不断被刷新，表明了未来多高层木建筑具有向更高高度发展的趋势。

多高层木及木混合结构的研究发展很快，在工程实践的基础上又不断提出新的需要解决的问题。

（1）工程木技术的发展是推动木结构发展的一个重要因素，未来 CLT 材料在木结构建筑中的应用会越来越广泛，同时也需要研究更多性能更优越的新型工程木材料。

（2）随着木结构抗震和抗火技术的发展，规范对木结构建筑建设高度和规模的限制会不断放宽，会出现更高更复杂的木和木混合结构，预应力、消能钢部件、可恢复结构件等也会在多高层木结构和木混合结构中应用，其性能都需要进行更深入的研究。

（3）木结构和木混合结构向多高层、功能综合性的发展，需要对结构体系提出更多的优化可能、对结构受力有更全面的认识，发展更全面的基于性能的设计方法，并对结构的整体及局部变形、刚度及阻尼、连接设计等关键问题需展开更充分的研究。

参 考 文 献

[1.1]　Enjily V. The TF2000 project and its impact on Medium-rise timber frame construction in UK [C]//The 2nd GATE Inter-Regional Seminar. Gdansk，Poland：Forestry Commission，2006：26-47.

[1.2]　Ellis B R，Bougard A J. Dynamic testing and stiffness evaluation of a six-storey timber framed building during construction [J]. Engineering Structures，2001，23 (10)：1232-1242.

[1.3]　Mettem C J，Bainbridge R J，Pitts G C，et al. Timber frame construction for medium-rise buildings [J]. Progress in Structural Engineering and Materials，1998，1 (3)：253-262.

［1.4］　Milner M W，Edwards S，Turnbull D B，et al．Verification of the robustness of a six-storey timber-frame building［J］．Structural Engineer，1998，76（16）：307-312．

［1.5］　van de Lindt J W，Rosowsky D V，Filiatrault A，et al．The NEESWood project in review［C］// The 9th US National & 10th Canadian Conference on Earthquake Engineering．Toronto，Canada：Earthquake Engineering Research Institute，2010：291-300．

［1.6］　van de Lindt J W，Pryor S E，Pei S．Shake table testing of a full-scale seven-story steel-wood apartment building［J］．Engineering Structures，2011，33（3）：757-766．

［1.7］　van de Lindt J W，Pei S，Pryor S E，et al．Experimental seismic response of a full-scale six-story light-frame wood building［J］．Journal of Structural Engineering，2010，136（10）：1262-1272．

［1.8］　Ceccotti A，Lauriola M，Pinna M，et al．SOFIE project-cyclic tests on cross-laminated wooden panels［C］//The 9th World Conference on Timber Engineering．Oregon，USA：Oregon State University Conference Services，2006，1：805-813．

［1.9］　Ceccotti A，Follesa M．Seismic behaviour of multi-storey X-lam buildings［C］//International Workshop on Earthquake Engineering on Timber Structures．Coimbra，Portugal：University of Coimbra，2006：81-95．

［1.10］　Lauriola M P，Sandhaas C．Quasi-static and pseudo-dynamic tests on XLAM walls and buildings［C］//International Workshop on Earthquake Engineering on Timber Structures．Coimbra，Portugal：University of Coimbra，2006：119-134．

［1.11］　Sakamoto I，Kawai N，Okada H，et al．Final report of a research and development project on timber-based hybrid building structures［C］//The 8th World Conference on Timber Engineering．Lahti，Finland：Finnish Association of Civil Engineering，2004，2：53-64．

［1.12］　Isoda H，Okada H，Kawai N，et al．Research and Development Programs on Timber Structures in Japan［J］．NISP Special Publication SP，2002，2（3）：83-90．

［1.13］　Koshihara M，Isoda H．The design and installation of a five-story new timber building in Japan［C］//Summary of Technical Papers of Annual Meeting of Architectural Institute of Japan．Tokyo，Japan：Architectural Institute of Japan，2005，1：201-206．

［1.14］　Palermo A，Pampanin S，Fragiacomo M，et al．Innovative seismic solutions for multi-storey LVL timber buildings［C］//The 9th World Conference on Timber Engineering．Oregon，USA：Oregon State University Conference Services，2006，2：1768-1775．

［1.15］　Iqbal A，Pampanin S，Buchanan A．Seismic behaviour of prestressed timber columns under bi-directional loading［C］//The 10th World Conference on Timber Engineering．Miyazaki，Japan：Engineered Wood Products Association，2008，4：1810-1817．

［1.16］　Buchanan A，Deam B，Fragiacomo M，et al．Multi-Storey Prestressed Timber Buildings in New Zealand［J］．Structural Engineering International，2008，18（2）：166-173（8）．

［1.17］　Iqbal A，Pampanin S，Buchanan A P A H．Performance and Design of LVL Walls Coupled with UFP Dissipaters［J］．Journal of Earthquake Engineering，2015，19（3）：383-409．

［1.18］　Weckendorf J，Smith I．Multi-functional interface concept for high-rise hybrid building systems with structural timber［C］//The 12th World Conference on Timber Engineering．Auckland，New Zealand：New Zealand Timber Design Society，2012，2：192-198．

［1.19］　Dickof C，Stiemer S F，Tesfamariam S，et al．Wood-steel hybrid seismic force resisting systems：seismic ductility［C］//The 12th World Conference on Timber Engineering．Auckland，New Zealand：New Zealand Timber Design Society，2012：104-111．

［1.20］　Zhou L，Chen Z，Chui Y H，et al．Seismic Performance of Mid Rise Light Wood Frame Structure Connected with Reinforced Masonry Core [C]//The 12th World Conference on Timber Engineering. Auckland, New Zealand: New Zealand Timber Design Society, 2012, 2: 402-410.

[1.21] He M J, Li S, Guo S Y, et al. The Seismic Performance in Diaphragm Plane of Multi-Storey Timber and Concrete Hybrid Structure [C]//The 12th East Asia-Pacific Conference on Structural Engineering and Construction. San Francisco, USA: Elsevier Procedia, 2011, 14: 1606-1612.

[1.22] 马仲. 钢木混合结构水平向抗侧力体系抗震性能研究 [D]. 上海: 同济大学, 2014: 133-167. (MA Zhong. The Seismic Performance of Horizontal Lateral Load Resisting Systems in Timber-steel Hybrid Structure [D]. Shanghai: Tongji University, 2014: 133-167. (in Chinese))

[1.23] He M J, Li Z, Frank L, et al. Experimental investigation on lateral performance of timber-steel hybrid shear wall systems [J]. Journal of Structural Engineering, ASCE, 2014, 140 (6): 04014029-1-12.

[1.24] Lennon T, Bullock M J, Enjily V. The fire resistance of medium-rise timber frame buildings [C]//The 6th World Conference on Timber Engineering. British Columbia, Canada: Conference Secretariat, 2000: Paper No. 4.5.4.

[1.25] Sakamoto I, Okada H, Kawai N, et al. A research and development project on hybrid timber building structures [C]//IABSE Symposium Report. Geneva, Switzerland: International Association for Bridge and Structural Engineering, 2001, 85 (7): 1-6.

[1.26] Frangi A, Bochicchio G, Ceccotti A, et al. Natural full-scale fire test on a 3 storey XLam timber building [C]//The 10th World Conference on Timber Engineering. Miyazaki, Japan: Engineered Wood Products Association, 2008, 1: 528-535.

[1.27] Frangi A, Fontana M, Knobloch M, et al. Fire behaviour of cross-laminated solid timber panels [C]//The 9th International Symposium on Fire Safety Science. Karlsruhe, Germany: IAFSS, 2008, 9: 1279-1290.

[1.28] Osborne L, Dagenais C, Benichou N. Preliminary CLT fire resistance testing report [R]. Quebec, Canada: FPInnovations and NRC, 2012: 36-98.

[1.29] van de Lindt J W, Pei S L, Liu H Y, et al. Three-dimensional seismic response of a full-scale light-frame wood building: Numerical study [J]. Journal of structural engineering, 2009, 136 (1): 56-65.

[1.30] Li Z, He M J, Li M H, et al. Damage assessment and performance-based seismic design of timber-steel hybrid shear wall systems [J]. Earthquakes and Structures, 2014, 7 (1): 101-117.

[1.31] Kim J H, Rosowsky D V. Fragility analysis for performance-based seismic design of engineered wood shearwalls [J]. Journal of structural engineering, 2005, 131 (11): 1764-1773.

[1.32] van de Lindt J W, Pei S L, Liu H Y. Performance-based seismic design of wood frame buildings using a probabilistic system identification concept [J]. Journal of structural engineering, 2008, 134 (2): 240-247.

[1.33] Pang W, Rosowsky D V, Pei S, et al. Simplified direct displacement design of six-story wood-frame building and pretest seismic performance assessment [J]. Journal of structural engineering, 2010, 136 (7): 813-825.

[1.34] Palermo A, Pampanin S, Buchanan A, et al. Seismic design of multi-storey buildings using laminated veneer lumber (LVL) [C]//The NZSEE Annual Technical Conference. Wairakei Resort, Taupo, New Zealand, 2005: Paper No. 3.3.

[1.35] van de Lindt J W, Pei S L, Liu H Y, et al. Three-dimensional seismic response of a full-scale light-frame wood building: Numerical study [J]. Journal of structural engineering, 2009, 136

(1)：56-65.

[1.36] Pei S L，Popovski M，van de Lindt J W. Seismic design of a multi-story cross laminated timber building based on component level testing [C]//The 12th World Conference on Timber Engineering. Auckland，New Zealand：New Zealand Timber Design Society，2012，2：244-252.

[1.37] van de Kuilen J W，Ceccotti A，Xia Z Y，et al. Wood-concrete skyscrapers [C]//The 11th World Conference on Timber Engineering. Trentino，Italy：Trees and Timber Institute，National Research Council，2010，4：3441-3449.

[1.38] Green M，Karsh J E. The case for tall wood buildings [R]. British Columbia，Canada：The Canadian Wood Council，2012：58-81.

[1.39] Skidmore，Owings. Final Report of Timber Tower Research Project [R]. New York，USA：Skidmore，Owings & Merrill LLP，2013：32-68.

[1.40] Hu L，Pirvu C，Ramzi R. Testing at Wood Innovation and Design Centre [R]. Canada：FPInnovation，2015.

[1.41] Van de Lindt J W，Pryor S E，Pei S. Shake table testing of a full-scale seven-story steel-wood apartment building [J]. Engineering Structures，2011，33（3）：757-766.

[1.42] 何敏娟，罗文浩. 轻木-混凝土上下组合结构及其关键技术 [J]. 建设科技，2015（3）：30-32.

[1.43] 何敏娟，陶铎，李征. 多高层木及木混合结构研究进展 [J]. 建筑结构学报，2016，37（10）：1-9.

第二章　多层轻型木结构设计及案例

　　轻型木结构体系是由构件断面较小的规格材均匀密布连接组成的一种结构形式,它由主要结构构件(结构骨架)和次要结构构件(墙面板、楼面板和屋面板)等共同作用、承受各种荷载。目前,由于我国防火规范的限制,纯的轻型木结构(不包括上下不同材料结构的混合情况)不宜应用在超过3层的建筑中。但从结构设计角度,轻型木结构甚至可用于6层建筑,国外有不少这样的案例。

第一节　结构体系与材料

一、结构体系

　　轻型木结构(Light wood frame construction)体系是北美住宅建筑大量采用的、由构件断面较小的规格材均匀密布连接组成的一种结构形式,它由主要结构构件(结构骨架)和次要结构构件(墙面板、楼面板和屋面板)等共同作用、承受各种荷载,最后将荷载传递到基础上,具有经济、安全、结构布置灵活的特点。当这种结构通过合理设计,部分结构体系(如楼面均匀密布的梁采用轻型木桁架)能够承受和传递跨距较大的荷载时,它也能用于其他大型的工业和民用建筑。这种结构称之为"轻型木结构体系",并不是说它只能承受较小的荷载,而是以它单个构件的断面较小、结构整体上自重较轻而得名。

　　(一)轻型木结构类型

　　轻型木结构体系根据其构造特点的不同可分为"连续式框架结构"和"平台式框架结构"。"连续式框架结构"是结构外墙骨架柱(studs)和部分内墙骨架柱从基础到建筑物顶部连续的一种构造方式,如图2-1所示。"平台式框架结构"的特别之处在于其墙体构

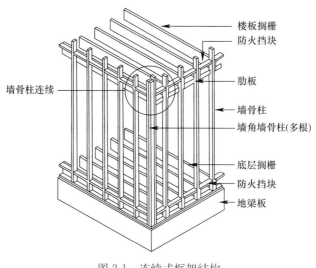

图 2-1　连续式框架结构

件中的墙骨柱在层间并不连续，所有的墙板为一层高度，形似火柴盒，一层墙体建造后，装配完楼面后就完成了一层的结构；之后再以第一层楼面作为操作平台如法炮制第二层。"平台式框架结构"自 20 世纪 40 年代后期起一直是北美住宅建筑的主要结构形式，也是我国近年来轻型木结构建筑的主要结构形式。图 2-2 为"平台式框架结构"的示意图。

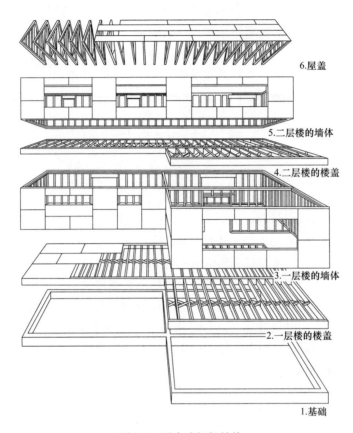

6.屋盖

5.二层楼的墙体

4.二层楼的楼盖

3.一层楼的墙体

2.一层楼的楼盖

1.基础

图 2-2　平台式框架结构

(二)"平台式框架结构"形式及应用

如上所述，轻型木结构分两种构造形式。因"平台式框架"结构的优越性，目前工程建设以"平台式框架"为主，所称的"轻型木结构"就是这种"平台式框架"的轻型木结构。

1. 结构形式

"平台式框架"轻型木结构是一种将小尺寸木构件以不大于 610mm 的中心间距密置而成的一种结构形式。这些密置的骨架构件既是结构的主要受力体系，又是内、外墙面和楼屋面面层的支撑构架，此外还为安装墙面保温隔热层提供了空间。结构强度通过主要结构构件（骨架构件）和次要结构构件（墙面板、楼面板及屋面板等）共同作用得到。典型的"平台式框架"轻型木结构构造图及各种构件的名称见图 2-3。

2. 优点

(1) 经济性

木材加工过程中为了最大限度地利用原木，可以用其不同长度、不同断面尺寸同时生

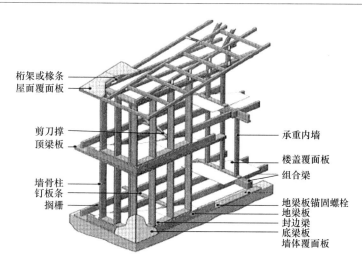

桁架或椽条
屋面覆面板

剪刀撑
顶梁板

墙骨柱
钉板条
搁栅

承重内墙

楼盖覆面板

组合梁

地梁板锚固螺栓
地梁板
封边梁
底梁板
墙体覆面板

图 2-3　平台式框架结构造图

产很多品种和规格的材料，如去除边角后可以生产各种尺寸的"规格材"；由于材质的不均匀性，规格材按材质好坏分不同等级。轻型木结构能够利用各种不同规格、等级的材料，从而提高了材料的利用率，减少材料浪费。这种构造体系本身能够发挥各种构件（主体结构、非主体结构）的共同作用，减少了材料用量、提高了结构的安全性能。

（2）施工安装方便

正如前面介绍，"框架式"轻型木结构是一层一层建造的，已安装好的下层结构为上层结构施工提供了操作平台；单块墙板都是单层高度的，尺寸不大、重量轻，因此施工过程中不需用大型设备；此外，由于单个构件尺寸小、重量轻，为工厂化生产后运输到现场提供了可能，从而建筑施工又可以采取工厂提供构件、现场拼装的方式，提高生产效率、加快建设进度。

（3）通风、保温和隔热性能好

轻型木结构的墙体和楼屋面结构都是由各种"规格材"连接而成的，只要设计中构件的布置方向适当，各种管线的排放、保温材料的填放都较方便，从而提高了建筑物的通风、保温和隔热性能，保证了居住者的舒适度。

（4）施工周期短

轻型木结构的各种构件如墙骨柱、楼面梁、椽条、木屋架、各种面板等都是工厂生产运输到现场的，工地主要是基础施工、各种构件的拼装等，因此施工作业面多，容易加快施工进度、缩短施工周期。

二、结构材料

轻型木结构中常用的结构木材为规格材（Dimension Lumber），如用于墙骨柱、楼屋盖搁栅和桁架等。当建筑空间较大、楼屋盖跨度较大时，轻型木结构中也会使用一些工程木制品，如 PSL 材及 LVL 材等，有时还会用"工字形"木梁或"轻型木桁架"等其他工程木制品。

第二节 荷载特点与传力路径

一、荷载特点

多层轻型木结构建筑主要承受静荷载为主，主要荷载及作用有恒荷载、楼屋面活荷载、雪荷载、风荷载及地震作用。

因多层轻型木结构建筑多为住宅、办公等建筑类型，其主要竖向荷载为均布荷载。

多层轻型木结构建筑承受的水平荷载主要是风荷载及地震作用，由于轻型木结构建筑本身质量较轻，在较小设防烈度下其承受的地震作用较小，有可能小于其承受的风荷载，故结构设计时需注意。

二、传力路径

轻型木结构体系属于"柔"性结构体系，其各部件在荷载作用下的受力更多地取决于该部件所承受荷载的从属面积。

（一）竖向荷载传力

除受荷构件自重外，轻型木结构体系中的构件所承受的竖向荷载主要作用于屋面及楼面，由于屋面大多采用轻型木屋架构件，楼面大多采用木搁栅构件，该两种构件两端（或中间）均支承于轻型木结构墙体或梁上，其受力形式可采用支座为简支的梁形式，故屋面及楼面的竖向荷载均可沿着屋架及楼面搁栅的跨度方向传递至其下的轻型木结构墙体或梁处，传力计算时应注意屋架及楼面搁栅的布置方向。

（二）水平荷载传力

轻型木结构主要受到风荷载、地震作用等水平荷载（或称横向荷载）的作用。如结构受到风荷载时，其传力路径见图 2-4。

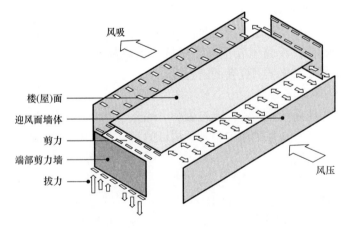

图 2-4 风荷载作用下结构传力路径

由图 2-4 可见，风荷载作用到迎风面的墙体上，通过该墙体传递到水平的楼（屋）盖上，楼（屋）盖再传递到与其可靠连接的两侧墙体上，两侧墙体传递到基础。因此需要楼（屋）盖或两侧墙体有足够的抗侧力性能，基础锚栓有足够的抗拔能力。

第三节　设计方法与要求

一、一般规定

我国轻型木结构建筑在设计和施工中应遵循以下最基本的规定。

（一）目前我国建造的轻型木结构主要指由木构架墙、木楼面及木屋面体系构成的三层及三层以下居住建筑。

尽管轻型木结构体系在北美、欧洲广泛应用，但对于我们国家来讲，这种建筑应用时间还不长、缺乏建筑经验，因此目前应用范围主要限制在三层或三层以下的居住建筑中。

（二）轻型木结构采用的各种材料及工程木产品需符合规定。

同其他所有建筑材料一样，材料的质量好坏直接影响建筑物的安全性能；木材是一种天然生长的材料，其材性匀质性较差，质量随生长速度、气候、树种及含水率等因素的变化而变化，天然缺陷较多；此外，目前用于轻型木结构的国产木材较少，以进口为主，而不同进口渠道的材料规格标准不同，有英制的也有公制的，不同单位材料等转换时有一定的尺寸误差，这样的误差虽然不会影响结构强度，但对安装有较大影响，故不同规格系列不得混用。因此，所有的结构材料都必须要有相应的等级标识和证明，质量应满足相关规定的要求。

（三）采用轻型木结构时，应满足当地自然环境和使用环境对建筑物的要求，并应采用可靠措施，防止木结构腐朽和虫蛀，保证结构达到预期的寿命要求。

木材用于建筑材料时必须采取可靠措施防止其腐朽。一般来讲木材腐朽需同时满足4个条件：充足的氧气、适当的温度（20℃左右）、足够的湿度和木材腐朽所需的营养。因此，需采取适当措施防止木材腐朽。上述4种因素中只有湿度在设计时可通过采取一定的构造措施及利用人工设备来得到保证，此外木材通过一定的化学物质的压力渗透办法，可以达到防腐、防虫（主要是白蚁）的目的。

（四）轻型木结构的平面布置宜规则，质量、刚度变化宜均匀。所有构件之间应有可靠的连接和必要的锚固、支撑，保证结构的强度、刚度和良好的整体性。

与其他建筑材料的结构相比，轻型木结构质量较轻，具有较好的抗震性能；同时，轻型木结构是一种具有高次超静定的结构体系，使结构在地震、风载作用下具有较好的延性。尽管如此，当建筑不规则或有大开口时，会引起结构刚度、质量的分布不均匀。质量或刚度的非对称性必然会导致建筑物质心和侧向力作用点不重合，这样，结构在风载和地震作用等侧向力作用下会导致建筑物绕质心扭转，如图2-5所示，这对建筑物受力极为不利。

此外，轻型木结构是依靠结构主要受力构件和次要受力构件共同作用的结构受力体系，超静定次数多，如果结构布置非对称，将对结构分析带来很大的复杂性。因此，设计时，尽可能采用经过长期实践证明的可靠构造措施，以保证结构的安全性和可靠性。

二、设计方法

多层轻型木结构的设计有两种方法。

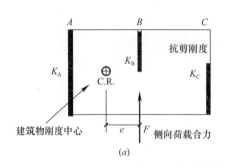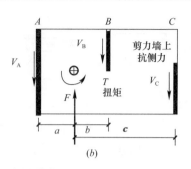

图 2-5 非对称的平面布置形式

(a) 不规则的平面布置；(b) 不规则引起的扭转

其一称为工程计算设计方法。这一设计概念的含意在于结构构件、连接等需按照相关的荷载规范、抗震规范计算所受到的内力，然后通过计算确定构件截面和连接。

另一种为基于经验的构造设计法。这种设计方法的含意在于当一栋建筑物满足按照构造设计法进行设计的要求时，它的抗侧力就可不必计算，而是利用结构本身具有的抗侧力构造体系来抵抗侧向荷载，这内在的抗侧力来自于结构密置的墙骨柱、墙体顶梁板、墙体底梁板、楼面梁、屋面椽条以及各种面板、隔墙的共同作用。

无论哪一种设计方法，结构的竖向承载力均需通过计算确定。

（一）工程设计法

按照规定计算出作用在建筑物上的各种水平荷载和竖向荷载，用力学分析方法计算出各种构件包括密置的墙骨柱、墙体顶梁板、墙体底梁板、楼面梁、屋面椽条、桁架、剪力墙等的内力以及节点受力，然后再按照构件和连接的计算方法进行构件、连接计算和设计。

水平荷载通过水平的楼屋面板和竖向的剪力墙承受，再传递到基础上。

（二）构造设计法

1. 对于 3 层及 3 层以下的轻型木结构建筑，当符合下列条件时，可按构造要求进行抗侧力设计。

（1）建筑物每层面积不应超过 600m²，层高不应大于 3.6m；

（2）楼面活荷载标准值不应大于 2.5kN/m²；屋面活荷载标准值不应大于 0.5kN/m²；

（3）建筑物屋面坡度不应小于 1∶12，也不应大于 1∶1；纵墙上檐口悬挑长度不应大于 1.2m；山墙上檐口悬挑长度不应大于 0.4m；

（4）承重构件的净跨距不应大于 12.0m。

2. 当抗侧力设计按构造要求进行设计时，在不同抗震设防烈度的条件下，剪力墙最小长度应符合表 2-1 的规定；在不同风荷载作用时，剪力墙最小长度应符合表 2-2 的规定。

按抗震构造要求设计时剪力墙的最小长度（m）　　　表 2-1

抗震设防烈度		最大允许层数	木基结构板材剪力墙最大间距（m）	剪力墙的最小长度		
				单层、二层或三层的顶层	二层的底层或三层的二层	三层的底层
6 度	—	3	10.6	0.02A	0.03A	0.04A
7 度	0.10g	3	10.6	0.05A	0.09A	0.14A
	0.15g	3	7.6	0.08A	0.15A	0.23A

续表

抗震设防烈度	最大允许层数	木基结构板材剪力墙最大间距（m）	剪力墙的最小长度		
			单层、二层或三层的顶层	二层的底层或三层的二层	三层的底层
8 度	0.20g	2	7.6	0.10A	0.20A	—

注：1. 表中 A 指建筑物的最大楼层面积（m²）；

2. 表中剪力墙的最小长度以墙体一侧采用 9.5mm 厚木基结构板材作面板、150mm 钉距的剪力墙为基础。当墙体两侧均采用木基结构板材作面板时，剪力墙的最小长度为表中规定长度的 50%。当墙体两侧均采用石膏板作面板时，剪力墙的最小长度为表中规定长度的 200%；

3. 对于其他形式的剪力墙，其最小长度可按表中数值乘以 $\frac{3.5}{f_{vt}}$ 确定，f_{vt} 为其他形式剪力墙抗剪强度设计值；

4. 位于基础顶面和底层之间的架空层剪力墙的最小长度应与底层规定相同；

5. 当楼面有混凝土面层时，表中剪力墙的最小长度应增加 20%。

按抗风构造要求设计时剪力墙的最小长度（m）　　　　　表 2-2

基本风压（kN/m²）				最大允许层数	木基结构板材剪力墙最大间距（m）	剪力墙的最小长度		
地面粗糙度						单层、二层或三层的顶层	二层的底层三层的二层	三层的底层
A	B	C	D					
—	0.30	0.40	0.50	3	10.6	0.34L	0.68L	1.03L
—	0.35	0.50	0.60	3	10.6	0.40L	0.80L	1.20L
0.35	0.45	0.60	0.70	3	7.6	0.51L	1.03L	1.54L
0.40	0.55	0.75	0.80	2	7.6	0.62L	1.25L	—

注：1. 表中 L 指垂直于该剪力墙方向的建筑物长度（m）；

2. 表中剪力墙的最小长度以墙体一侧采用 9.5mm 厚木基结构板材作面板、150mm 钉距的剪力墙为基础。当墙体两侧均采用木基结构板材作面板时，剪力墙的最小长度为表中规定长度的 50%。当墙体两侧均采用石膏板作面板时，剪力墙的最小长度为表中规定长度的 200%；

3. 对于其他形式的剪力墙，其最小长度可按表中数值乘以 $\frac{3.5}{f_{vt}}$ 确定，f_{vt} 为其他形式剪力墙抗剪强度设计值；

4. 位于基础顶面和底层之间的架空层剪力墙的最小长度应与底层规定相同。

3. 当抗侧力设计按构造要求进行设计时，剪力墙的设置应符合下列规定（图 2-6）：

（1）单个墙段的墙肢长度不应小于 0.6m，墙段的高宽比不应大于 4：1；

（2）同一轴线上相邻墙段之间的距离不应大于 6.4m；

（3）墙端与离墙端最近的垂直方向的墙段边的垂直距离不应大于 2.4m；

（4）一道墙中各墙段轴线错开距离不应大于 1.2m。

4. 当按构造要求进行抗侧力设计时，结构平面不规则与上下层墙体之间的错位应符合下列规定：

（1）上下层构造剪力墙外墙之间的平面错位不应大于楼盖搁栅高度的 4 倍，或不应大于 1.2m；

（2）对于进出开门面没有墙体的单层车库两侧构造剪力墙或顶层楼盖屋盖外伸的单肢构造剪力墙，其无侧向支撑的墙体端部外伸距离不应大于 1.8m（图 2-7）；

（3）相邻楼盖错层的高度不应大于楼盖搁栅的截面高度；

（4）楼盖、屋盖平面内开洞面积不应大于四周支撑剪力墙所围合面积的 30%，且洞口的尺寸不应大于剪力墙之间间距的 50%（图 2-8）。

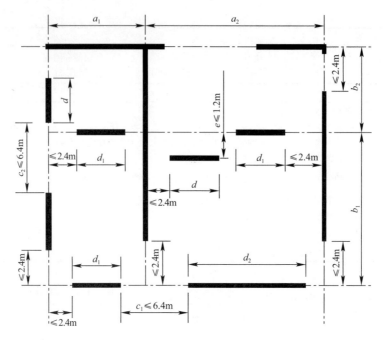

图 2-6 剪力墙平面布置要求

a_1、a_2—横向承重墙之间距离；b_1、b_2—纵向承重墙之间距离；

c_1、c_2—承重墙墙段之间距离；d_1、d_2—承重墙墙肢长度；e—墙肢错位距离

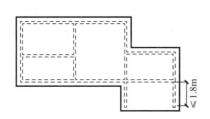

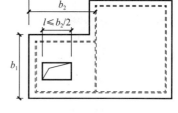

图 2-7 无侧向支撑的外伸剪力墙示意图　　图 2-8 楼盖、屋盖开洞示意图

此处所提构造剪力墙不同于上述按工程计算设计法所涉及的剪力墙。构造剪力墙指按构造设计法确定的具有抗侧向承载能力的墙体。而一般意义的剪力墙都是通过计算确定抗侧力能力的剪力墙。应当注意的是，当按构造法设计的剪力墙不满足表 2-1 及表 2-2 中有关规定或超出了前述按构造设计法设计的有关规定时，则不得按构造设计法设计，而需按工程计算设计法设计，即必须根据计算结果设计剪力墙和楼屋面来抵抗侧向荷载。在同一幢建筑中，结构的侧向荷载不能一部分依靠工程计算设计的剪力墙来承受，而另一部分依靠按构造法设计的剪力墙来承受。

三、设计要求

（一）梁、柱设计

1. 由规格材组成的组合梁的有关规定：

组合梁是由 2 根或 2 根以上的规格材用钉或螺栓组合在一起形成的梁。组合梁用于荷载不大、规格材用作搁栅的楼面或屋面梁，这样设计可以减少结构中所用材料的品种，简

化结构形式。组合梁需符合以下要求：

（1）组合梁中单根规格材的对接应位于梁的支座上；

（2）若组合截面梁为连续梁，则梁中单根规格材的对接位置应位于距支座 1/4 梁净跨附近范围内，见图 2-9；相邻的单根规格材不得在同一位置上对接；在同一截面上对接的规格材数量不得超过梁的规格材总数的一半；任一根规格材在同一跨内均不得有两个或两个以上的接头；边跨内不得对接；

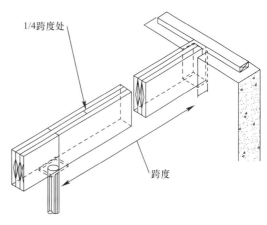

图 2-9　组合梁

（3）当组合梁由 40mm 厚的规格材组成时，规格材之间应采用沿梁截面高度等分布的二排钉连接，钉长不得小于 90mm，钉的中距不得大于 450mm，钉的端距为 100～150mm，详见图 2-10；

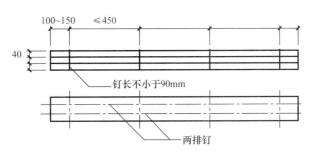

图 2-10　组合梁中钉的布置

（4）当组合截面梁由 40mm 厚的规格材采用螺栓连接时，螺栓直径不得小于 12mm，螺栓中距不得大于 1200mm，螺栓端距不得大于 600mm，详见图 2-11。

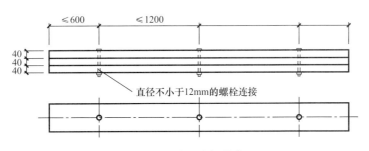

图 2-11　组合梁中螺栓布置

2. 由规格材组成的组合柱的有关规定：

（1）当组合柱采用钉连接时，组合柱的连接应符合下列规定：

① 沿柱长度方向的钉间距不应大于单根规格材厚度的 6 倍；与柱长度方向垂直的钉间距不应大于 20 倍的钉直径；

② 钉应贯穿组合柱的所有规格材，且钉入最后一根规格材的深度应不小于规格材厚

度的 3/4，钉应在柱的两面沿柱长度方向交错打入；

③ 当组合柱中单根规格材的宽度大于其厚度的 3 倍时，在宽度方向应至少布置两排钉。

（2）当组合柱采用螺栓连接时，组合柱的连接应符合下列规定：

① 沿柱长度方向的螺栓间距不应大于单根规格材厚度的 6 倍；与柱长度方向垂直的螺栓间距不应大于 10 倍的螺栓直径；

② 当组合柱中单根规格材的宽度大于其厚度的 3 倍时，在宽度方向应至少布置两排螺栓。

3. 柱底与基础应保证紧密接触，并有可靠锚固，以满足抗拔和抗侧移的要求。

4. 应保证梁在支座上紧密接触，搁置长度不得小于 90mm。

（二）抗侧力设计

如果轻型木结构的规模不大、受到的风和地震作用不强、结构布置规则，即结构满足构造设计法的相关要求时，楼（屋）盖和墙体的侧向力可通过满足构造要求的结构件传递；当规模等较大，不满足上述要求时，需通过计算确定剪力墙（竖向抗侧力构件）、抗剪楼（屋）盖（水平抗侧力构件）的抗侧力性能。此处水平抗侧力构件也包括带有斜度的屋盖结构。

轻型木结构的地震作用计算应符合《建筑抗震设计规范》GB 50011 的有关规定，水平地震作用可采用底部剪力法，结构自振周期可按经验公式 $T=0.05H^{0.75}$ 估算，H 为基础顶面到建筑物最高点的高度（m）。

在轻型木结构抗震验算时，承载力抗震调整系数 γ_{RE} 取 0.80，结构阻尼比取 0.05。

1. 剪力墙抗侧力计算

剪力墙抗侧力计算时，将墙肢假定为悬臂的工字形梁，其中墙体的覆面板相当于工字形梁腹板，来抵抗剪力；墙端的墙骨柱相当于工字形梁的翼缘，来抵抗弯矩。剪力墙设计包括墙体覆面板抗剪、端墙骨柱抗拉或抗压以及剪力墙与下部结构连接件的设计。剪力墙设计时，要求墙体墙肢的高宽比不大于 3.5∶1，高度是指楼层内从剪力墙底梁板的底面到顶梁板的顶面的垂直距离。

（1）墙体覆面板的计算

单面铺设覆面板有墙骨柱横撑的剪力墙，其抗剪承载力设计值可按下式计算：

$$V = \sum f_d l \tag{2-1}$$

$$f_d = f_{vd} \cdot k_1 \cdot k_2 \cdot k_3 \tag{2-2}$$

式中　f_{vd}——采用木基结构板材作覆面板的剪力墙的抗剪强度设计值（kN/m），见表 2-3 和图 2-12；

　　　　l——平行于荷载方向的剪力墙墙肢长度（m）；

　　　　k_1——木基结构板材含水率调整系数；见表 2-4；

　　　　k_2——骨架构件材料树种的调整系数，见表 2-5；

　　　　k_3——强度调整系数，仅用于无横撑水平铺板的剪力墙，见表 2-6。

对于双面铺板的剪力墙，无论两侧是否采用相同材料的木基结构板材，剪力墙的抗剪承载力设计值等于墙体两面抗剪承载力设计值之和。

轻型木结构剪力墙抗剪强度设计值 f_{vd} 和抗剪刚度 K_w　　表 2-3

面板最小名义厚度（mm）	钉入骨架构件最小深度（mm）	钉直径（mm）	面板边缘钉的间距（mm）												
			150			100			75			50			
			f_{vd} (kN/m)	K_w (kN/mm)		f_{vd} (kN/m)	K_w (kN/mm)		f_{vd} (kN/m)	K_w (kN/mm)		f_{vd} (kN/m)	K_w (kN/mm)		
				OSB	PLY		OSB	PLY		OSB	PLY		OSB	PLY	
9.5	31	2.84	3.5	1.9	1.5	5.4	2.6	1.9	7.0	3.5	2.3	9.1	5.6	3.0	
9.5	38	3.25	3.9	3.0	2.1	5.7	4.4	2.6	7.3	5.4	3.0	9.5	7.9	3.5	
11.0	38	3.25	4.3	2.6	1.9	6.2	3.9	2.5	8.0	4.9	3.0	10.5	7.3	3.7	
12.5	38	3.25	4.7	2.3	1.8	6.8	3.3	2.3	8.7	4.4	2.6	11.4	6.8	3.5	
12.5	41	3.66	5.5	3.9	2.5	8.2	5.3	3.0	10.7	6.5	3.0	13.7	9.1	4.0	
15.5	41	3.66	6.0	3.3	2.3	9.1	4.6	2.8	11.9	5.8	3.2	15.6	8.4	3.9	

1. 表中 OSB 为定向木片板，PLY 为结构胶合板；
2. 表中抗剪强度和刚度为钉连接的木基结构板材的面板，在干燥使用条件下，标准荷载持续时间的值；当考虑风荷载和地震作用时，表中抗剪强度和刚度应乘以调整系数 1.25；
3. 当钉的间距小于 50mm 时，位于面板拼缝处的骨架构件的宽度不得小于 64mm，钉应错开布置；可采用两根 40mm 宽的构件组合在一起传递剪力；
4. 当直径为 3.66mm 的钉的间距小于 75mm 或钉入骨架构件的深度小于 41mm 时，位于面板拼缝处的骨架构件的宽度不应小于 64mm，钉应错开布置；可采用两根 40mm 宽的构件组合在一起传递剪力；
5. 当剪力墙面板采用射钉或非标准钉连接时，表中抗剪承载力应乘以折算系数 $(d_1/d_2)^2$；其中，d_1 为非标准钉的直径，d_2 为表中标准钉的直径。

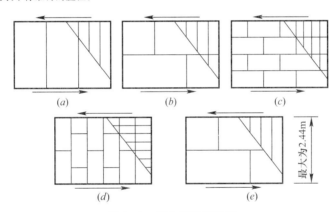

图 2-12　剪力墙铺板示意

（a）竖向铺板，无横撑；（b）水平铺板，有横撑；（c）水平铺板，有横撑；

（d）竖向铺板，有横撑；（e）水平铺板，无横撑

木基结构板材含水率调整系数 k_1　　表 2-4

木基结构板材的含水率 ω	$\omega < 16\%$	$16\% \leqslant \omega < 19\%$
含水率调整系数 k_1	1.0	0.8

骨架构件材料树种的调整系数 k_2　　表 2-5

序号	树种名称	调整系数 k_2
1	兴安落叶松、花旗松——落叶松类、南方松、欧洲赤松、欧洲落叶松、欧洲云杉	1.0
2	铁——冷杉类、欧洲道格拉斯松	0.9
3	杉木、云杉——松——冷杉类、新西兰辐射松	0.8
4	其他北美树种	0.7

无横撑水平铺设面板的剪力墙强度调整系数 k_3　　　　　表 2-6

边支座上钉的间距（mm）	中间支座上钉的间距（mm）	墙骨柱间距（mm）			
		300	400	500	600
150	150	1.0	0.8	0.6	0.5
150	300	0.8	0.6	0.5	0.4

注：墙骨柱柱间无横撑剪力墙的抗剪强度可将有横撑剪力墙的抗剪强度乘以抗剪调整系数。有横撑剪力墙的面板边支座上钉的间距为150mm，中间支座上钉的间距为300mm。

剪力墙上有开孔时，开孔周围的骨架构件和连接应加强，以保证传递开孔周围的剪力。开孔剪力墙的抗剪承载力设计值等于开孔两侧墙肢的抗剪承载力设计值之和，而不计入开孔上下方墙体的抗剪承载力设计值。

（2）剪力墙边界杆件的计算

剪力墙两侧边界杆件为墙骨柱，按受拉或受压构件计算。所受的轴向力见式（2-3）。

$$N_\mathrm{r} = \frac{M}{B_0} \tag{2-3}$$

式中　N_r——剪力墙边界杆件的拉力或压力设计值（kN）；

　　　　M——侧向荷载在剪力墙平面内产生的弯矩（kN·m）；

　　　　B_0——剪力墙两侧边界构件间的中心距（m）。

剪力墙边界杆件在长度上应连续。如果中间断开，则应采取可靠的连接保证其能抵抗轴向力。剪力墙面板不得用来作为杆件的连接板。

当恒载不能抵抗剪力墙的倾覆时，墙体与基础应采用抗倾覆锚固件。

剪力墙上有开孔时，开孔两侧的每段墙肢都应保证其抗倾覆的能力。

（3）剪力墙的连接

剪力墙底梁板承受的剪力必须传递至下部结构。当剪力墙直接搁置在基础上时，剪力通过锚固螺栓来传递。在多层轻型木结构中，当剪力墙搁置在下层木楼盖上时，上层剪力墙底梁板应与下层木楼盖中的边搁栅钉连接，边搁栅必须和下层剪力墙可靠连接以传递上层剪力墙的以及本层楼盖的剪力。连接方式可采用如图 2-13 所示的金属件锚固连接。

抗上拔连接件可用来将剪力墙边界杆件与基础墙或下层剪力墙锚固在一起。图 2-13 中上部剪力墙端部墙骨柱通过螺栓与钢托架连接，钢托架再用锚栓（或螺栓）与基础（或下层剪力墙）连接，使上层剪力墙边界构件（端部墙骨柱）中的轴力传递到基础或下层剪力墙，上部剪力墙中的剪力通过剪力墙底梁板（地梁板）与下部结构连接的分布螺栓传递。

2. 楼、屋盖抗侧力计算

具有抗侧能力的楼、屋盖（或横膈）的工作原理也和工字形梁类似，其面板可作为工字形梁的腹板抵抗剪力，前后侧边界杆件可作为工字形梁的翼缘抵抗弯矩。横膈的设计包括：覆面板抗侧向剪力、横膈边界杆件和传递楼盖或屋盖侧向力的连接件。

轻型木结构抗侧力楼（屋）盖（即横膈）每个单元的长宽比不大于 4：1。

（1）覆面板抗侧力计算

假定楼、屋盖中侧向力沿板宽度方向均匀分布，其抗剪承载力设计值可按下式计算：

$$V = f_\mathrm{d} \cdot B \tag{2-4}$$

$$f_\mathrm{d} = f_\mathrm{vd} k_1 k_2 \tag{2-5}$$

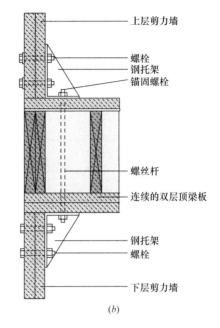

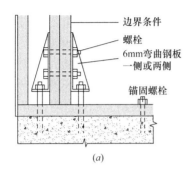

图 2-13　上层剪力墙和基础以及剪力墙之间的典型抗上拔连接示意图

（a）剪力墙和基础连接；（b）剪力墙和下层剪力墙连接

式中　f_{vd}——采用木基结构板材的楼、屋盖抗剪强度设计值（kN/m），见表 2-7、表 2-8；

k_1——木基结构板材含水率调整系数，见表 2-4；

k_2——骨架构件材料树种的调整系数，见表 2-5；

B——楼、屋盖平行于荷载方向的有效宽度（m）。

楼、屋盖构造类型

表 2-7

类型	1 型	2 型	3 型	4 型
示意图				
构造形式	横向骨架，纵向横撑	纵向骨架，横向横撑	纵向骨架，横向横撑	横向骨架，纵向横撑

采用木基结构板材的楼、屋盖抗剪强度设计值 f_{vd}（kN/m）

表 2-8

面板最小名义厚度（mm）	钉入骨架构件的最小深度（mm）	钉直径（mm）	骨架构件最小宽度（mm）	有填块 平行于荷载的面板边缘连续的情况下（3 型和 4 型），面板边缘钉的间距（mm）				无填块 面板边缘钉的最大间距为 150mm	
				150	100	65	50	荷载与面板连续边垂直的情况下（1 型）	所有其他情况（2 型、3 型、4 型）
				在其他情况下（1 型和 2 型），面板边缘钉的间距（mm）					
				150	150	100	75		
				f_{vd}（kN/m）	f_{vd}（kN/m）	f_{vd}（kN/m）	f_{vd}（kN/m）	f_{vd}（kN/m）	f_{vd}（kN/m）
9.5	31	2.84	38	3.3	4.5	6.7	7.5	3.0	2.2
			64	3.7	5.0	7.5	8.5	3.3	2.5

续表

面板最小名义厚度（mm）	钉入骨架构件的最小深度（mm）	钉直径（mm）	骨架构件最小宽度（mm）	有填块				无填块	
				平行于荷载的面板边缘连续的情况下（3型和4型），面板边缘钉的间距（mm）				面板边缘钉的最大间距为150mm	
				150	100	65	50	荷载与面板连续边垂直的情况下（1型）	所有其他情况下（2型、3型、4型）
				在其他情况下（1型和2型），面板边缘钉的间距（mm）					
				150	150	100	75		
				f_{vd}（kN/m）	f_{vd}（kN/m）	f_{vd}（kN/m）	f_{vd}（kN/m）	f_{vd}（kN/m）	f_{vd}（kN/m）
9.5	38	3.25	38	4.3	5.7	8.6	9.7	3.9	2.9
			64	4.8	6.4	9.7	10.9	4.3	3.2
11.0	38	3.25	38	4.5	6.0	9.0	10.3	4.1	4.0
			64	5.1	6.8	10.2	11.5	4.5	3.4
12.5	38	3.25	38	4.8	6.4	9.5	10.7	4.3	3.2
			64	5.4	7.2	10.7	12.1	4.7	3.5
12.5	41	3.66	38	5.2	6.9	10.3	11.7	4.5	3.4
			64	5.8	7.7	11.6	13.1	5.2	3.9
15.5	41	3.66	38	5.7	7.6	11.4	13.0	5.1	3.9
			64	6.4	8.5	12.9	14.7	5.7	4.3
18.5	41	3.66	64	—	11.5	16.7	—	—	—
			89	—	13.4	19.2	—	—	—

注：1. 表中抗剪强度为钉连接的木基结构板材的面板，在干燥使用条件下，标准荷载持续时间的值；当考虑风荷载和地震作用时，表中抗剪强度应乘以调整系数1.25；

2. 当钉的间距小于50mm时，位于面板拼缝处的骨架构件的宽度不应小于64mm，钉应错开布置；可采用两根40mm的构件组合在一起传递剪力；

3. 当直径为3.66mm的钉的间距小于75mm或钉入骨架构件的深度小于41mm时，位于面板拼缝处的骨架构件的宽度不应小于64mm，钉应错开布置；可采用两根40mm宽的构件组合在一起传递剪力；

4. 当剪力墙面板采用射钉或非标准钉连接时，表中抗剪强度应乘以折算系数 $(d_1/d_2)^2$；其中，d_1 为非标准钉的直径，d_2 为表中标准钉的直径；

5. 当钉的直径为3.66mm，面板最小名义厚度为18.5mm时，应布置两排钉。

（2）横膈边界杆件承载力

与荷载方向垂直的边界杆件用来抵抗楼、屋盖平面内的最大弯矩。楼、屋盖边界杆件的轴向力可按下式计算：

$$N_r = \frac{M_1}{B_0} \pm \frac{M_2}{b} \quad (2\text{-}6)$$

式中　N_r——边界杆件的轴向压力或轴向拉力设计值（kN）；

　　　M_1——楼、屋盖全长平面内的弯矩设计值（kN·m）；

　　　B_0——平行于荷载方向的边界杆件中心距（m）；

　　　M_2——楼、屋盖上开孔长度内的弯矩设计值（kN·m）；

　　　b——沿平行于荷载方向的开孔尺寸（m），不得小于0.6m。

对于简支楼、屋盖在均布荷载作用下的弯矩设计值 M_1 和 M_2 可分别按下式计算：

$$M_1 = \frac{WL^2}{8} \tag{2-7}$$

$$M_2 = \frac{Wa^2}{8} \tag{2-8}$$

式中　W——作用于楼、屋盖的侧向均布荷载设计值（kN/m）；

　　　L——垂直于侧向荷载方向的楼、屋盖长度（m）；

　　　a——垂直于侧向荷载方向的开孔长度（m）。

楼、屋盖边界杆件在楼、屋盖长度范围内应连续。如中间断开，则应采取可靠的连接，保证其能抵抗所承担的轴向力。楼、屋盖的面板，不得用来作为杆件的连接板。

（3）传递楼、屋盖侧向力的连接件设计

水平风荷载作用在迎风面墙体上，迎风面墙体上通过连接将荷载传递到楼（屋）盖；水平楼、屋盖再通过连接将荷载传递到两端剪力墙上，见图2-4。因此迎风面墙体和水平楼（屋）盖、水平楼（屋）盖与两端剪力墙之间都需要进行可靠的连接件设计。

① 迎风面墙体和水平楼（屋）面的连接

迎风面墙体中的墙骨柱通常与其顶梁板用垂直钉连接或斜向钉连接。当楼（屋）盖搁栅垂直于迎风面墙体时，搁栅和顶梁板用斜向钉连接或用锚接板连接，楼（屋）盖覆面板钉于横撑上，见图2-14。

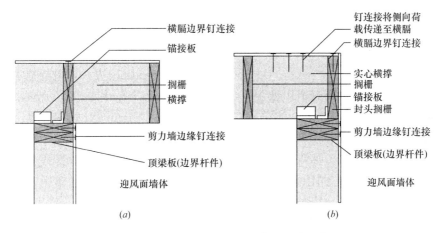

图 2-14　楼面搁栅和迎风面墙体的连接示意图

（a）搁栅垂直于迎风面墙体；（b）搁栅平行于迎风面墙体

② 水平楼（屋）盖与两端剪力墙的连接

在楼、屋盖中，覆面板钉接于楼（屋）盖的周边搁栅上，周边搁栅和端部剪力墙的顶梁板连接。搁栅可通过斜钉与墙体顶梁板连接，也可金属锚接板连接。

第四节　构造特点与要求

多层轻型木结构体系主要可分为轻型木结构墙体、轻型木结构楼盖及轻型木结构屋盖三大部件，以下分别简述该三大部件的构造特点与要求。

一、轻型木结构墙体

轻型木结构墙体是多层轻型木结构建筑中的重要构件，墙体中各构件需满足一定的构造要求。

（一）墙骨柱

1. 承重墙的墙骨柱应采用材质等级为 V_c 级及其以上的规格材；非承重墙的墙骨柱可采用任何等级的规格材；承重墙的墙骨柱截面尺寸应由计算确定；

2. 墙骨柱在层高内应连续，允许采用指接连接，但不得采用连接板连接；

3. 墙骨柱间距不得大于 600mm；

4. 墙骨柱在墙体转角和交接处应进行加强，转角处的墙骨柱数量不得少于 3 根（图 2-15）；

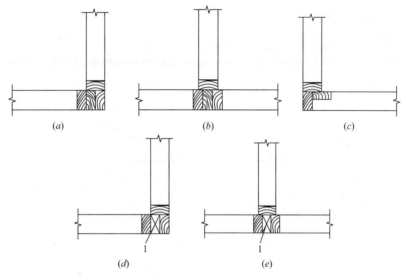

图 2-15　墙骨柱在转角处和交接处加强示意图
1—木填块

5. 开孔宽度大于墙骨柱间距的墙体，开孔两侧的墙骨柱应采用双柱；开孔宽度小于或等于墙骨柱间净距并位于墙骨柱之间的墙体，开孔两侧可用单根墙骨柱；

6. 墙骨柱的最小截面尺寸和最大间距应符合本章附录 A 的规定；

7. 对于非承重墙体的门洞，当墙体有耐火极限要求时，应至少用两根截面高度与底梁板宽度相同的规格材加强门洞。

（二）墙体梁板

1. 墙体底部应有底梁板或地梁板，底梁板或地梁板在支座上突出的尺寸不得大于墙体宽度的 1/3，宽度不得小于墙骨柱的截面高度。

2. 墙体顶部应有顶梁板，其宽度不得小于墙骨柱截面的高度；承重墙的顶梁板不宜少于两层；非承重墙的顶梁板可为单层。

3. 多层顶梁板上、下层的接缝应至少错开一个墙骨柱间距，接缝位置应在墙骨柱上；在墙体转角和交接处，上、下层顶梁板应交错互相搭接；单层顶梁板的接缝应位于墙骨柱上，并在接缝处的顶面采用镀锌薄钢带以钉连接。

4. 当承重墙的开洞宽度大于墙骨柱间距时，应在洞顶加设过梁，过梁设计由计算确定。

（三）墙面板

1. 当墙面板采用木基结构板材作面板且最大墙骨柱间距为 400mm 时，板材的最小厚度不应小于 9mm；当最大墙骨柱间距为 600mm 时，板材的最小厚度不应小于 11mm。

2. 当墙面板采用石膏板作面板且最大墙骨柱间距为 400mm 时，板材的最小厚度不应小于 9mm；当最大墙骨柱间距为 600mm 时，板材的最小厚度不应小于 12mm。

3. 墙面板相邻面板之间的接缝应位于骨架构件上，面板可水平或竖向铺设，面板之间应留有不小于 3mm 的缝隙，因为随着含水率的变化，面板宽度会有所变化，缝隙预留给面板伸缩提供可能。

4. 墙面板的尺寸不得小于 1.2m×2.4m，在墙面边界或开孔处，允许使用宽度不小于 300mm 的窄板，但不得多于两块；当墙面板的宽度小于 300mm 时，应加设用于固定墙面板的填块，一般为标准板块，边缘处有窄板。相关试验表明，窄长板材会降低剪力墙或楼屋盖的抗剪承载力，所以要加以限制。

5. 当墙体两侧均有面板，且每侧面板边缘钉间距小于 150mm 时，墙体两侧面板的接缝应互相错开一个墙骨柱的间距，不得固定在同一根骨架构件上；当骨架构件的宽度大于 65mm 时，墙体两侧面板拼缝可固定在同一根构件上，但钉应交错布置。

6. 经常处于潮湿环境条件下的钉应有防护涂层，以防止钉的锈蚀。

（四）剪力墙

轻型木结构剪力墙是多层轻型木结构建筑抗侧力体系的关键构件，该剪力墙的平面布置应该尽量均匀，单片剪力墙长度不能过短，需至少满足剪力墙高度的 1/3.5 的要求；剪力墙竖向布置应尽量连续，非连续处应设置转换构件。图 2-16 为木框架剪力墙的构造示意图，表 2-9 为该木框架剪力墙中各组件代号的含义。

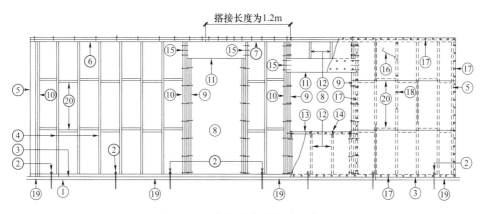

图 2-16　木框架剪力墙构造示意图

	木框架剪力墙构造示意图各组件含义						表 2-9
1	混凝土梁、基础顶	6	双顶梁板，钉连接	11	过梁	16	覆面板
2	轻木墙体下锚栓	7	顶梁板	12	窗下墙骨柱	17	覆面板边缘钢钉
3	底梁板	8	门或窗	13	窗底底梁板	18	覆面板中间钢钉
4	木墙骨柱	9	门窗过梁下组合柱	14	每根墙窗下骨柱钢钉	19	防腐木
5	转角处木墙柱	10	边界墙骨柱	15	过梁上钢钉	20	墙骨柱间横撑

轻型木结构剪力墙除满足以上所述的构造要求外，还应满足以下要求：

1. 剪力墙骨架构件和楼屋盖构件的宽度不得小于 40mm，构件最大间距为 600mm；

2. 钉距每块面板边缘的距离不得小于 10mm，中间支座上钉的间距不得大于 300mm，钉应牢固地打入骨架构件中，且保持钉面与板面平齐。面板边缘钉距较小，中间钉距较大。面板上的钉不得过度打入，过度打入会使面板开裂，从而影响剪力墙承载力和延性。保证钉离板边的距离，以减小框架材料的劈裂以及防止钉从板边被拉出。

二、轻型木结构楼盖

轻型木结构体系中的楼盖一般采用按一定间隔布置的规格材楼面，规格材截面一般根据楼面跨度、活荷载情况而定，高度一般为 185～235mm；对于跨度大或者荷载较重的楼面，可以采用由规格材构成的桁架式搁栅。图 2-17 为木搁栅楼盖的构造示意图，表 2-10 为该木搁栅楼盖中各组件代号的含义。

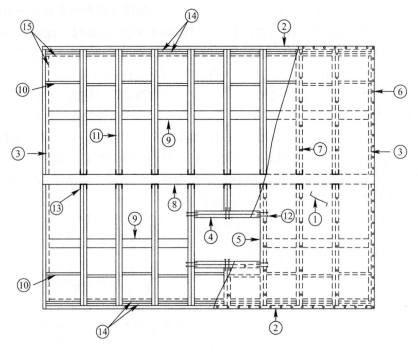

图 2-17　木搁栅楼盖构造示意图

木搁栅楼盖构造示意图各组件含义　　　　表 2-10

1	OSB 覆面板	6	覆面板边缘钢钉	11	楼面搁栅
2	封头搁栅	7	覆面板中间支座钢钉	12	钢钉
3	封边搁栅	8	楼面梁	13	搁栅挂构件
4	开孔处封头搁栅	9	木底撑	14	木填块
5	开孔处封边搁栅	10	横撑或剪刀撑	15	楼盖下墙体

（一）楼盖搁栅间距和用材

轻型木结构的楼盖应采用间距不大于 600mm 的楼盖搁栅、木基结构板材的楼面板和木基结构板材或石膏板铺设的顶棚组成。楼盖搁栅可采用规格材或工程木产品，截面尺寸由计算确定。

（二）楼盖搁栅的搁置与支撑

1. 楼盖搁栅在支座上的搁置长度不得小于 40mm。如果搁置长度不够，会导致搁栅或支座的破坏。此外，最小搁置长度也保证了搁栅与支座的可靠钉连接。

2. 在靠近支座部位的搁栅底部宜采用连续木底撑、搁栅横撑或剪刀撑（见图 2-18），以提高楼盖体系的抗变形和抗振动能力。木底撑、搁栅横撑或剪刀撑在搁栅跨度方向的间距不应大于 2.1m。当搁栅与木板条或顶棚直接固定在一起时，搁栅间可不设置支撑。

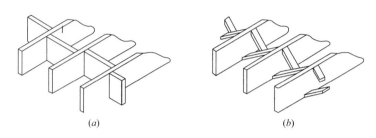

（a）　　　　　　　　　　　　　　　（b）

图 2-18　搁栅间支撑示意图

（a）搁栅横撑；（b）剪刀撑

3. 设计搁栅时，搁栅在均布荷载作用下，其受荷面积等于跨度乘以搁栅间距。因为大部分楼盖结构中，互相平行的搁栅数量大于 3 根。根据《木结构设计规范》的相关规定，3 根以上互相平行，等间距的构件在荷载作用下，其抗弯强度可以提高。所以在设计楼盖搁栅的抗弯承载力时，可将抗弯强度设计值乘以 1.15 的调整系数。但当搁栅按正常使用极限状态计算挠度时，则不需要考虑构件的共同作用问题。

（三）楼盖开孔

1. 封头搁栅：封头搁栅为楼盖开孔周边、垂直于楼盖搁栅的规格材，见图 2-19。当封头搁栅跨度大于 1.2m 时，应采用两根封头搁栅；当封头搁栅跨度大于 3.2m 时，其尺寸应由计算确定。

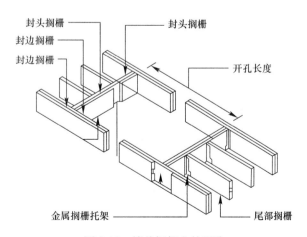

图 2-19　楼盖框架上的开孔

2. 封边搁栅：封边搁栅为楼面开孔周边、平行于楼面搁栅的规格材，见图 2-19，封边搁栅是封头搁栅的支撑。当封边搁栅长度超过 800mm 时，应采用两根封边搁栅；当封边搁栅长度超过 2.0m 时，封边搁栅的截面尺寸应由计算确定。

3. 尾部搁栅和封头搁栅的支撑：楼面上被开孔切断、连接于封头搁栅的那些搁栅称为尾部搁栅，见图 2-26。尾部搁栅承接于封头搁栅上，封头搁栅承接于封边搁栅上，这些承接处应选用合适的金属搁栅托架或采用正确的钉连接可靠连接。

（四）支撑上层墙体的楼盖搁栅

1. 支承墙体的楼盖搁栅应符合下列规定：

（1）平行于搁栅的非承重墙，应位于搁栅或搁栅间的横撑上。横撑可用截面不小于 40mm×90mm 的规格材，横撑间距不得大于 1.2m；

（2）平行于搁栅的承重内墙，不得支承于搁栅上，应支承于梁或墙上；

（3）垂直于搁栅或与搁栅相交的角度接近垂直的非承重内墙，其位置可设置在搁栅上任何位置；

（4）垂直于搁栅的承重内墙，距搁栅支座不得大于 600mm；否则，搁栅尺寸应由计算确定。

2. 带悬挑的楼盖搁栅，当其截面尺寸为 40mm×185mm 时，悬挑长度不得大于 400mm；当其截面尺寸等于或大于 40mm×235mm 时，悬挑长度不得大于 600mm。未作计算的搁栅悬挑部分不得承受其他荷载。

当悬挑搁栅与主搁栅垂直时，未悬挑部分长度不应小于其悬挑部分长度的 6 倍，并应根据连接构造要求与双根边框梁用钉连接。

（五）楼面板

1. 楼面板的厚度及允许楼面活荷载的标准值应符合表 2-11 的规定；

2. 楼面板的尺寸不得小于 1.2m×2.4m，在楼盖边界或开孔处，允许使用宽度不小于 300mm 的窄板，但不得多于两块；当结构板的宽度小于 300mm 时，应加设填块固定；

3. 铺设木基结构板材时，板材长度方向应与搁栅垂直，宽度方向的接缝应与搁栅平行，并应相互错开不少于两根搁栅的距离；

4. 楼面板的接缝应连接在同一搁栅上。

楼面板厚度及允许楼面活荷载标准值　　　　表 2-11

最大搁栅间距（mm）	木基结构板的最小厚度（mm）	
	$Q_K \leqslant 2.5kN/m^2$	$2.5kN/m^2 < Q_K < 5.0kN/m^2$
400	15	15
500	15	18
600	18	22

三、轻型木结构屋盖

轻型木结构体系一般采用由规格材及齿板连接构成的轻型木屋架，屋架按照一定间距布置，屋架上密铺 OSB 板，其上设置防水卷材及屋面瓦。

（一）屋盖构件

1. 屋盖构架由中心间距不大于 600mm 的桁架组成；跨度较小时，也可直接由屋脊板（屋脊梁）、椽条和天棚搁栅等构成，见图 2-20。桁架、椽条和天棚搁栅的截面应由计算确定，以满足承载能力极限状态和正常使用极限状态的要求，并应做好锚固与支撑。

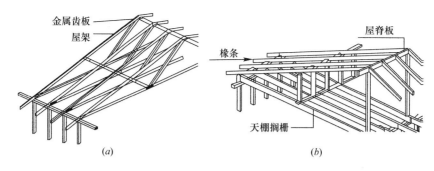

图 2-20 屋盖构架

(a) 由桁架组成屋盖构架；(b) 由屋脊板、椽条和天棚搁栅组成屋盖构架

2. 椽条与天棚搁栅的连续性：椽条与搁栅沿长度方向应连续，但可用连接板在竖向支座上连接，见图 2-21。图 2-21 (a) 为天棚搁栅在下层墙体上搭接连接；图 2-21 (b) 为在支座上对接，并用拼接板加强。

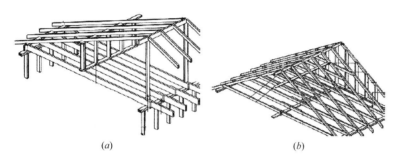

图 2-21 天棚搁栅的连接

(a) 天棚搁栅在支座上搭接；(b) 天棚搁栅在支座处对接

3. 天棚搁栅和椽条的支撑：搁栅与椽条在支座上的搁置长度不得小于 40mm，椽条顶端在屋脊两侧应用连接板或按钉连接构造要求相互连接。

4. 屋脊和屋谷：屋脊和屋谷的椽条截面高度应比其他椽条高 50mm，以保证它们与那些与之相连的椽条的紧密结合。

（二）椽条与天棚搁栅的连接

1. 屋脊处支撑：椽条或天棚搁栅在屋脊处或跨中可由承重墙或支撑长度不小于 90mm 屋脊梁支撑，这些支撑减小了椽条和搁栅的跨距；

2. 椽条中间或底部固定：在屋面椽条中部连接两椽条的构件称为椽条连杆。当椽条连杆跨度大于 2.4m 时，应在连杆中心附近加设通长纵向水平系杆，系杆截面尺寸不小于 20mm×90mm（图 2-22）；当椽条连杆截面尺寸不小于 40mm×90mm 时，对于屋面坡度大于 1:3 的屋盖，可作为椽条的中间支座。屋面坡度不小于 1:3 时，且椽条底部有可靠的防止椽条滑移的连接时，则屋脊板可不设支座，此时屋脊两侧的椽条应用钉与顶棚搁栅相连，按钉连接的要求设计。

（三）屋面或天棚开孔

当屋面或天棚开孔大于椽条或搁栅间距离时，开孔周围的构件要加强，可采用多道搁栅的形式。

51

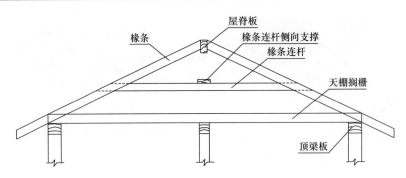

图 2-22　橡条连杆加设通长纵向水平系杆示意图

（四）屋面板

1. 上人屋顶的屋面板厚度要求与楼面板相同，不上人屋顶的屋面板厚度见表 2-12；

不上人屋顶的屋面板厚度　　　　　　　　　　　　　　表 2-12

橡条或桁架间距（mm）	木基结构楼面板最小厚度（mm）	
	$G_k \leqslant 0.3 \text{kN/m}^2$ $S_k \leqslant 2.0 \text{kN/m}^2$	$0.3 \text{kN/m}^2 < G_k \leqslant 1.3 \text{kN/m}^2$ $S_k \leqslant 2.0 \text{kN/m}^2$
400	9	11
500	9	11
600	12	12

注：当恒荷载标准值 $G_k > 1.3 \text{kN/m}^2$ 或雪荷载标准值 $S_k > 2.0 \text{kN/m}^2$ 时，轻型木结构的构件和连接不能按构造设计，而应通过计算进行设计。

2. 屋面板的尺寸不得小于 1.2m×2.4m，在屋盖边界或开孔处，允许使用宽度不小于 300mm 的窄板，但不得多于两块；当屋面板的宽度小于 300mm 时，应加设填块固定；

3. 铺设木基结构板材时，板材长度方向应与橡条或木桁架垂直，宽度方向的接缝应与橡条或木桁架平行，并应相互错开不少于两根橡条或木桁架的距离；

4. 屋面板接缝应连接在同一橡条或木桁架上，板与板之间应留有不小于 3mm 的空隙。

四、连接

轻型木结构的所有构件之间都要有可靠的连接。各种连接件需符合国家现行规范要求；进口产品应通过审查认可，并按相关标准生产，必要时进行抽样检验。

钉连接是轻型木结构构件之间的主要连接方式，按构造设计的轻型木结构的钉连接要求和墙面板、楼（屋）面板与支撑构件的钉连接要求见本章附录 B。

有抗震设计要求的轻型木结构，其构件之间的关键部位应根据抗震设防烈度，采用螺栓连接，以加强连接强度。

五、其他

（一）构件的开孔和缺口

1. 楼盖、屋盖、顶棚搁栅开孔：楼盖、屋盖和顶棚搁栅的开孔尺寸不得大于搁栅截面高度的 1/4，且离搁栅边缘的距离不得小于 50mm，如图 2-23 所示。如开孔尺寸大于搁栅截面高度的 1/4 时，则搁栅截面高度应根据开孔尺寸相应增加。

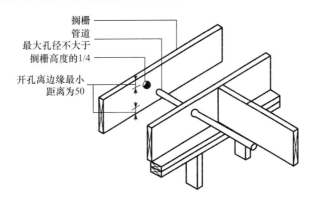

图 2-23　搁栅开孔要求

2. 楼盖、屋盖、顶棚搁栅上开缺口：楼盖、屋盖和顶棚搁栅上允许开缺口，但缺口必须位于搁栅顶面，缺口离支座边缘的距离不得大于搁栅截面高度的 1/2，缺口高度不得大于搁栅截面高度的 1/3，如图 2-24 所示。如缺口高度大于搁栅高度的 1/3 时，则应根据缺口高度要求，相应增加搁栅截面高度。搁栅底部不得开缺口。

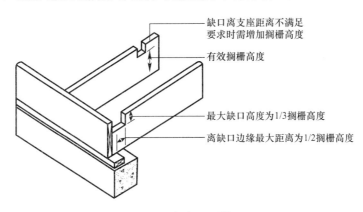

图 2-24　搁栅上开缺口

3. 墙骨柱上开孔或开缺口：应保证墙骨柱在开孔或开缺口后，对于承重墙的墙骨柱截面的剩余高度不应小于其截面高度的 2/3；对于非承重墙的墙骨柱剩余高度不应小于40mm，如图 2-25 所示。如果超出上述规定，则应采取加强措施。

4. 墙体顶梁板的开孔或开缺口：墙体顶梁板的开孔或开缺口，应保证开孔或开缺口后的剩余宽度不得小于 50mm。如果剩余宽度小于 50mm，则墙体顶梁板应采取加强措施。

5. 屋架构件开孔或开缺口：除非在设计中已作考虑，否则不得随意在屋架构件上开孔或开缺口。这主要是因为桁架构件本身的材料利用率较高，截面较经济，任何截面的削弱将严重影响桁架构件的承载

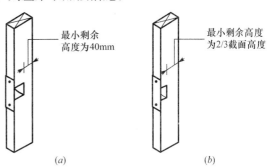

图 2-25　墙骨柱上开孔和开缺口

(a) 非承重墙墙骨柱开缺口；(b) 承重墙墙骨柱开缺口

力，因此管道和布线应尽量避开构件，安排在阁楼空间或在吊顶内。

（二）与混凝土结构的接触

1. 当木屋盖和楼面用来作为混凝土或砌体墙体的侧向支撑时，楼屋盖应有足够的承载力和刚度，以保证水平力的可靠传递。木屋盖和楼盖与墙体之间应有可靠的锚固；锚固连接沿墙体方向的抵抗力应不小于 3.0kN/m。

2. 与基础顶面连接的地梁板应采用直径不小于 12mm、间距不大于 2.0m 的锚栓与基础锚固。锚栓埋入基础深度不得小于 300mm，每根地梁板两端应各有一根锚栓，端距为 100～300mm。

3. 轻型木结构的墙体应支承在混凝土基础或砌体基础顶面的混凝土圈梁上，混凝土基础或圈梁顶面砂浆应平整，倾斜度不应大于 2‰。

4. 建筑物室内外地坪高差不得小于 300mm，见图 2-26；无地下室的底层木楼板必须架空，并应有通风防潮措施，见图 2-27。

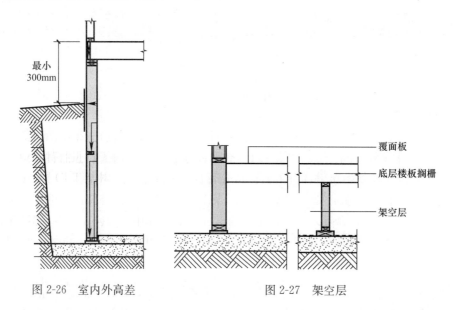

图 2-26　室内外高差　　　　　　　　　图 2-27　架空层

5. 在易遭虫害的地方，应采用经防虫处理的木材作结构构件。木构件底部与室外地坪间的高差不得小于 450mm。

6. 直接安装在基础顶面的地梁板应经过防护剂加压处理，用直径不小于 12mm、间距不大于 2.0m 的锚栓与基础锚固。锚栓埋入基础深度不得小于 300mm，每根地梁板两端应各有一根锚栓，端距为 100～300mm，见图 2-28。

7. 当底层楼板搁栅直接置于混凝土基础上时，构件端部应作防腐防虫处理（图 2-29a）；如搁栅搁置在混凝土或砌体基础的预留槽内，除构件端部应作防腐防虫处理外，尚应在构件端部两侧留出不小于 20mm 的空隙，且空隙中不得填充保温或防潮材料（图 2-29b）。

8. 当轻型木结构构件底部距架空层下地坪的净距小于 150mm 时，构件应采用经过防腐防虫处理的木材，或在地坪上铺设防潮层。

9. 当地梁板承受楼面荷载时，其截面不得小于 40mm×90mm。当地梁板直接放置在条形基础的顶面时，在地梁板和基础顶面的缝隙间应填充密封材料。

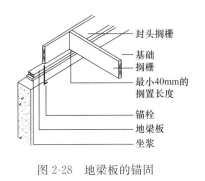

图 2-28　地梁板的锚固

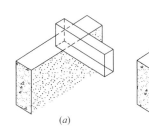

图 2-29　梁的搁置
(a) 梁搁置于基顶；(b) 梁搁置在基础预留槽内

第五节　案例分析——向峨小学宿舍楼

本节以都江堰向峨小学的三层轻型木结构宿舍为例，说明了多层轻型木结构的结构设计方法。尽管案例的层数仅有三层，但该方法同样可用于三层以上、六层及六层以下轻型木结构的设计。

2008 年 5 月 12 日发生的里氏 8.0 级汶川大地震，使毗邻汶川的都江堰市成为受灾最为严重的地区之一，其中的向峨小学、向峨中学是成都地区受灾最严重、罹难人数最多的学校，除了一幢当时新修建的学生宿舍外，其他楼房几乎全部垮塌，损失极其惨重。都江堰市向峨小学为 2008 年汶川地震后上海市对口援建都江堰的一所小学，规模为 12 班山区不完全小学，学生人数为 540 人，住宿生 100 余人。向峨小学于 2008 年 12 月动工，2009 年 9 月正式投入使用。

都江堰市向峨小学是我国第一所现代木结构学校，秉承"安全的校园、绿色的校园、集约型校园"的宗旨，建成之后得到社会的广泛赞誉，完美地展示木结构建筑在抗震、节能、环保、设计灵活及快速施工方面的各项优势。小学建成之后得到了中外业内专家的广泛认可，为此获得了第六届中国建筑学会建筑创作佳作奖。

都江堰市向峨小学校舍建筑为教学综合楼、宿舍楼和餐厅三栋单体，餐厅中除厨房部分采用钢筋混凝土结构外，其余单体及餐厅内其余部位均为木结构体系，其中教学综合楼、宿舍楼及餐厅内局部部位均采用轻型木结构体系，宿舍楼为三层轻型木结构体系，为一典型的多层轻型木结构，本节以此宿舍楼作为案例分析。

一、建筑设计

都江堰市向峨小学规划总用地面积 21127m²，净用地面积 16311m²，校舍总建筑面积 5750m²。图 2-30 为向峨小学的鸟瞰效果图，图 2-31 为宿舍楼外立面。

（一）平面功能

学生宿舍为内廊式建筑，总面积 1210m²，共 3 层，39 间标准 4 人间，可容纳 156 名寄宿学生。每间宿舍 3.3m 面宽、4.8m 进深，考虑日间上课和夜间住宿的使用特点，卫生间（配有洗涤、淋浴功能）布置在外侧，确保优良的通风采光条件。图 2-32、图 2-33 为宿舍楼一层～三层建筑平面图，图 2-34 为宿舍楼屋面建筑平面图。

图 2-30　向峨小学鸟瞰效果图

图 2-31　宿舍楼外立面

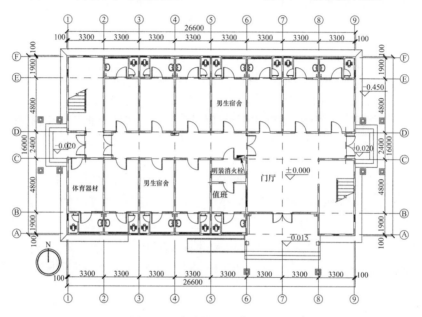

图 2-32　宿舍楼一层建筑平面图

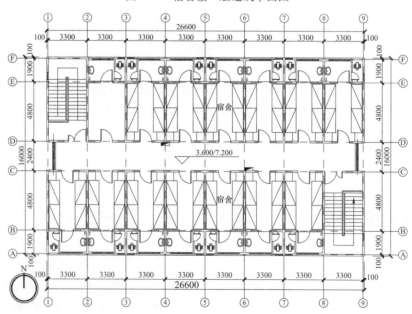

图 2-33　宿舍楼二层/三层建筑平面图

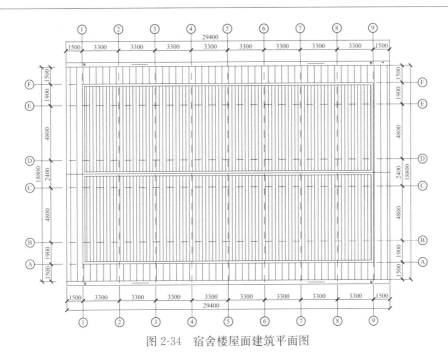

图 2-34　宿舍楼屋面建筑平面图

（二）建筑造型

宿舍楼建筑造型简洁流畅、高低错落，形体明确且富有节奏感。建筑皆采用坡屋顶，屋顶变化丰富、形式多样、出挑深远。结合遮阳处理，木质百叶与竖向构件的布置极富韵律，表现出建筑独特和雅致的气质，也提升了建筑的亲和力。外墙材料主要采用木质挂板和涂料，局部采用条状仿石材面砖贴面。图 2-35、图 2-36 为宿舍楼的主建筑立面图及侧建筑立面图。

图 2-35　宿舍楼主建筑立面图

（三）建筑材料

木材是最传统的建筑材料之一，在以往的建筑支撑及维护结构中应用广泛。作为一种可再生的建筑资源，木材在当今建造过程中更引起人们的注意：木结构质轻高强，是优良的结构用材；木结构具有优越的隔热性能，可有效减少建筑物使用中的能耗；木材在整个生命周期中各种排污指标低、污染少；新的加工技术改善了木材在耐腐、防火方面的特性；同时，木材是一种再生可降解资源，符合人与自然和谐发展战略。

图 2-36　宿舍楼侧立面图

（四）建筑防火、防护

1. 防火

参照当时的《建筑设计防火规范》GB 50016—2006 相关规定及条文，向峨小学的木结构建筑全部符合建筑层数要求、建筑物最大允许长度和防火分区面积的规定。所有建筑均安装有自动喷淋灭火系统。所有木结构建筑的承重墙、房间隔墙、楼面和屋面的木结构构件，都根据规范要求安装防火石膏板，且楼面上部铺设 30mm 厚轻质混凝土面层，耐火极限满足防火规范构件燃烧性能和耐火极限要求。

2. 防潮

木结构建筑与混凝土基础直接接触的木构件，都采用经过加压防腐处理的木材，未经防腐处理的木构件与室外地面之间的净距不小于 450mm。建筑外墙表面铺设防水层，采用坡屋顶以保证屋面排水，铺设防水基材、面层材料以及泛水板等以保证屋盖结构不产生雨水渗漏，屋盖空间设置通风口，屋面增设防潮层，以防止冷凝水对屋顶结构造成危害。

3. 防虫

白蚁是木结构建筑的重点防治对象，本项目地处潮湿地区，易发生白蚁危害，为此，设计时考虑如下的保护措施：

现场管理——地基处理时清除树根、木材以及其他纤维材料的建筑垃圾；增设土壤屏障，包括铺设砂砾及设置诱饵；

建筑防护——混凝土基础顶部与底梁板之间安装金属板屏障，其余间隙、裂缝或接头处用防白蚁填缝料填充；一层结构墙体涂喷对人体无毒的防虫药剂；屋顶结构设置防虫网建筑构造。

二、结构概况

宿舍楼为三层轻型木结构建筑，层高 3.6m，建筑物长度 26.4m，宽度 15.8m，总建筑面积为 1210m²。屋面采用三角形轻型木桁架，纵向承重；二层、三层楼面主要横墙承重，走廊搁栅沿走廊宽度方向布置。竖向荷载由屋面、楼面传至墙体，再传至基础；横向荷载（包括风载和地震作用）由水平楼、屋盖体系、剪力墙承受，最后传递到基础。

三、荷载情况

（一）活荷载

各类不同功能房间的楼面、屋面活荷载见表 2-13。

活荷载情况表（单位：kN/m^2）　　　　　　　　　　表 2-13

教室、教室、办公室、会议室、保健室	门厅、走廊、楼梯、餐厅	厨房	体育器材室	屋面（不上人）	屋面（上人）
2.0	2.5	4.0	5.0	0.5	2.0

（二）风荷载

四川省都江堰市 50 年基本风压 $0.3kN/m^2$；场区地面粗糙度类别为 B 类。

（三）地震作用

该场地位于都江堰市向峨乡，根据当时国家标准《中国地震动参数区划图》GB 18306—2001 第 1 号修改单要求，设防烈度为 8 度，地面加速度 $0.20g$，特征周期 $0.40s$，乙类建筑。

（四）荷载组合

结构设计时，需考虑同一时间出现的各种荷载的情况，以下为本项目所考虑的主要荷载组合情况，其中组合 1)-组合 4）为承载能力极限状态计算时的基本组合，组合 5)-组合 8）为正常使用极限状态计算时的标准组合。

1）1.2 恒＋1.4 活

2）1.2 恒＋1.4 活＋1.4×0.6 风

3）1.2 恒＋1.4×0.7 活＋1.4 风

4）1.2 恒＋1.2×0.5 活＋1.3 地震

5）1.0 恒＋1.0 活

6）1.0 恒＋1.0 活＋0.6 风

7）1.0 恒＋0.7 活＋1.0 风

8）1.0 恒＋0.5 活＋1.0 地震

四、主要结构材料

表 2-14 为项目中所使用的木结构用材的名称及相关要求。

木结构用材表　　　　　　　　　　表 2-14

材料名称	含义	含水率（%）
SPF	进口云杉、松、冷杉结构材统称，强度等级Ⅲc级	≤18
ACQ	SPF 经防腐处理后的木材，强度等级Ⅲc级	≤18
Glulam	胶合高强工程木	≤15
PSL	胶合高强工程木	≤15
OSB	木基结构板材	≤16

五、结构布置

（一）剪力墙布置

宿舍楼中，所有外墙、分户（宿舍）墙及中间走廊两侧墙体均设置为轻木剪力墙，且

C轴位于6-8轴处的上下剪力墙不连续，故在该处设置一截面为180×457的LVL木梁作为转换梁。图2-37、图2-38为宿舍楼剪力墙平面布置图。

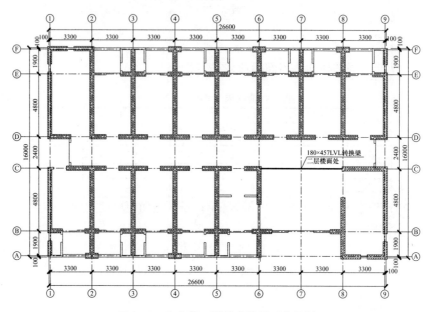

图2-37 宿舍楼一层剪力墙平面布置图

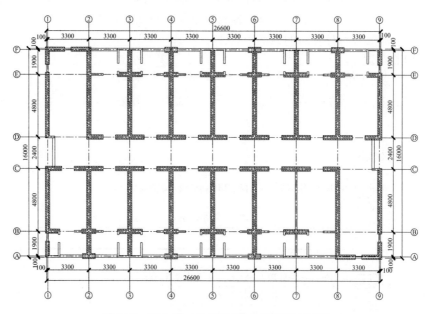

图2-38 宿舍楼二层/三层剪力墙平面布置图

（二）楼盖布置

因宿舍楼中大部分房间跨度不大，大约在3～4.5m，根据计算，其可采用搁栅屋盖，对于有些跨度较大的楼盖，采用了桁架式搁栅的做法。图2-39为宿舍楼二层/三层楼面搁栅布置图，图2-40为桁架式搁栅大样图。

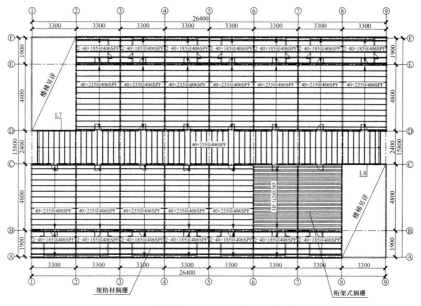

图 2-39 宿舍楼二层/三层楼面搁栅布置图

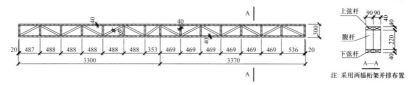

图 2-40 宿舍楼桁架式搁栅大样图

（三）屋盖布置

宿舍楼采用典型的轻型木屋架屋盖体系，屋架两端支座为两道纵向外墙，屋架间距为 406mm。图 2-41 为屋架平面布置图，图 2-42 为主屋架大样图。

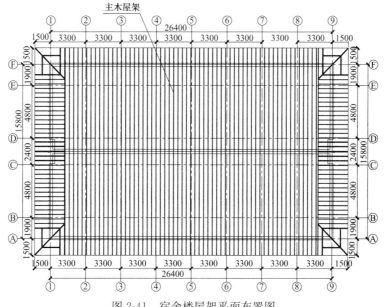

图 2-41 宿舍楼屋架平面布置图

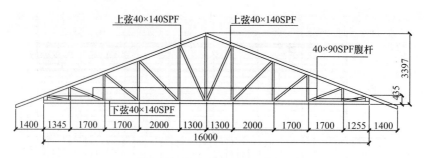

图 2-42　宿舍楼主屋架大样图

（四）基础布置

宿舍楼上部结构均为轻型木结构体系，其本身的质量相对较轻，经过计算，基础形式可采用独立基础加连梁的形式，基础埋深（自室外地坪起算）不低于 2m，且进入粉质黏土层至少 200mm。图 2-43 为基础平面布置图。

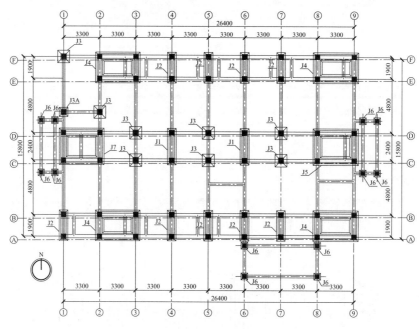

图 2-43　基础平面布置图

六、结构设计计算

（一）抗侧力设计

宿舍楼为 3 层轻型木结构体系，采用典型的轻型木结构剪力墙作为结构的抗侧力体系，并采用轻型木结构搁栅及轻型木桁架体系作为楼面及屋面结构。由于轻木结构自身轻质的特点，其在地震作用下承受的地震剪力较小，在很大程度上减小了总体的地震作用，设计实践也表明在 8 度设防条件下完全能够满足结构受力的各项要求。

1. 剪力墙抗侧力

结构抗侧力构件主要承受的侧向荷载及作用为风荷载及地震作用，故抗侧力计算时，首先按照相关规范计算每层承受的地震作用和风荷载，将此两种荷载相互比较后得出控制性荷载，之后将该控制性荷载按每片剪力墙的从属面积分配到各片剪力墙，之后对单片剪力墙进行设计。以下为本工程中宿舍楼一层某剪力墙的设计验算过程：

前期计算得宿舍楼所承受水平荷载两方向均由地震作用控制，图 2-44 为计算得的宿舍楼结构所承受的地震作用值。东西方向（纵向）主要考虑由 4 道剪力墙承受地震作用，南北方向（横向）由 9 道剪力墙共同承担。

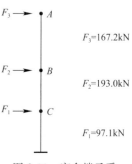

$F_3=167.2$kN

$F_2=193.0$kN

$F_1=97.1$kN

图 2-44 宿舍楼承受
地震作用值

宿舍楼一层横向共布置 9 道剪力墙。一层所受的总剪力的设计值为：$1.3 \times (167.2 + 193.0 + 97.1) = 594.5$kN，假设所产生的侧向力均匀的分布，则 $w_f = \dfrac{594.5}{26.4} = 22.5$kN/m。由于木结构楼盖为柔性楼盖，剪力墙所承担的地震作用按照从属面积进行分配，则 4 轴线剪力墙所受的剪力为：

$$V_0 = \frac{1}{2} \times 22.5 \times 3.3 + \frac{1}{2} \times 22.5 \times 3.3 = 74.3 \text{kN}$$

此段一层剪力墙由四段内墙组成，长度分别为 1.76m，4.66m，1.76m，4.66m，假设剪力墙的刚度与长度成正比，则每一片剪力墙所承受的剪力为：

$$V_1 = V_3 = V_0 \times \frac{l_1}{l_1 + l_2 + l_3 + l_4} = 74.3 \times \frac{1.76}{1.76 + 4.66 + 1.76 + 4.66} = 10.2 \text{kN}$$

$$V_2 = V_4 = V_0 \times \frac{l_2}{l_1 + l_2 + l_3 + l_4} = 74.3 \times \frac{4.66}{1.76 + 4.66 + 1.76 + 4.66} = 27.0 \text{kN}$$

（1）剪力墙抗剪验算

单面铺设面板有墙骨柱横撑的剪力墙，其抗剪承载力设计值按如下计算：

$$V = \sum f_d l$$
$$f_d = f_{vd} k_1 \cdot k_2 \cdot k_3$$

式中 f_{vd}——采用木基结构板材作面板的剪力墙的抗剪强度设计值（kN/m），剪力墙采用的是 9.5mm 的定向刨花板，普通钢钉的直径为 3.1mm，面板边缘钉的间距为 150mm，并根据规范要求，当墙骨柱间距不大于 400mm 时，对于厚度为 9mm 的面板，当面板直接铺设在骨架构件上时，可以采用板厚为 11mm 的数据，则通过查表可得 $f_{vd} = 4.3$kN/m；

l——平行于荷载方向的剪力墙墙肢长度（m），分别为 1.76m，4.66m；

k_1——木基结构板材含水率调整系数，取 $k_1 = 1.0$；

k_2——骨架构件材料树种的调整系数，云杉—松—冷杉类 $k_2 = 0.8$；

k_3——强度调整系数，$k_3 = 1.0$。

对于双面铺板的剪力墙，无论两侧是否采用相同材料的木基结构板材，剪力墙的抗剪承载力设计值等于墙体两面抗剪承载力设计值之和。此处两面采用相同的木基结构板材，故按以上计算得的单片剪力墙的承载力应乘以 2。

$$V_1' = 2 \times f_{vd} \times k_1 \times k_2 \times k_3 \times l_1 = 2 \times 4.3 \times 1.0 \times 0.8 \times 1.0 \times 1.76 = 12.1 \text{kN}$$

$$V_2' = 2 \times f_{vd} \times k_1 \times k_2 \times k_3 \times l_2 = 2 \times 4.3 \times 1.0 \times 0.8 \times 1.0 \times 4.66 = 32.1 \text{kN}$$

根据《木结构设计规范》的要求，进行抗震验算时，取承载力调整系数 $\gamma_{RE} = 0.8$，则：

$V_1 = 10.2$kN $< \dfrac{V_1'}{\gamma_{RE}} = \dfrac{12.1}{0.8} = 15.1$kN，$V_2 = 27.0$kN $< \dfrac{V_2'}{\gamma_{RE}} = \dfrac{32.1}{0.8} = 40.1$kN，故剪力墙

满足设计要求。

（2）剪力墙边界构件验算

剪力墙的边界杆件为剪力墙边界墙骨柱，为两根 40mm×140mm 的 III_c 云杉—松—冷杉规格材。走廊一侧剪力墙的边界构件承受的设计轴向力为：

$$N_f = \frac{27.2 \times 12.595 + 31.4 \times 7.2 + 15.8 \times 3.6}{6.42 \times 2} = 48.7\text{kN}$$

其中 27.2、31.4 及 15.8 为各楼层顶面处该片剪力墙承受的地震作用值；

III_c 云杉—松—冷杉规格材的顺纹抗拉强度设计值 $f_t = 4.8\text{N/mm}^2$，尺寸调整系数为 1.3；顺纹抗压强度设计值 $f_c = 12\text{N/mm}^2$，尺寸调整系数为 1.1。

A. 边界构件受拉验算

杆件的抗拉承载力：$N_t = 2 \times 40 \times 140 \times 4.8 \times 10^{-3} \times 1.3 = 66.4\text{kN}$

则：$N_f = 48.7\text{kN} < \dfrac{N_t}{\gamma_{RE}} = \dfrac{66.4}{0.8} = 83.0\text{kN}$

B. 边界构件受压验算

a. 强度验算

杆件的抗压承载力：$N_c = 2 \times 40 \times 140 \times 12 \times 10^{-3} \times 1.1 = 140.4\text{kN}$

则：$N_f = 48.7\text{kN} < \dfrac{N_c}{\gamma_{RE}} = \dfrac{140.4}{0.8} = 175.6\text{kN}$

b. 稳定验算

由于墙骨柱侧向有覆面板支撑，平面内不存在失稳问题，仅验算边界墙骨柱平面外稳定。边界构件的计算长度为横撑之间的距离，即 1.22m。

构件全截面的惯性矩：$I = \dfrac{1}{12} \times 140 \times 80^3 = 5121386.7\text{mm}^4$

构件的全截面面积：$A = 140 \times 80 = 11200\text{mm}^2$

构件截面的回转半径：$i = \sqrt{\dfrac{I}{A}} = \sqrt{\dfrac{5121386.7}{11200}} = 22.0\text{mm}$

构件的长细比：$\lambda = \dfrac{l_0}{i} = \dfrac{1220}{22.0} = 55.5$；

目测等级为 $\mathrm{I}_c \sim \mathrm{V}_c$ 的规格材，当 $\lambda \leqslant 75$ 时，采用公式 $\varphi = \dfrac{1}{1 + (\lambda/80)^2}$ 计算稳定系数，则：$\varphi = \dfrac{1}{1 + (\lambda/80)^2} = \dfrac{1}{1 + (55.5/80)^2} = 0.674$

构件的计算面积：$A_0 = A = 40 \times 140 \times 2 = 11200\text{mm}^2$

$\dfrac{N}{\varphi A_0} = \dfrac{48.7 \times 10^3}{0.674 \times 11200} = 6.8\text{N/mm}^2 < k f_c = 1.1 \times 12 = 13.2\text{N/mm}^2$，故平面外的稳定满足要求。

c. 局部承压验算

通过查表可得，III_c 云杉—松—冷杉规格材的横纹承压强度设计值 $f_{c,90} = 4.9\text{N/mm}^2$，尺寸调整系数为 1.0。

承压面积 $A_c = A = 11200\text{mm}^2$，则 $\dfrac{N}{A_c} = \dfrac{48.7 \times 10^3}{11200} = 4.3\text{N/mm}^2 \leqslant \dfrac{f_{c,90}}{0.8} = 6.1\text{N/mm}^2$，局部

承压满足要求。

2. 楼盖抗侧力

楼盖抗侧力设计时假定水平地震作用力沿楼盖宽度方向均匀分布，由此可求得垂直荷载方向某长度楼盖所承担的由水平地震力引起的剪力。若在平行于地震作用方向有多个楼盖，则假定楼盖的刚度与长度成正比，可求得平行地震作用方向每个楼盖所受的剪力。经过以上的荷载分配计算过程，可以得到楼盖在两个主方向上所受到的剪力。

以下为本工程中宿舍楼三层横向楼盖的设计验算过程：

楼盖由 40mm×235mm 间距@406mm 搁栅及 15mm 厚 OSB 板和两块 15mm 石膏板组成，面板边缘钉间距为 150mm。假设地震作用所产生的侧向力均匀地分布，则 $w_\mathrm{f} = \dfrac{1.3 \times 193.0}{26.4} = 9.5$kN/m。取 1、2 轴之间的楼盖进行验算，1、2 轴之间的楼盖由两部分构成，第一部分平行于荷载方向的有效宽度为 1.9m，第二部分平行于荷载方向的有效宽度为 4.8m。

A. 楼盖侧向抗剪承载力验算

1、2 轴间的楼盖所承受的剪力大小为：$V_0 = \dfrac{1}{2} \times 9.5 \times 3.3 = 15.7$kN

假设楼盖的刚度与长度成正比，则每一部分楼盖所承受的剪力为：

$$V_1 = V_0 \times \frac{B_1}{B_1 + B_2} = 15.7 \times \frac{1.9}{1.9 + 4.8} = 4.4\text{kN}$$

$$V_2 = V_0 \times \frac{B_1}{B_1 + B_2} = 15.7 \times \frac{4.8}{1.9 + 4.8} = 11.2\text{kN}$$

由《木结构设计规范》相关条文知楼盖的设计抗剪承载力为：

$$V = f_\mathrm{d} \cdot B = f_\mathrm{vd} \cdot k_1 \cdot k_2 \cdot B$$

式中　f_vd——采用木基结构板材作面板的楼盖的抗剪强度设计值（kN/m），楼盖采用的是 15mm 的定向刨花板，普通钢钉的直径为 3.7mm，面板边缘钉的间距为 150mm，顶入骨架构件中最小打入深度为 40mm，采用有填块的形式，为 2 型，则通过查表可得 $f_\mathrm{vd} = 7.6$kN/m；

　　　B——平行于荷载方向的楼盖有效宽度（m），为 1.9m，4.8m；

　　　k_1——木基结构板材含水率调整系数，取 $k_1 = 1.0$；

　　　k_2——骨架构件材料树种的调整系数，云杉—松—冷杉类 $k_2 = 0.8$。

$$V_1' = f_\mathrm{vd} \times k_1 \times k_2 \times B = 7.6 \times 1.0 \times 0.8 \times 1.9 = 11.6\text{kN}$$

$$V_2' = f_\mathrm{vd} \times k_1 \times k_2 \times B = 7.6 \times 1.0 \times 0.8 \times 4.8 = 29.2\text{kN}$$

根据《木结构设计规范》的要求，当进行抗震验算时，取承载力调整系数 $\gamma_\mathrm{RE} = 0.8$，则：

$V_1 = 4.4\text{kN} < \dfrac{V_1'}{\gamma_\mathrm{RE}} = \dfrac{11.6}{0.8} = 14.4\text{kN}$，$V_2 = 11.2\text{kN} < \dfrac{V_2'}{\gamma_\mathrm{RE}} = \dfrac{29.2}{0.8} = 36.5\text{kN}$，故抗剪满足设计要求。

B. 楼盖边界杆件承载力验算

楼盖的边界构件由二层外墙的顶梁板组成，顶梁板为双层的 40mm×140mm 的 Ⅲ$_\mathrm{c}$ 云杉—松—冷杉规格材。边界构件承受的轴向力设计值为 $N_\mathrm{f} = \dfrac{9.5 \times 3.3^2}{8 \times 6.7} = 1.9$kN。

由于杆件的抗拉承载力低于抗压承载力，故边界构件的轴向力由抗拉承载力控制：

$N_t = 2 \times 40 \times 140 \times 4.8 \times 10^{-3} \times 1.3 = 66.4\text{kN}$，则 $\dfrac{N_t}{0.8} = \dfrac{66.4}{0.8} = 83.0\text{kN} > N_f = 1.9\text{kN}$。

(二) 楼盖设计

1. 楼盖布置及材料

除门厅部分楼盖外，其余楼盖均采用Ⅲ$_c$级云杉—松—冷杉的 40mm×235mm 规格材作为承载构件，搁栅均匀布置间距为 406mm。

查表得该材料抗弯强度 $f_m = 9.4\text{MPa}$，尺寸调整系数为 1.1；顺纹抗压强度 $f_c = 12\text{MPa}$，尺寸调整系数为 1.0；顺纹抗拉强度 $f_t = 4.8\text{MPa}$，尺寸调整系数为 1.1；顺纹抗剪 $f_v = 1.4\text{MPa}$，横纹承压 $f_{c,90} = 4.9\text{MPa}$，弹性模量 $E = 9700\text{MPa}$。

截面为 40mm×235mm，截面性质为：

面积 $A = 9400\text{mm}^2$，$I_x = 41096604.2\text{mm}^4$，$W = 349758.33\text{mm}^3$，$S = 262318.75\text{mm}^3$，

$i_x = \sqrt{\dfrac{I_x}{A}} = \sqrt{\dfrac{41096604.2}{9400}} = 67.8\text{mm}$。

2. 荷载

恒荷载：由以上楼面荷载计算的楼面恒荷载标准值为 1.3kN/m²；

活荷载标准值：2.0kN/m²。

因搁栅间距为 406mm，故转换成线荷载为：

恒载标准值：0.53kN/m；

活载标准值：0.812kN/m。

荷载组合下：

恒＋活：1.34kN/m；

1.2 恒＋1.4 活：1.77kN/m。

3. 楼盖计算

（1）宿舍楼盖

按跨度为 3300mm 的简支梁计算，其上承受均布荷载为 1.34kN/m（标准值），1.77kN/m（设计值）。

弯矩最大值为：$M = \dfrac{1}{8}ql^2 = \dfrac{1}{8} \times 1.77 \times 3.3^2 = 2.4\text{kN·m}$；

剪力最大值为：$V = \dfrac{1}{2}ql = \dfrac{1}{2} \times 1.77 \times 3.3 = 2.9\text{kN}$。

强度验算：

$$\dfrac{M}{W} = \dfrac{2.4 \times 10^6}{349758.33} = 6.9\text{MPa} < 9.4\text{MPa}；$$

$$\dfrac{VS}{Ib} = \dfrac{2900 \times 262318.75}{41096604.2 \times 38} = 0.50\text{MPa} < 1.4\text{MPa}。$$

变形验算：

$$\omega = \dfrac{5ql^4}{384EI} = \dfrac{5 \times 1.34 \times 3300^4}{384 \times 9700 \times 41096604.2} = 5.2\text{mm} < \dfrac{3300}{250} = 13.2\text{mm}；$$

长细比 $\lambda = \dfrac{l}{i_x} = \dfrac{3300}{67.8} = 48.7 < 150$。

（2）门厅楼盖

门厅部分三层和二层处均采用楼盖桁架，木桁架示意图如图 2-45 所示。

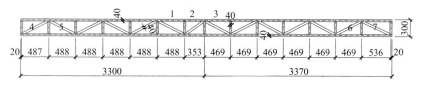

图 2-45　桁架计算简图

木桁架所受均布荷载为 1.456kN/m，经计算得桁架上弦杆、下弦杆和腹杆的最大轴力如下。

上弦计算 1、2、3 杆件，其轴向力分别为：29.9kN，29.9kN，29.9kN；

下弦最大拉力：30.4kN；

腹杆 5、6 为拉力，其值分别为：7.8kN，7.5kN；

腹杆 4、7 为压力，其值分别为：9.2kN，9.8kN。

1）上弦杆 1 验算

上弦杆是压弯构件，但其弯矩值很小，所以按照轴心受压构件来进行计算 $N = 29.9$kN。

采用两根 40mm×90mm 的Ⅲ.云杉—松—冷杉规格材，通过查表可得，Ⅲ.云杉—松—冷杉规格材的顺纹抗拉强度设计值 $f_t = 4.8$N/mm^2，尺寸调整系数为 1.5；顺纹抗压强度设计值 $f_c = 12$N/mm^2，尺寸调整系数为 1.15。

a. 强度计算

杆件的抗压承载力：$N_c = 99.4$kN > 29.9kN。

b. 稳定计算

构件全截面的惯性矩：$I = \dfrac{1}{12} \times 2 \times 90 \times 40^3 = 9.6 \times 10^5$mm^4；

构件的全截面面积：$A = 2 \times 90 \times 40 = 7200$mm^2；

构件截面的回转半径：$i = \sqrt{\dfrac{I}{A}} = \sqrt{\dfrac{9.6 \times 10^5}{7200}} = 11.5$mm；

构件的长细比：$\lambda = \dfrac{l_0}{i} = \dfrac{488}{11.5} = 42.4$；

目测等级为 Ⅰ$_c$～Ⅴ$_c$ 的规格材，当 $\lambda \leqslant 75$ 时，采用公式 $\varphi = \dfrac{1}{1+(\lambda/80)^2}$ 计算稳定系数，

则：$\varphi = \dfrac{1}{1+(\lambda/80)^2} = \dfrac{1}{1+(42.4/80)^2} = 0.764$

构件的计算面积：$A_0 = A = 40 \times 90 \times 2 = 7200$mm^2

$$\frac{N}{\varphi A_0} = \frac{29.9 \times 10^3}{0.764 \times 7200} = 5.4 < kf_c = 1.1 \times 12 = 13.2 \text{N/mm}^2$$

上弦杆的平面外稳定由横撑保证。

2）下弦杆验算

由于下弦杆受拉，只需要验算其强度

杆件的抗拉承载力：$N_t=2\times40\times90\times4.8\times1.5=51.8kN>30.4kN$

3）腹杆验算

受拉腹杆只需要验算其强度

腹杆的抗拉承载力：$N_t=2\times40\times90\times4.8\times1.5=51.8kN>7.8kN$

受压腹杆 4 需要验算其稳定和强度，绕弱轴的计算长度为 0.554m。

$$N_c=2\times40\times90\times12\times1.15=99.4kN>9.1kN$$

构件全截面的惯性矩：$I=9.6\times10^5 mm^4$

构件的全截面面积：$A=7200mm^2$

构件截面的回转半径：$i=11.5mm$

则绕弱轴 $\lambda=\dfrac{l_0}{i}=\dfrac{554}{11.5}=48.2$

$$\varphi=\frac{1}{1+(\lambda/80)^2}=\frac{1}{1+(48.2/80)^2}=0.715$$

构件的计算面积：$A_0=A=7200mm^2$

$$\frac{N}{\varphi A_0}=\frac{9.1\times10^3}{0.715\times7200}=1.8<kf_c=1.1\times12=13.2N/mm^2$$

4）变形的计算

通过软件计算出桁架的最大挠度为 $16.9mm<\dfrac{L}{250}=26.5mm$。

(三) 屋盖设计

宿舍楼屋盖为典型轻型木屋架屋面。

1. 屋架形式

屋架为豪威式，屋面坡度为 $\alpha=20°(1:2.75)$，跨度 $L=16m$，轻型屋面材料，离地面高度 12m（三层）。桁架间距 406mm。桁架各构件的轴线尺寸见图 2-46（单位 mm）。

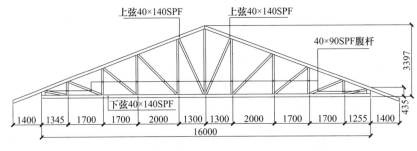

图 2-46　屋架尺寸

2. 荷载计算

轻型屋面恒荷载为 $0.9kN/m^2$，活荷载 $0.5kN/m^2$，雪荷载 $0.2kN/m^2$，基本风压 $0.3kN/m^2$。

风压按 12m 高度计算，风压变化系数 $\mu_z=1.06$，屋面角度为 20°，风载体型系数迎风面为 $\mu_s=-0.4$，背风面为 $\mu_s=-0.5$。

将屋架上弦所受荷载转换为节点上荷载进行计算，荷载大小见图 2-47。

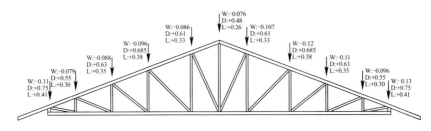

图 2-47　屋架所受荷载大小

3. 杆件内力

采用通用有限元程序计算杆件内力，计算发现，在众多的荷载组合中，1.2 恒荷载＋1.4 活荷载起控制作用。图 2-48 为屋架的内力图。

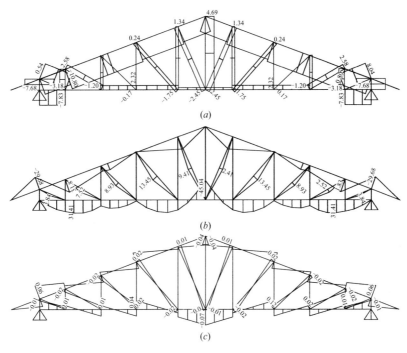

图 2-48　屋架内力图

（a）轴力图；（b）弯矩图；（c）剪力图

4. 构件验算

构件主要为规格材 SPFⅢ$_c$，抗弯强度设计值 f_m＝9.4N/mm^2，尺寸调整系数为 1.3。顺纹抗压及承压强度设计值为 f_c＝12N/mm^2，尺寸调整系数为 1.1。顺纹抗拉强度设计值 f_t＝4.8N/mm^2，尺寸调整系数为 1.3。顺纹抗剪强度设计值 f_v＝1.4N/mm^2，弹性模量 E＝9700N/mm^2。

本工程的屋架材料主要有两种截面的规格材 40×90 和 40×140，表 2-15 列出了两种规格材的截面特性。根据受压腹杆和上弦压弯杆件的长细比限值计算两种截面的对应杆件的最大计算长度，见表 2-16。

截面特性   表 2-15

截面类型	实际尺寸（mm）		A（mm²）	I_x（mm⁴）	W_x（mm³）	I_y（mm⁴）	W_y（mm³）	i_x（mm）	i_y（mm）
40×90	40	90	3600	2430000	54000	480000	24000	26.0	11.5
40×140	40	140	5600	9146666.7	130666.7	746666.7	37333.3	40.4	11.5

长细比限值   表 2-16

截面类型	受压腹杆			上弦杆	
	受压长细比限值	平面内允许最大长度（m）	平面外允许最大长度（m）	长细比限值	平面内允许最大长度（m）
40×90	150	3.85	1.65	120	3.08
40×140	150	6.06	1.65	120	4.85

（1）腹杆验算

经过计算发现斜腹杆为轴心受压构件，竖直腹杆为轴心受拉构件。

1）轴心受压腹杆验算

斜腹杆平面内计算长度 $l_{1x}=2921$mm，$l_{2x}=2730$mm（见图 2-46），均选取 40×90 截面，在腹杆中间位置设置支撑，使其平面外计算长度为 $l_{1y}=974$mm，$l_{2y}=910$mm。杆件轴压力为 $N_1=2.5$kN，$N_2=1.8$kN。

强度验算：

$$\frac{N_1}{A_1} = \frac{2.5 \times 10^3}{3600} = 0.7\text{N/mm}^2 < f_c = 12\text{N/mm}^2 \times 1.1 = 13.2\text{N/mm}^2$$

$$\frac{N_2}{A_2} = \frac{1.8 \times 10^3}{3600} = 0.5\text{N/mm}^2 < f_c = 12\text{N/mm}^2 \times 1.1 = 13.2\text{N/mm}^2$$

稳定验算：

长细比：$\lambda_{1x}=\dfrac{l_{1x}}{i_x}=\dfrac{2921}{26}=112.3$，$\lambda_{1y}=\dfrac{l_{1y}}{i_y}=\dfrac{974}{11.5}=84.7$

$$\lambda_{2x} = \frac{l_{2x}}{i_x} = \frac{2730}{26} = 105, \lambda_{2y} = \frac{l_{2y}}{i_y} = \frac{910}{11.5} = 79.1$$

$$\lambda_1 = \max(\lambda_{1x},\lambda_{1y}) = 112.3 > 91$$

$$\lambda_2 = \max(\lambda_{2x},\lambda_{2y}) = 105 > 91$$

稳定系数：$\varphi_1=\dfrac{2800}{\lambda_1{}^2}=\dfrac{2800}{112.3^2}=0.217$

$$\varphi_2 = \frac{2800}{\lambda_2{}^2} = \frac{2800}{105^2} = 0.248$$

$$\frac{N_1}{\varphi_1 A} = \frac{2.5 \times 10^3}{0.217 \times 3600} = 3.2\text{N/mm}^2 < f_c = 13.2\text{N/mm}^2$$

$$\frac{N_2}{\varphi_2 A} = \frac{1.8 \times 10^3}{0.248 \times 3600} = 2.0\text{N/mm}^2 < f_c = 13.2\text{N/mm}^2$$

2）轴心受拉腹杆验算

腹杆截面为 40mm×90mm，杆件轴拉力为 $N=6.1$kN，只需验算截面强度。

$$\frac{N}{A} = \frac{6.1 \times 10^3}{3600} = 1.7 \text{N/mm}^2 < f_t = 4.8 \text{N/mm}^2 \times 1.3 = 6.2 \text{N/mm}^2$$

（2）上弦杆验算

上弦杆为压弯构件，但是经过计算发现杆件上的弯矩很小，因此按照轴心受压杆件公式验算，杆件的平面内计算长度为 $l_{0x} = 2166 \text{mm}$。平面外由于有檩条作为侧向支撑，能够保证平面外的稳定，所以不验算平面外的稳定，杆件轴压力为 $N = 10.8 \text{kN}$。

长细比：$\lambda_x = \dfrac{l_{0x}}{i_x} = \dfrac{2166}{40.4} = 53.6 < 91$

压杆稳定系数：$\varphi = \dfrac{1}{1 + \left(\dfrac{\lambda_2}{65}\right)^2} = \dfrac{1}{1 + \left(\dfrac{53.6}{65}\right)^2} = 0.595$

$$\frac{N_1}{\varphi_1 A} = \frac{10.8 \times 10^3}{0.595 \times 5600} = 3.2 \text{N/mm}^2 < f_c = 13.2 \text{N/mm}^2$$

经过上面的计算确定上弦杆为 40×140 的规格材。

（3）下弦杆验算

屋架下弦杆为拉弯构件，只需验算其强度：

选取两处受力较大截面进行验算。

$N_1 = 1.0 \text{kN}, M_1 = 45.0 \text{kN} \cdot \text{mm}, N_2 = -7.8 \text{kN}, M_1 = -26.4 \text{kN} \cdot \text{mm}$

$$\sigma_{t1} = \frac{N_1}{A} + \frac{M_1}{W} = \frac{1.0 \times 10^3}{5600} + \frac{45.0 \times 10^3}{130666.7} = 0.6 \text{MPa} < f_t = 6.2 \text{N/mm}^2$$

$$\sigma_{c1} = -\frac{N_1}{A} + \frac{M_1}{W} = -\frac{1.0 \times 10^3}{5600} + \frac{45.0 \times 10^3}{130666.7} = 0.2 \text{MPa} < f_c = 13.2 \text{N/mm}^2$$

$$\sigma_{t2} = -\frac{N_2}{A} + \frac{M_2}{W} = -\frac{7.8 \times 10^3}{5600} + \frac{26.4 \times 10^3}{130666.7} = -1.3 \text{MPa} < 0 < f = 6.2 \text{N/mm}^2$$

为全截面受压；

$$\sigma_{c2} = \frac{N_2}{A} + \frac{M_2}{W} = \frac{7.8 \times 10^3}{5600} + \frac{26.4 \times 10^3}{130666.7} = 1.7 \text{MPa} < f_c = 13.2 \text{N/mm}^2$$

经过上面的计算确定下弦杆为 40×140 的规格材满足要求。

（四）连接设计

本工程轻木剪力墙、搁栅楼盖及轻木屋盖构件均为工厂预制构件，考虑减少施工现场人工用量以及提高施工效率的作用，构件或部件间的连接均采用螺栓（锚栓）或钉子连接的形式。

1. 剪力墙与楼屋盖及基础的连接

木框架剪力墙与楼盖采用普通钢钉连接，楼盖与其上下木框架剪力墙之间的水平作用力由底部剪力法计算结果确定。根据相关规范公式可以计算得到单颗普通钢钉的承载力，由此可确定连接楼盖与上下墙体所连接需要的普通钢钉个数及水平间距。

木结构中水平地震作用最终由底层木框架剪力墙传至与其连接的钢筋混凝土基础，底层木框架剪力墙与钢筋混凝土基础采用螺栓连接，图 2-49 为墙体与混凝土连接锚栓示意图。根据相关规范公式可以计算得到单个螺栓连接节点的承载力，由此就可以确定连接底层木框架剪力墙与钢筋混凝土基础的螺栓个数及水平间距，如图 2-50 所示。

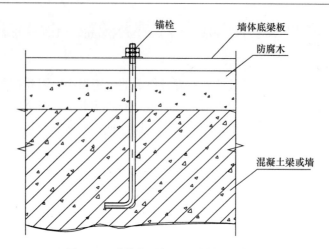

图 2-49　墙体与混凝土连接锚栓示意图

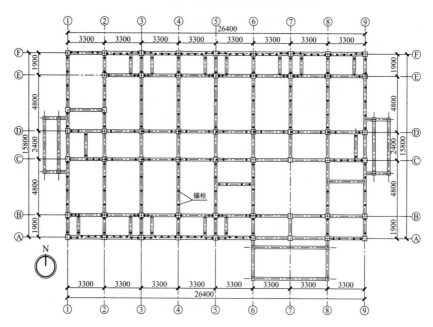

图 2-50　宿舍楼锚栓平面布置图

表 2-17 列出宿舍楼中墙体与楼盖以及基础的连接形式及具体数据。

宿舍楼中墙体与楼盖以及基础的连接形式及间距（单位：mm）　　　　表 2-17

单体	一层墙体与基础 锚栓连接		一、二层墙体与 楼盖钉连接		二、三层墙体与 楼盖钉连接		二（或三）层墙体与 屋盖钉连接	
	横向	纵向	横向	纵向	横向	纵向	横向	纵向
宿舍楼	1200	600	75	150	100	75	250	150

2. 剪力墙抗拔锚固件

向峨小学三栋木结构房屋均为平台式框架结构，即建完一层后，以一层为平台，继续建第二层，其特点是墙骨柱在楼层处竖向不连续，但优点是施工便捷快速，故在北美成为主要的建造形式。

为了加强上下剪力墙以及剪力墙与基础结构之间的整体性，在上下剪力墙间以及一层剪力墙与基础间布置抗拔锚固件，通过抗拔锚固件来保证结构各组件之间的有效传力，使结构成为一个整体来抵抗水平作用。

本工程中，在木框架剪力墙墙端都设置了抗拔锚固件，采用螺杆将钢筋混凝土基础与墙体以及墙体与墙体之间有效连接起来，符合相关规范的规定，图 2-51 为抗拔锚固件的连接示意图，图 2-52、图 2-53 为宿舍楼一层～三层剪力墙抗拔锚固件平面布置图。

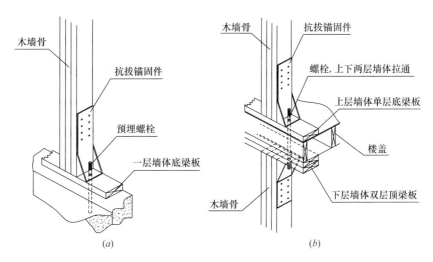

图 2-51 抗拔锚固件连接示意图

（a）剪力墙与基础连接；（b）上下楼层剪力墙间连接

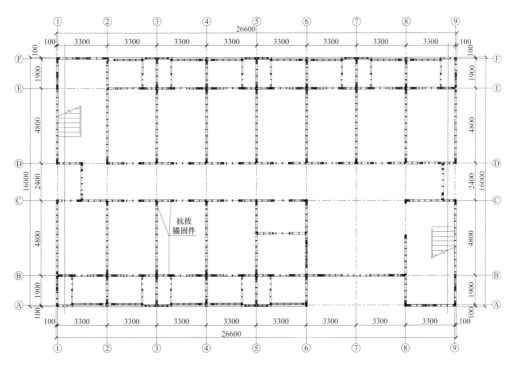

图 2-52 一层剪力墙抗拔锚固件平面布置图

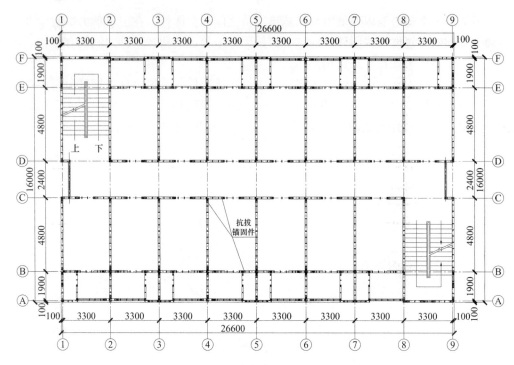

图 2-53　二层/三层剪力墙抗拔锚固件平面布置图

(五) 基础设计

1. 基础数据

采用独立基础，基础平面布置图见图 2-43。独立基础宽度为 800mm 和 1000mm，自室外地面算起埋深 2.9m；根据建设地点勘察资料，选择持力层为粉质黏土层，$f_{ak} = 100kPa$，勘探深度内未发现地下水，考虑深度修正，所以 $f_a = f_{ak} + 1.5 \times 17 \times (2.9 - 0.5) = 161.2kPa$。

2. 基础验算

选取 J1 基础验算。

J1 平面及剖面尺寸见图 2-54。

因 J1 上为墙体，且 J1 两侧为连梁，连梁上亦为墙体，故分别计算得两侧墙体荷载标准值为：

左侧墙体传来恒载：11.9kN；

左侧墙体传来活载：13.2kN；

右侧墙体传来恒载：19.8kN；

右侧墙体传来活载：19.8kN。

故转换到 J1 上的几种荷载可计算为：

恒荷载：$11.9 \times 3.6 + 19.8 \times 3.6 = 114.3kN$；

活荷载：$13.2 \times 3.6 + 19.8 \times 3.6 = 118.8kN$。

故荷载组合下为：

恒 + 活 = 233.1kN；

1.2 恒 + 1.4 活 = 303.5kN。

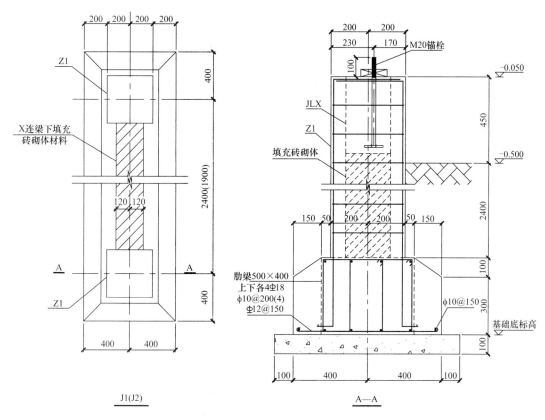

图 2-54　J1 基础

1）承载力验算

233.1/2.4/0.8＝121.4kPa＜161.2kPa。

2）基础配筋

下表面横向配筋：

底面最大压力设计值为 303.5/2.4/0.8＝158.1kPa，每延米长度上计算弯矩为 $158.1 \times 1 \times 0.4 \times 0.5 \times 0.4 = 12.6$ kNm，故配筋ϕ 10@150（HPB235）满足。

下表面纵向配筋（肋梁底部）：

纵向加设两根柱子为固定支座，受均布荷载为 303.5/3.2＝94.8kN/m，则下表面纵向受力钢筋所受弯矩为 $94.8 \times 0.4 \times 0.4/2 = 7.6$ kN·m，$A_s = 7600000/300/300 = 84.3$ mm^2，故配筋 4ϕ18（HRB335），满足。

顶面纵向（肋梁顶部）：

受弯矩为 $7.6 - 94.8 \times 2.4 \times 2.4/8 = -60.6$ kN·m，$A_s = 60600000/300/300 = 674.0$ mm^2，故配筋为 4ϕ18（HRB335），$A_s = 1018$ mm^2，满足。

3）基础冲切

基础表面引 45°线到基础底面位于基础之外，故不存在冲切问题。

附录　轻型木结构的有关要求

附录 A　墙骨柱最小截面尺寸和最大间距

A-1 轻型木结构墙骨柱的最小截面尺寸和最大间距（图 A-1）应符合表 A-1 的规定。

墙骨柱的最小截面尺寸和最大间距

表 A-1

墙的类型	承受荷载情况	最小截面尺寸 （宽度 mm×高度 mm）	最大间距 （mm）	最大层高 （m）
内墙	不承受荷载	40×40	410	2.4
		90×40	410	3.6
	屋盖	40×65	410	2.4
		40×90	610	3.6
	屋盖加一层楼	40×90	410	3.6
	屋盖加二层楼	40×140	410	4.2
	屋盖加三层楼	40×90	310	3.6
		40×140	310	4.2
外墙	屋盖	40×65	410	2.4
		40×90	610	3.0
	屋盖加一层楼	40×90	410	3.0
		40×140	610	3.0
	屋盖加二层楼	40×90	310	3.0
		65×90	410	3.0
		40×140	410	3.6
	屋盖加三层楼	40×140	310	1.8

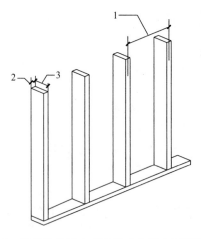

图 A-1　墙骨柱的最小截面尺寸和最大间距示意图
1—最大间距；2—最小截面宽度；3—最小截面高度

附录 B　构件之间的钉连接要求

B-1 轻型木结构屋面椽条与顶棚搁栅的钉连接应符合表 B-1 的规定。

椽条与顶棚搁栅钉连接（屋脊板无支承）　　　表 B-1

屋面坡度	椽条间距（mm）	椽条与每根顶棚搁栅连接处的最少钉数（颗）	
		钉长≥80mm，钉直径 d≥2.8mm	
		房屋宽度为 8m	房屋宽度为 9.8m
1：3	400	4	5
	600	6	8
1：2.4	400	4	6
	600	5	7
1：2	400	4	4
	600	4	5
1：1.71	400	4	4
	600	4	5
1：1.33	400	4	4
	600	4	4
1：1	400	4	4
	600	4	4

B-2 轻型木结构墙面板、楼面板和屋面板与支承构件的钉连接应符合表 B-2 的规定。

墙面板、楼（屋）面板与支承构件的钉连接要求　　　表 B-2

连接面板名称	连接件的最小长度（mm）				钉的最大间距
	普通圆钢钉	螺纹圆钉或麻花钉	屋面钉或木螺丝	U 形钉	
厚度小于 13mm 的石膏墙板	不允许	不允许	45	不允许	沿板边缘支座150mm；沿板跨中支座300mm
厚度小于 10mm 的木基结构板材	50	45	不允许	40	
厚度 10～20mm 的木基结构板材	50	45	不允许	50	
厚度大于 20mm 的木基结构板材	60	50	不允许	不允许	

注：钉距每块面板边缘不得小于 10mm；钉应牢固的打入骨架构件中，钉面应与板面齐平。

B-3 轻型木结构构件之间的钉连接应符合表 B-3 的规定。

轻型木结构的钉连接要求　　　表 B-3

序号	连接构件名称	最小钉长（mm）	钉的最少数量或最大间距
1	楼盖搁栅与墙体顶梁板或底梁板——斜向钉合	80	2 颗
2	边框梁或封边梁与墙体顶梁板或底梁板——斜向钉合	80	150mm
3	楼盖搁栅木底撑或扁钢底撑与楼盖搁栅	60	2 颗
4	搁栅间剪刀撑和横撑	60	每端 2 颗

续表

序号	连接构件名称	最小钉长（mm）	钉的最少数量或最大间距
5	开孔周边双层封边梁或双层加强搁栅	80	2颗或3颗间距300mm
6	木梁两侧附加托木与木梁	80	每根搁栅处2颗
7	搁栅与搁栅连接板	80	每端2颗
8	被切搁栅与开孔封头搁栅（沿开孔周边垂直钉连接）	80	3颗
9	开孔处每根封头搁栅与封边搁栅的连接（沿开孔周边垂直钉连接）	80	5颗
10	墙骨柱与墙体顶梁板或底梁板，采用斜向钉合或垂直钉合	60	4颗
		80	2颗
11	开孔两侧双根墙骨柱，或在墙体交接或转角处的墙骨柱	80	600mm
12	双层顶梁板	80	600mm
13	墙体底梁板或地梁板与搁栅或封头块（用于外墙）	80	400mm
14	内隔墙与框架或楼面板	80	600mm
15	墙体底梁板或地梁板与搁栅或封头块；内隔墙与框架或楼面板（用于传递剪力墙的剪力时）	80	150mm
16	非承重墙开孔顶部水平构件每端	80	2颗
17	过梁与墙骨柱	80	每端2颗
18	顶棚搁栅与墙体顶梁板——每侧采用斜向钉连接	80	2颗
19	屋面椽条、桁架或屋面搁栅与墙体顶梁板——斜向钉连接	80	3颗
20	椽条板与顶棚搁栅	80	3颗
21	椽条与搁栅（屋脊板有支座时）	80	3颗
22	两侧椽条在屋脊通过连接板连接，连接板与每根椽条的连接	60	4颗
23	椽条与屋脊板——斜向钉连接或垂直钉连接	80	3颗
24	椽条拉杆每端与椽条	80	3颗
25	椽条拉杆侧向支撑与拉杆	60	2颗
26	屋脊椽条与屋脊或屋谷椽条	80	2颗
27	椽条撑杆与椽条	80	3颗
28	椽条撑杆与承重墙——斜向钉连接	80	2颗

第三章　多层胶合木框架结构设计及案例

胶合木结构是采用胶合木构件作为结构主要承重构件的工程结构，具有建筑形式多样，结构设计灵活，抗震性能好、耐火性能高、安全节能、容易建造、便于维修等显著优点。近几年，随着胶合木结构技术的引进，以及我国胶合木加工企业的不断发展，多层胶合木结构在国内工程建设领域得到了长足的发展。《胶合木结构技术规范》GB/T 50708—2012[3.1]的实施为我国胶合木结构的设计提供了理论依据。

第一节　结构体系与材料

一、结构体系及特点[3.2]

1. 结构体系

胶合木框架结构是以间距较大的胶合木梁、柱为主要受力体系，将楼面、屋面荷载通过梁传递到柱，再通过柱传递到基础，又称为梁柱结构体系，见图 3-1。本章所说的"多层胶合木框架结构"是指三层或三层以上的胶合木框架结构。

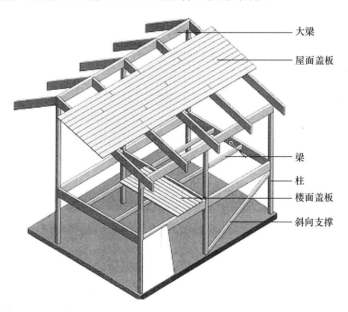

大梁
屋面盖板
梁
柱
楼面盖板
斜向支撑

图 3-1　胶合木框架结构示意图

胶合木框架结构一般采用间距较大且横截面也较大的胶合木构件组成，通常采用胶合木（GLULAM）、平行木片胶合木（PSL）等材料制作梁、柱、支撑、檩条等。

2. 特点

与其他结构体系相比，胶合木框架结构体系具有如下特点。

（1）构件预制程度高

胶合木框架结构体系构件数量较少，尺寸较大，通常在构件运往施工现场之前，先进行构件和节点的加工制作，比在现场制作更经济有效。在工厂进行构件制作时，可进行构件的钻孔、切割与研磨等，而到现场后只需要进行安装与固定。构件、节点的提前制作、楼屋盖木基面板的快速安装使得房屋上部能很快覆盖，可对室内正在进行的工作提供保护，大大加快了现场施工的速度。

（2）外观美观

胶合木框架结构建筑的主要结构构件通常是外露的，外露木材的色泽与纹理使得建筑内外具有生动且令人愉悦的外观。

由于胶合木框架结构的构件外观很重要，因此在材料的贮存、运输、安装、修整与连接时应注意保护，避免冲击或风雨对它们造成损伤。结构安装开始后，建筑围护应尽可能快地跟上，以避免受潮使得构件尺寸变形、阳光与潮气引起材料变色、金属连接件氧化造成材料染色等。

外露的胶合木梁、柱、面板等也可以刷油漆，一则可以保护木材，减少木材中含水量的波动；二则可以与家具以及周边环境协调，达到别具一格的外观。

（3）内部分隔灵活

胶合木框架结构体系中的隔墙通常不承受竖向荷载，因此内隔墙的布置是根据功能要求而不是受力要求来确定的。大的跨度可以通过采用大梁或桁架来达到，这就使得室内平面布置非常自由。但是，在某些情况下，若需要有隔墙而用柱子不合适时，胶合木框架结构体系也可以与木构架承重墙组合使用。

（4）有一定的耐火性能

胶合木结构构件截面尺寸较大，突破了自然木材对截面尺寸的局限性，具有一定的耐火性能。未经强化防火处理的金属构件遇高温时容易降低强度，会使建筑物突然坍塌。与金属构件相比，大截面的胶合木构件在遇火时，木材表面点燃并迅速燃烧，燃烧的木材形成炭化层，能阻断内部木材受高温侵袭，将初始燃烧速率降至一稳定值，使得强度保持时间相对较长。同时，表面形成的炭化层起到了很好的隔热作用，保护了构件内部受到火的进一步作用。为人员逃生和火灾扑救赢得了宝贵的时间。所以从另一个角度来看，胶合木结构在火灾时比钢构件更安全。

二、结构布置[3.2]

1. 梁与柱

胶合木框架结构的布置、跨度以及结构上的荷载是随着建筑的不同而不同的。但与钢框架以及钢筋混凝土框架相同，梁柱的间距应符合一定的建筑模数，平面及高度上的结构布置尽可能满足简单、规则、均匀、对称的原则。因为由于不规则等因素引起的扭转效应靠计算是不容易确定的，所以满足这些原则对确保建筑物在地震、风等水平作用下表现良好是非常重要的。

柱的间距根据定义至少在 600mm 以上，但实际上一般在 1.2m 以上。由于胶合木框架结构与传统轻型木结构相比构件数量少，结构构件上的荷载相对较大，因此必须对构件与连接进行计算分析。

梁的尺寸大小由梁的跨度、梁的间距、外加荷载的大小以及变形限值等确定。变形限值则由建筑物或构件的用途与外观要求来确定，比如梁支承石膏板等易开裂表面时与梁支承实木面板时相比，梁的允许变形要小。柱尺寸设计时应能保证其承受外加的竖向压力，有时还包括弯矩。所有构件的设计应能承受恒载、活载、雪载、风载与地震作用等外加荷载，应满足规范中规定的强度与变形限值的要求。

2. 基础

胶合木框架结构可以采用独立基础或连续基础，基础与上部结构的连接处应避免积水。木构件周围应留有适当的空间，以保证通风。若木构件易积水，可能发生腐烂，应对胶合木构件进行加压防腐处理。

3. 承重墙与隔墙

胶合木框架结构体系中的梁与柱提供了建筑物的结构支承。梁与柱的间距是有规则的，构成了填充面板的天然骨架并将建筑物围起来。

梁柱间可采用玻璃、装饰性面板填充，也可以采用轻型木结构墙体来填充。

设计师经常希望将结构构件外露而不是隐藏在墙体或楼、屋盖内，使得木材漂亮的色泽与纹理对建筑外观有所贡献。有时要求柱子在建筑的内外均外露，如图 3-2 所示，这就要求填充面板缩进一些，并采用填缝材料将柱与面板间密封。而有的时候要求结构只是在建筑物内部或外部外露，如图 3-3 所示，此时建筑外墙的内侧或外侧就可以连续封闭。

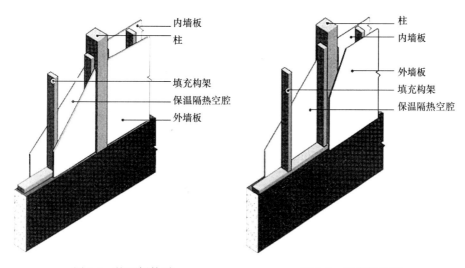

图 3-2　柱两侧外露　　　　　图 3-3　柱内侧外露

4. 楼盖和屋盖

胶合木框架结构可以采用与轻型木结构相同的楼盖、屋盖系统，即在胶合木梁侧面布置间距不大于 600mm 的楼盖搁栅，搁栅上表面铺设木基结构板材覆面板，下表面由石膏板封闭。也可以采用间距较大的木次梁或木檩条上覆外露的实木面板。实木面板的厚度根据受力计算确定，同时满足防火设计要求。用实木面板做盖板可以使实木面板的外观作为建筑物的一个特征。面板可采用平铺或侧铺的方法铺设，一般当荷载或跨距较大时，采用侧铺方式，见图 3-4。

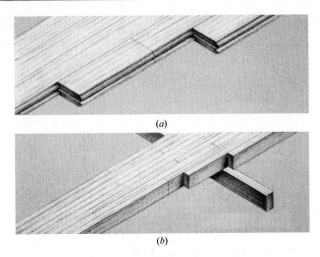

(a)

(b)

图 3-4　面板的不同铺设方法

(*a*) 平铺方式；(*b*) 侧铺方式

当采用实木楼、屋盖面板作为顶棚时，要考虑它们的外观以及结构要求。应选定适当等级的规格材，在贮存与运输过程应小心，不要损坏其外观。由于面板是根据最好的一面的外观来分等的，所以在钉板之前应将面板布置好，使得比较好的一面露在外面。

外露实木面板的外观会受到安装时的含水率影响。为了获得最好的效果，面板的供货与安装时的含水率不应超过 15%。如果所用面板的含水率较高，木材干燥时面板间会产生难看的缝隙。

用作屋面板的实木面板是一种很好的保温隔热体，比胶合板、OSB 板、华夫板等覆面板能提供更厚的木质保温隔热层，所以实木面板屋面比木基面板覆面或金属覆面的屋面需要相对较少的非木质保温隔热材料。所需额外的保温隔热材料的量由气候、供热成本以及所需建筑性能确定。在要求顶棚外露时，与实木面板同时使用的刚性保温层通常放置在面板的上面，如图 3-5 所示。

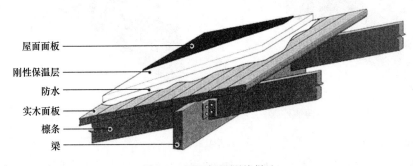

屋面面板
刚性保温层
防水
实木面板
檩条
梁

图 3-5　屋面保温隔热做法

5. 抗侧力支撑

由于胶合木框架结构构件比轻型木结构中的构件少，荷载是集中的，对侧向力与上拔力应特别注意。确保结构抗侧力有效的方法包括采用支撑或隅撑、轻型木结构剪力墙、刚性构架以及构件的设计能承受竖向与水平力。

三、连接形式

与其他木结构体系相比，胶合木框架结构的构件数量相对较少，节点数量也较少，但节点连接性能是非常关键的。胶合木框架结构的抗侧力性能主要取决于梁与柱连接节点的受力性能，胶合木梁柱节点的主要连接方式包括榫卯连接、销轴连接和植筋连接三种，如图3-6所示。

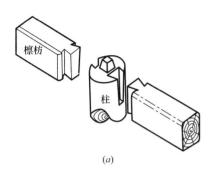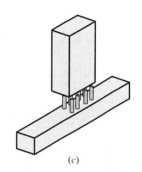

图 3-6　胶合木框架结构常用连接形式

（a）榫卯连接；（b）销轴连接；（c）植筋连接

榫卯连接是我国古代木结构建筑经常采取的一种连接形式，它由榫头和卯孔组成，巧妙地将各个方向的构件穿插起来，其特点是利用木材承压传力，利用榫卯嵌合作用，承受水平外力。但榫卯连接对构件的截面有较大的削弱、用料不甚经济，并且制作复杂、不便于安装，因此现在已很少采用。

现代胶合木结构大多采用金属紧固件来连接构件，包括螺栓、钢板、裂环、剪盘与胶合木铆钉等，如销轴连接和植筋连接。

常用的销轴连接有钢填板螺栓连接和钢夹板螺栓连接两种。钢填板螺栓连接是将钢板置于木构件开槽内，螺栓穿过钢板和木构件的预制孔进行连接；钢夹板螺栓连接是将两片钢板置于木构件的两侧，通过横向对穿螺栓连接。这种连接节点以制作简单、安装便利、传力明确等优点而广泛应用于胶合木框架梁柱连接中。由于木材的横纹抗拉强度和顺纹抗剪强度较低，梁柱螺栓连接节点抗弯能力有限，在工程设计中通常认为该类节点用于传递轴力、剪力，而不能传递弯矩。采用销轴连接的胶合木结构，为了保证结构体系的稳定，一般需要在柱间设置斜支撑、轻型木结构剪力墙，或在节点区域附近设置隅撑。

植筋连接[3.3]是在胶合木构件的端部或连接处打孔，注入胶粘剂，插入金属杆，胶粘剂固化后形成一种稳定的连接，利用金属杆件传递内力。植筋连接能够提供很高的连接强度和刚度，能够有效地传递荷载，连接节点具有很好的防火性能，而且外表美观。由于植筋连接刚度很高，结构分析时一般假定为刚性连接。但是其受力很大程度上依赖于胶结材料的性能，目前国内应用较少。

四、结构材料

多层胶合木框架结构以胶合木为其主要结构材料，同时也会用到轻型木结构中的规格材、木基结构板材等。胶合木框架梁柱通常采用钢连接件和紧固件连接。

1. 胶合木

胶合木是以厚度为 20～45mm 的板材，经干燥，沿顺纹方向叠层胶合而成的木制品，也称层板胶合木，或称结构用集成材。胶合木由于在加工过程中所用单块原材料较薄或较小，所以容易去除木材本身的缺陷，从而材质较为均匀、强度和可靠度都比同样规格的锯材高，同时材料利用率也较高。

制作胶合木所用规格材都须经干燥处理，所以成品收缩较小。当胶合木用于承受轴向荷载时，各层规格材强度相同；当用于承受弯矩时，受拉缘外侧的规格材可采用强度较高的材料。胶合木通常用于框架结构的梁或柱。胶合木结构或构件形式灵活多样，主要有直梁、变截面梁、木桁架、钢木桁架、两铰拱、三铰拱以及由变截面曲梁组成的三铰拱等，详见表 3-1[3.4]。

胶合木结构和构件形式 　　　　　　　　　　　　表 3-1

结构形式	图例	名称	跨度 $l/(\mathrm{m})$	截面高度 $h(H)$
1		直梁	<30	$h\approx l/17$
2		变截面梁	$10\sim30$	$h\approx l/30$ $H\approx l/16$
3		起拱变截面梁	$10\sim20$	$h\approx l/30$ $H\approx l/16$
4		木桁架	$15\sim40$	$h\approx l/10$
5		钢木桁架	$20\sim100$	$h\approx l/40$
6		由两个曲线形梁组成的三铰拱	$15\sim50$	$h\approx l(s_1+s_2)/15$
7		两铰拱	$20\sim100$	$h\approx l/50$
8		三铰拱	$25\sim200$	$h\approx l/50$

胶合木构件采用的层板分为普通胶合木层板、目测分级层板和机械分级层板三类，每类层板的材质等级标准划分见现行国家标准《胶合木结构技术规范》GB/T 50708。

2. 钢材

钢连接件的材料宜采用 Q235 钢、Q345 钢、Q390 钢和 Q420 钢，其质量应分别符合现行国家标准《碳素结构钢》GB/T 700 和《低合金高强度结构钢》GB/T 1591 的有关规定。其中，Q235 和 Q345 钢材较为常用，材性指标应符合现行国家标准《钢结构设计标准》GB 50017[3.5]。

金属紧固件的材质应符合相应现行国家标准的规定。

第二节　荷载特点与传力路径

根据荷载作用方向，将多层胶合木框架结构承受的主要荷载分为竖向荷载和水平荷载。

竖向荷载主要包括楼、屋面恒荷载（永久荷载）、活荷载及屋面雪荷载。楼、屋面活荷载和屋面雪荷载可据现行国家标准《建筑结构荷载规范》GB 50009 选用。一般来说，楼、屋面竖向荷载通过屋面板传给檩条或搁栅，再依次传递给次梁、主梁、柱，最后传到基础。竖向荷载使檩条、次梁和主梁承受弯矩作用，柱承受弯矩和轴力作用。

水平荷载包括风荷载和地震作用。

风荷载的大小根据现行国家标准《建筑结构荷载规范》GB 50009 计算得到，一般应将侧墙和屋顶的风荷载分开计算。风荷载作用到外墙和屋面上，通过外墙体和屋面传递到内部胶合木梁柱框架结构体系，胶合木梁通过可靠的连接传递到柱，再通过柱传递到基础。因此胶合木框架体系应具有足够的抗侧力性能，基础锚栓应具有足够的抗拔能力。

地震作用可依据现行国家标准《建筑结构抗震设计规范》GB 50011[3.7]进行计算。多层胶合木框架结构的总高度通常不超过 40m，以剪切变形为主且质量和刚度沿高度分布比较均匀，故可采用底部剪力法简化计算每一层的地震作用。当采用软件计算时，也可采用振型分解反应谱法计算。参照现行国家标准《木结构设计标准》GB 50005[3.8]中的相关规定，当进行胶合木结构地震作用时，结构阻尼比取 $\eta = 0.05$。地震作用由整个胶合木框架体系共同承担，最后通过胶合木柱传递到基础。

第三节　设计指标与分析方法

一、设计指标

1. 胶合木设计指标

根据现行国家标准《胶合木结构技术规范》GB/T 50708，胶合木构件采用的层板分为普通胶合木层板、目测分级层板和机械分级层板三类。规范中给出了对应这三类层板胶合木采用的树种及其强度等级划分标准，针对不同强度等级的胶合木构件具有不同的强度设计值及弹性模量，设计时应根据实际采用胶合木类别选取相应的设计指标进行计算。构件的强度设计值按整体截面设计，不考虑胶缝的松弛性。

由于木材自身的特性，不同的使用条件对木材的性能有一定的影响。因此，在不同的使用条件下，胶合木强度设计值和弹性模量应乘以相应的调整系数，见表 3-2。

不同的使用条件下胶合木强度设计值和弹性模量调整系数　　　表 3-2

使用条件	调整系数	
	强度设计值	弹性模量
使用中胶合木构件含水率大于 15%	0.8	0.8
长期生产性高温环境，木材表面温度达 40～50℃	0.8	0.8
按恒荷载验算时	0.8	0.8
用于木构筑物时	0.9	1.0
施工和维修时的短暂情况	1.2	1.0

注：1. 当仅有恒荷载或恒荷载产生的内力超过全部荷载所产生的内力的 80% 时，应单独以恒荷载进行验算；
　　2. 使用中胶合木构件含水率大于 15% 时，横纹承压强度设计值尚应再乘以 0.8 的调整系数；
　　3. 当若干条件同时出现时，表列各系数应连乘。

对于不同的设计使用年限，胶合木强度设计值和弹性模量还应乘以相应的调整系数。设计使用年限为 5 年时，调整系数取 1.10；设计使用年限为 25 年时，调整系数取 1.05；设计使用年限为 50 年时，调整系数取 1.0；设计使用年限为 100 年及以上的，调整系数取 0.9。

采用普通胶合木层板制作胶合木构件时，在设计受弯、拉弯或压弯的普通层板胶合木构件时，按上述确定的抗弯强度设计值尚应乘以相应的修正系数，见表 3-3。工字形和 T 形截面的胶合木构件，尚应乘以截面形状修正系数 0.9。

胶合木构件抗弯强度设计值系数　　　表 3-3

宽度（mm）	截面高度 h（mm）						
	<150	150～500	600	700	800	1000	≥1200
$b<150$	1.0	1.0	0.95	0.90	0.85	0.80	0.75
$b≥150$	1.0	1.15	1.05	1.0	0.90	0.85	0.80

对于采用普通胶合木层板制作的胶合木曲线形构件，抗弯强度设计值除应遵守上述要求外，还应乘以由下式计算的修正系数：

$$k_r = 1 - 2000\left(\frac{t}{R}\right)^2 \tag{3-1}$$

式中　k_r——胶合木曲线形构件强度修正系数；

　　　R——胶合木曲线形构件内边的曲率半径（mm）；

　　　t——胶合木曲线形构件每层木板的厚度（mm）。

采用目测分级层板和机械分级层板制作的胶合木构件时，当构件截面高度大于 300mm，荷载作用方向垂直于层板截面宽度方向时，抗弯强度设计值应乘以体积调整系数 k_v，按公式（3-2）计算；当构件截面高度大于 300mm，荷载作用方向平行于层板截面宽度方向时，抗弯强度设计值应乘以截面高度调整系数 k_h，按公式（3-3）计算。

$$k_v = \left[\left(\frac{130}{b}\right)\left(\frac{305}{h}\right)\left(\frac{6400}{L}\right)\right]^{\frac{1}{c}} \leqslant 1.0 \tag{3-2}$$

$$k_h = \left(\frac{300}{h}\right)^{\frac{1}{9}} \tag{3-3}$$

式中　b——构件截面宽度（mm）；

　　　h——构件截面高度（mm）；

　　　L——构件在零弯矩点之间的距离（mm）；

　　　c——树种系数，一般取 $c=10$，当对某一树种有具体经验时，可按经验取值。

2. 钢材设计指标

多层胶合木框架结构中的钢连接件设计指标按现行国家标准《钢结构设计标准》GB 50017 采用。

3. 结构或构件的变形限值

为了不影响结构或构件的正常使用和观感，设计时应对结构或构件的变形（挠度或侧移）进行限制。

根据现行国家标准《胶合木结构技术规范》GB/T 50708，受弯构件的计算挠度，应小于表 3-4 规定的挠度限值。

<table>
<tr><td colspan="4" align="center">受弯构件挠度限值</td><td align="right">表 3-4</td></tr>
<tr><td align="center">项次</td><td colspan="3" align="center">构件类别</td><td align="center">挠度限值 $[w]$</td></tr>
<tr><td rowspan="2" align="center">1</td><td rowspan="2" align="center">檩条</td><td colspan="2" align="center">$l \leqslant 3.3\text{m}$</td><td align="center">$l/200$</td></tr>
<tr><td colspan="2" align="center">$l > 3.3\text{m}$</td><td align="center">$l/250$</td></tr>
<tr><td align="center">2</td><td colspan="3" align="center">椽条</td><td align="center">$l/150$</td></tr>
<tr><td align="center">3</td><td colspan="3" align="center">吊顶中的受弯构件</td><td align="center">$l/250$</td></tr>
<tr><td align="center">4</td><td colspan="3" align="center">楼面梁和搁栅</td><td align="center">$l/250$</td></tr>
<tr><td rowspan="3" align="center">5</td><td rowspan="3" align="center">屋面大梁</td><td colspan="2" align="center">工业建筑</td><td align="center">$l/120$</td></tr>
<tr><td rowspan="2" align="center">民用建筑</td><td align="center">无粉刷吊顶</td><td align="center">$l/180$</td></tr>
<tr><td align="center">有粉刷吊顶</td><td align="center">$l/240$</td></tr>
</table>

注：表中 l 为受弯构件的计算跨度。

目前我国现行相关标准中并没有关于胶合木框架结构的水平位移限值要求，但在进行胶合木框架结构设计时，其水平位移的大小却是不得不关注的重要指标。笔者在进行这类结构设计时，一般参照《钢结构设计标准》GB 50017 中钢框架结构的水平位移容许值取用，即柱顶位移容许值为 $H/500$（H 为自基础顶面至柱顶的总高度），层间相对位移容许值为 $h/400$（h 为层高）。但与钢结构相比，木结构具有更好的延性性能，其水平位移限值应该可以在钢框架的基础上适当放宽。具体还需进一步研究确定。

二、分析方法

1. 结构分析

胶合木结构设计采用以概率理论为基础的极限状态设计法。

通常需要借助于通用有限元软件，建立整体框架模型进行多层胶合木框架的结构分析，考察整个结构体系的各项性能指标，如结构模态、位移（含柱顶位移和层间位移）等。另外，通过有限元计算可以得到各个构件在各种荷载效应组合下的构件内力，进一步进行构件截面的设计验算。

在工程设计中，经常遇到较为复杂的结构体系，很难建立整体模型进行结构分析，如轻型木结构与胶合木框架的混合结构体系。这时，一般通过理论分析将结构整体进行一定的简化，将轻型木结构与胶合木框架分开单独计算。当然，为了简化计算，也可以将纯胶合木框架结构简化成多个单榀框架进行平面分析。

2. 构件设计

通过整体框架结构空间分析或单榀框架结构的平面分析，得到各框架构件的内力，依据现行国家标准《胶合木结构技术规范》GB/T 50708 进行胶合木构件设计。根据受力性质不同，将胶合木构件分为受弯构件、轴心受拉和轴心受压构件、拉弯和压弯构件。通常，屋面檩条、楼面搁栅、次梁、主梁等均属于受弯构件，桁架腹杆、支撑、隅撑属于轴心受拉或轴心受压构件，柱、屋面桁架弦杆属于拉弯或压弯构件。具体设计验算公式详见规范规定。

3. 节点设计

（1）销轴连接

现代多层胶合木框架结构中最常用的连接形式为销轴类紧固件连接，如螺栓连接。销轴连接的破坏模式包括塑性破坏和脆性破坏，承载能力最小的破坏模式即为节点设计的控制模式[3.9]。

脆性破坏包括木材净截面承载不足的破坏、端距或中距不足等导致的木材销群撕裂破坏和行剪切破坏以及横纹受力导致的顺纹劈裂破坏，如图 3-7 所示。对于前三种脆性破坏通常可通过构造措施加以避免，即规定销轴类紧固件布置应符合表 3-5 的要求，表中 l 为紧固件长度，d 为紧固件直径。但是顺纹劈裂现象较难估计和控制。

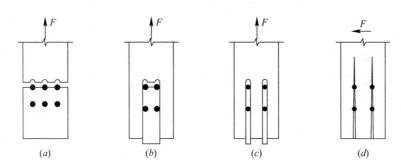

图 3-7　销轴连接脆性破坏屈服模式

（a）净截面破坏；（b）销群撕裂破坏；（c）行剪切破坏；（d）顺纹劈裂破坏

销轴类紧固件的端距、边距、间距和行距的最小尺寸　　　　表 3-5

距离名称	顺纹荷载作用时		横纹荷载作用时	
最小端距 e_1	受拉构件	$\geqslant 7d$	$\geqslant 4d$	
	受压构件	$\geqslant 4d$		
最小边距 e_2	当 $l/d \leqslant 6$	$\geqslant 1.5d$	荷载作用边	$\geqslant 4d$
	当 $l/d > 6$	取 $1.5d$ 与 $r/2$ 两者较大值	无荷载作用边	$\geqslant 1.5d$
最小间距 S	$\geqslant 4d$		横纹方向 中间各排	$\geqslant 3d$
			外侧一排	$\geqslant 1.5d$，并 $\leqslant 125mm$
最小行距 r	$\geqslant 2d$		当 $l/d \leqslant 2$	$\geqslant 2.5d$
			当 $2 < l/d < 6$	$\geqslant (5l+10d)/8$
			当 $l/d \geqslant 6$	$\geqslant 5d$

距离名称	顺纹荷载作用时	横纹荷载作用时
几何位置 示意图	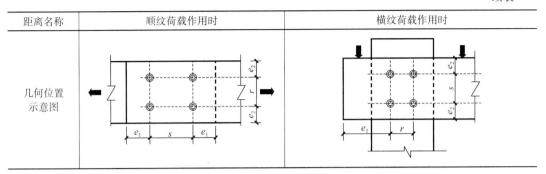	

塑性破坏包括木材销槽承压破坏和销轴的弯曲破坏。对于胶合木结构中常用的钢填板螺栓连接而言，其销槽承压破坏包括：

① 螺栓的直径 d 很大，且其相应刚度很大；木材的厚度 c 很大，对螺栓弯折、倾斜有很大的约束力，而钢板厚度 a 相对较小；这种条件下，钢板的孔壁被挤压破坏，如图 3-8（a）所示。

② 螺杆刚直，在双剪连接中钢板厚度 a 很厚而木材厚度 c 较薄，则木材的孔壁被均匀挤压破坏；或者在单剪连接中，螺杆倾斜转动致使木构件的边缘区域的螺孔局部被挤压破坏，如图 3-8（b）所示。

螺栓弯曲破坏包括：

① 螺栓直径较小，木材较厚具有很大的约束力，受力后螺杆弯曲，在一块木材中出现塑性铰；塑性铰之外的部分螺杆虽仍然刚直，但由于转动倾斜致使连接板件的螺孔孔壁木材局部承压破坏。这种情况称为"一铰"屈服模式，如图 3-8（c）所示。

② 螺栓直径较小，木材和钢材较厚具有很大的约束力，受力后螺杆弯曲，在两块木材中同时出现塑性铰；由于两个塑性铰之间的部分螺杆转动倾斜致使两侧构件螺孔孔壁边缘区域被挤压破坏。这种情况称为"两铰"屈服模式，如图 3-8（d）所示。

在"一铰"屈服模式中，如果增加钢材的厚度，可以提高螺栓连接的承载能力；而在"两铰"屈服模式中，即使增加钢材、木材的厚度，也不能提高其承载能力。故"两铰"屈服模式又称"最大"屈服模式。

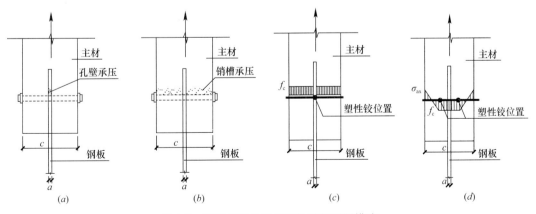

图 3-8　钢填板螺栓连接塑性破坏屈服模式

（a）钢板孔壁承压破坏；（b）木孔销槽承压破坏；（c）"一铰"弯曲破坏；（c）"二铰"弯曲破坏

针对螺栓连接的不同破坏模式，有相应的承载力计算公式，详见现行国家标准《胶合木结构技术规范》GB/T 50708，取各破坏模式的承载能力最小值作为节点设计承载能力。

销轴类连接节点抗弯承载力和刚度较小，一般假定为铰接节点，仅承受剪力作用。节点受力应符合下式要求。

$$V \leqslant Z' \tag{3-4}$$

$$Z' = C_{\mathrm{m}} C_{\mathrm{t}} C_{\mathrm{eg}} k_{\mathrm{g}} n n_{\mathrm{v}} Z \tag{3-5}[3.9]}$$

式中　V——节点剪力设计值；

　　　Z'——节点抗剪承载力设计值；

C_{m}，C_{t}——使用条件调整系数，木构件含水率大于15％时，取 $C_{\mathrm{m}} = 0.8$；长期生产性高温环境，木材表面温度达到40～50℃时，取 $C_{\mathrm{t}} = 0.8$；

　　　C_{eg}——端面调整系数，当销轴类紧固件插入主构件端部，紧固件轴线与木纹方向平行时，$C_{\mathrm{eg}} = 0.67$；

　　　k_{g}——组合作用系数，按上海市工程建设规范《工程木结构设计规范》DG/TJ 08—2192—2016 附录 A 确定；

　　　n——紧固件个数；

　　　n_{v}——每个紧固件剪面数，单剪 $n_{\mathrm{v}} = 1.0$，双剪 $n_{\mathrm{v}} = 2.0$；

　　　Z——螺栓每一剪面的承载力设计值，计算公式详见《胶合木结构技术规范》GB/T 50708。

（2）新型连接节点

近年也有学者陆续研发了一些新型的胶合木框架连接节点形式。

2015 年刘慧芬博士研究的用自攻螺钉或光圆螺杆加强梁柱钢填板螺栓连接节点[3.10]，如图 3-9（a）所示。光圆螺杆仅在螺杆两端部分有螺纹，用于旋紧螺母，穿过木构件的杆身部分光圆。当木材开裂时，光圆螺杆可承担开裂缝上的剪力，同时由于螺母和垫片的钳制作用，还能夹紧木材以限制裂缝的扩展。自攻螺钉沿螺杆全长套制螺纹，可以有效增强螺纹与木材之间的咬合，提高自攻螺钉与木材的共同工作性能，可有效延缓甚至抑制横纹拉应力和顺纹剪应力引起的顺纹劈裂裂缝的发展，从而提高木构件的承载力。研究结果表明，采用光圆螺杆对节点进行横纹加强后，有效地延缓、限制了木材的开裂，节点破坏模式由脆性破坏转变为螺栓弯曲破坏和木孔销槽承压破坏，加强节点的承载力、延性和抗震性能得到了明显提高，加强节点的性能更加稳定，加强作用失效是由垫片下方木材局部承压变形引起的，螺杆本身无明显变形；自攻螺钉加强节点的主要破坏模式为销槽承压破坏和螺栓弯曲破坏，且自攻螺钉个数越多、直径和布置间距越大，螺栓弯曲变形越明显，破坏模式由单纯的销槽承压破坏转变为销槽承压破坏和螺栓"一铰"弯曲破坏共同存在的混合破坏模式，加强节点的承载力、延性和抗震性能得到了明显提高。两种加强方式工作机理不同，影响因素也不同；在选用合理参数时，两种加强方式均可较好地改善节点性能。

另外，刘慧芬博士给出了自攻螺钉加强节点的构造建议，①全螺纹自攻螺钉长度宜与梁高（或柱宽）相等；每列螺栓宜在近柱端和远柱端两侧同时加强，当受自攻螺钉数量限制无法满足两侧同时加强时，优先考虑加强近柱端；②自攻螺钉布置间距宜取为 $4d'$～

$5d'$（d' 为自攻螺钉直径），在实际工程中可根据节点尺寸予以适当调整，但是不宜小于 $2.5d'$ 或大于 $5d'$；③宜通过增加自攻螺钉个数而非增大自攻螺钉直径的方式来提高节点性能。

对于采用自攻螺钉加强的销轴连接节点，设计时可将其假定为刚性或半刚性连接。上海市工程建设规范《工程木结构设计规范》DG/TJ 08—2192—2016[3.9] 给出了自攻螺钉加强销轴类连接节点的计算公式。即在弯矩和剪力作用下，节点受力应符合下式要求。

$$\sqrt{\left(\frac{My_1}{\sum_i^n(x_i^2+y_i^2)}\right)^2+\left(\frac{Mx_1}{\sum_i^n(x_i^2+y_i^2)}+\frac{V}{n}\right)^2}\leq\frac{C_sZ'}{k_gn} \tag{3-6}$$

式中　M——节点弯矩设计值；

　　　x_i、y_i——紧固件 i 与销轴群形心 O 的距离在 x、y 方向的分量；

　　　C_s——考虑自攻螺钉作用时的承载力调整系数，取 1.2。

2016 年赵艺博士研究的预应力套管螺栓连接节点[3.11]，如图 3-9（b）所示。该连接节点由木构件、钢板、套管、高强螺栓、螺母和垫片组成，其中套管由外层 PVC 管和内层钢管胶合而成。钢管内径推荐比螺栓直径大 3~6mm，PVC 管的内径理论上可比钢管外径大 0~1mm。安装完成后对高强螺栓施加预拉力，从而在钢管与钢板之间产生摩擦力，依靠二者间的摩擦以及套管和木孔间的承压传力。该节点最大的优势是在摩擦阶段具有较高的初始刚度，克服了孔洞间隙造成的不利影响。研究者对采用自攻螺钉加强的套管节点也进行了研究，结果表明，加强后各组件的强度得到更充分的利用，套管节点的极限承载力、延性和耗能性能都有明显提升。

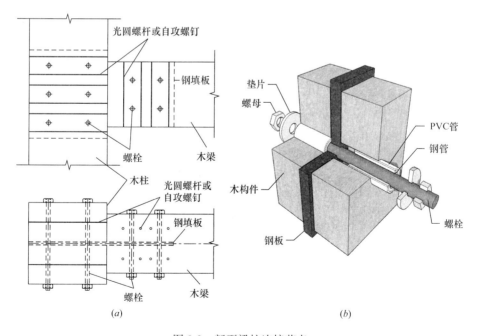

图 3-9　新型梁柱连接节点

（a）自攻螺钉或光圆螺杆加强钢填板螺栓连接节点；（b）预应力套管钢填板螺栓连接节点

4. 抗震设计

与其他建筑材料相比，木结构建筑具有优越的抗震性能。但在结构设计时，仍需进行抗震设计验算。

依据现行国家标准《建筑抗震设计规范》GB 50011，多层胶合木框架结构的总高度通常不超过 40m，以剪切变形为主且质量和刚度沿高度分布比较均匀，故可采用底部剪力法简化计算每一层的地震作用。再根据面积分配法将其分布给各榀框架承担。当采用软件计算时，也可采用振型分解反应谱法计算，结构体系阻尼比取 $\eta = 0.05$。

结构构件地震作用效应计算时采用的荷载组合：

$$S = \gamma_G S_{GE} + \gamma_{Eh} S_{Ehk} + \gamma_{Ev} S_{Evk} \tag{3-7}$$

式中　　S——结构构件内力组合设计值，包括组合弯矩、轴力和剪力设计值等；

γ_G——重力荷载分项系数，一般情况采用 1.2；

γ_{Eh}、γ_{Ev}——水平、竖向地震作用分项系数；

S_{Ehk}、S_{Evk}——水平、竖向地震作用标准值的效应。

在进行构件截面抗震验算时，应采用下列设计表达式：

$$S \leqslant R / \gamma_{RE} \tag{3-8}$$

式中　　R——结构构件承载力设计值；

γ_{RE}——承载力抗震调整系数，按表 3-6 选取。

承载力抗震调整系数　　　　　　　　　　　　　　　　表 3-6

序号	构件名称	承载力抗震调整系数 γ_{RE}	序号	构件名称	承载力抗震调整系数 γ_{RE}
1	梁、柱	0.80	3	木基结构板剪力墙	0.85
2	各类构件（偏拉、受剪）	0.85	4	连接件	0.90

5. 防火设计

木材受火反应可分为以下几个阶段。

（1）在 200℃ 以下是吸热过程，一般不会发生燃烧；

（2）继续加热，则会分解出含碳的可燃性气体和焦油成分，在周围空气中燃烧，放出大量反应热，为放热过程，并在木材表面产生固体剩余物——木炭；

（3）木炭在燃烧高温下与氧气反应，称为煅烧，其产生的热量使深层木材继续分解释放可燃气体继续燃烧，燃烧、煅烧往复交替形成火势。

但木材受热分解快速释放的可燃气体阻碍了氧气在木材表面碳化层的扩散，而且木炭传热性仅是实木的 1/6，对其下面的木材与外面的气相燃烧起到了一定的阻隔作用，降低了热分解速度，木材深层的碳化速度也随之减缓。这就是未经防火处理的大截面木构件仍然有较长耐火极限的原因。

建筑构件的燃烧性能，反映了建筑构件遇火烧或高温作用时的燃烧特点，由构件材料的燃烧性能决定，分成三类：不燃烧体、难燃烧体和燃烧体。现行国家标准《木结构设计规范》GB 50005 给出了木结构建筑中构件的燃烧性能和耐火极限的规定。

与轻型木结构不同，胶合木框架结构构件通常暴露在外，其防火设计是通过规定结构构件的最小尺寸（包括梁、柱的截面尺寸以及楼面板和屋面板的厚度等），利用木构件本身的耐火性达到规定的耐火极限。见表 3-7。

满足耐火极限的胶合木构件截面最小尺寸　　　　　表 3-7

支承部件	结构构件	胶合木构件（宽×厚）mm×mm
仅支承屋盖	柱	130×190
	支承在墙顶或柱墩顶的拱	80×152
	梁和桁架	80×152
	支承在墙顶或柱墩顶的拱	130×152
支承多层楼盖或者同时支出屋盖和楼盖	柱	175×190
	梁、桁架和拱	130×228 或 175×190

除此之外，还应对受火后的胶合木构件进行设计验算，计算公式如下：

$$S_k \leqslant R_f \tag{3-9}$$

式中　S_k——火灾发生后验算受损木构件的荷载偶然组合效应设计值，永久荷载和可变荷载均采用标准值；

R_f——按耐火极限燃烧后残余木构件的承载力设计值。

由于荷载直接采用标准值的组合，即在火灾情况下，燃烧后构件的承载力相当于采用容许应力法进行计算。故在进行残余木构件的承载力设计值计算时，构件材料的强度和弹性模量应采用平均值，即材料强度特征值（见《胶合木结构技术规范》GB/T 50708 附录 B）乘以下列调整系数：

（1）抗弯强度、抗拉强度和抗压强度调整系数应取 1.36；验算时，受弯构件稳定系数和受压构件屈曲强度调整系数应取 1.22；

（2）受弯和受压构件的稳定计算时，应采用燃烧后的截面尺寸，弹性模量调整系数应取 1.05；

（3）当考虑体积调整系数时，应按燃烧前的截面尺寸计算体积调整系数。

防火设计时应采用燃烧后构件的剩余有效截面，受火后构件的截面尺寸应减去相应受火面的有效碳化层厚度 T。有效碳化速率和碳化层厚度按表 3-8 取用。

满足耐火极限的胶合木构件截面最小尺寸　　　　　表 3-8

构件的耐火极限 t（h）	有效碳化速率 β_e（mm/h）	有效碳化层厚度 T（mm）	构件的耐火极限 t（h）	有效碳化速率 β_e（mm/h）	有效碳化层厚度 T（mm）
0.50	52.0	26	1.50	42.4	64
1.00	45.7	46	2.00	40.1	80

第四节　构造特点与要求

一、构件制作和设计

制作胶合木构件所用的木板，当采用一般针叶材和软质阔叶材时，刨光后的厚度不宜大于 45mm；当采用硬木松或硬质阔叶材时，不宜大于 35mm。木板的宽度不应大于 180mm。

弧形构件的曲率半径应大于 $300t$（t 为木板厚度），木板厚度不大于 $30mm$，对弯曲特别严重的构件，木板厚度不应大于 $25mm$。

制作胶合木构件的木板接长应采用指接，用于承重构件，其指接边坡度 η 不宜大于 $1/10$，指长不应小于 $20mm$，指端宽度 b_f 宜取 $0.2\sim0.5mm$。同一层木板指接接头间距不应小于 $1.5m$，相邻上下两层木板层的指接接头距离不应小于 $10t$（t 为木板厚度）。另外，构件同一截面上板材指接接头数目不应多于木板层数的 $1/4$，并应避免各层木板指接接头沿构件高度布置成阶梯形。制作胶合木构件的木板的横向拼宽可采用平接，上下相邻两层木板平接线水平距离不应小于 $40mm$。

为了保证胶合木构件的侧向稳定，应对胶合木矩形、工字形截面的高度 h 与其宽度 b 的比值进行限制：梁一般不大于 6，直线形受压或压弯构件一般不宜大于 5，弧形构件一般不宜大于 4。若超出此高宽比限制，应设置必要的侧向支撑。

另外，胶合木结构设计时应考虑含水率的变化对构件尺寸和构件连接的影响，采用螺栓和六角头木螺钉作紧固件时，应注意预钻孔的尺寸。

二、连接节点

构件连接时应避免出现横纹受拉现象，多个紧固件不宜沿顺纹方向布置成一排。

1. 梁与梁的连接

次梁与主梁连接时，紧固件应尽可能靠近支座承载面。

当主梁仅单侧有次梁连接时，可采用如图 3-10（a）所示连接方式；主梁两侧均有次梁连接时，可采用如图 3-10（b）所示连接方式。

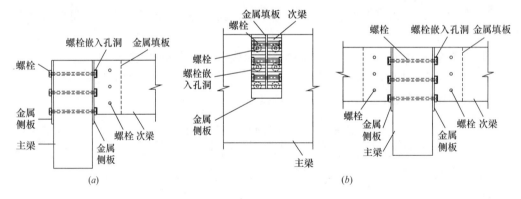

图 3-10　主次梁连接节点示意图
（a）主梁仅单侧有次梁连接；（b）主梁两侧均有次梁连接

起支撑作用的檩条应与桁架或大梁可靠锚固，在台风地区或在设防烈度 8 度及 8 度以上地区，更应加强檩条与桁架、大梁和端部山墙的锚固连接。采用螺栓锚固时，螺栓直径不应小于 $12mm$。

在屋脊处和需外挑檐口的椽条应采用螺栓连接，其余椽条均可用钉连接固定。椽条接头应设在檩条处，相邻椽条接头至少应错开一个檩条间距。

2. 梁与柱的连接

胶合木梁与胶合木柱在中间支座的连接，可采用 U 形连接件连接，或采用 T 形钢板螺栓连接，如图 3-11 所示。当梁端局部承压不满足要求时，可在柱顶部附加底板。

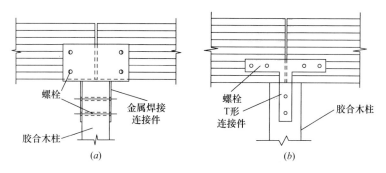

图 3-11 梁柱在中间支座连接示意图
（a）梁与柱 U 形连接；（b）梁与柱 T 形连接

对于中间楼层的梁柱连接，即胶合木柱连续，梁端连在柱侧。柱可采用钢夹板螺栓连接，梁可采用钢插板螺栓连接，柱侧金属板与梁内插金属板焊接连接，详见图 3-12。

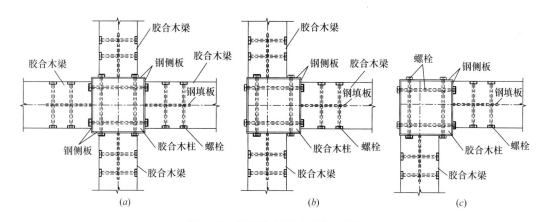

图 3-12 梁与柱在侧面连接示意图
（a）梁与中间柱连接；（b）梁与边柱连接；（c）梁与角柱连接

3. 柱与基础的连接

木柱与混凝土基础接触面应设置金属底板，底板的底面应高于地面，且不应小于 300mm。在木柱容易受到撞击破坏的部位，应采取保护措施。长期暴露在室外或经常受到潮湿侵袭的木柱应做好防腐处理。

柱与基础的锚固可采用 U 形扁钢、角钢和柱靴，详见图 3-13。

当基础表面尺寸较小，柱两侧不能安装外露地锚螺栓时，可采用隐藏式地锚螺栓的连接构造，如图 3-14 所示。

三、耐久性构造

当胶合木构件与混凝土墙或砌体墙接触时，接触面应设置防潮层，或预留缝隙。对于柱预留的缝隙宽度应考虑荷载产生的变形，并可采用固定在混凝土或砌体上的木线条进行隐蔽，木线条不得与柱或拱连接。

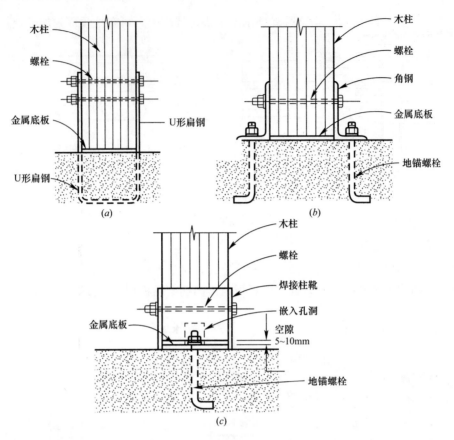

图 3-13　柱与基础的锚固示意图

（a）U 型扁钢基础连接；（b）角钢基础连接；（c）柱靴连接

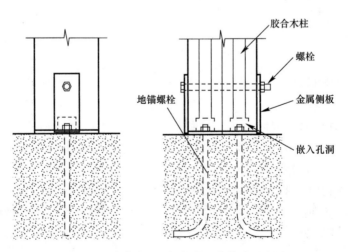

图 3-14　隐藏式地锚螺栓的连接构造示意图

　　当建筑物有悬挑屋面时，应保证屋面有不小于 2‰ 的坡度。封檐板应采用天然耐腐或经过防腐处理的木材，见图 3-15。当建筑物屋面有外露悬臂梁时，悬臂梁应用金属盖板保护，并应采用防腐处理木材，见图 3-16。对有外观要求的外露结构应定期进行维护。

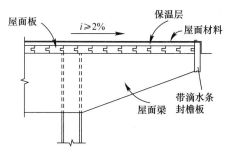

图 3-15　悬挑屋面的耐久性构造示意图

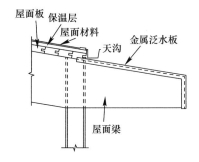

图 3-16　悬挑梁的耐久性构造示意图

当水平或斜置的外露构件顶部安装金属泛水板时，泛水板与构件之间应设置厚度不小于 5mm 的不连续木条，并用圆钉或木螺钉将泛水板、木条固定在木构件上，见图 3-17。构件的两侧、端部与泛水板之间的空隙开口处应加设防虫网。构件两侧外露部分应进行防腐处理。

梁端部或竖向构件外露部分安装金属泛水板时，泛水板与构件之间应预留空隙，并用圆钉或木螺钉将泛水板固定在木构件上，见图 3-18。构件与泛水板之间的空隙开口处应采用密封胶填堵。构件两侧外露部分应进行防腐处理。

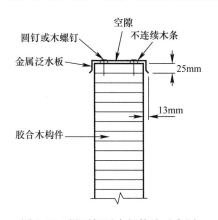
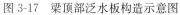

图 3-17　梁顶部泛水板构造示意图

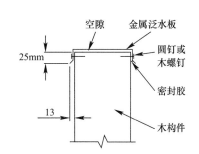

图 3-18　竖向构件立面防水板构造示意图

四、防火构造

1. 构件防火

当胶合木构件考虑耐火极限要求时，其层板组坯应满足下列规定。

（1）对于耐火极限为 1.0h 的胶合木构件，当构件为非对称异等组合时，应在受拉边减去一层中间层板，并增加一层表面抗拉层板。当构件为对称异等组合时，应在上下两边各减去一层中间层板，并各增加一层表面抗拉层板。构件设计时，按未改变层板组合的情况进行。

（2）对于耐火极限为 1.5h 或 2.0h 的胶合木构件，当构件为非对称异等组合时，应在受拉边减去两层中间层板，并增加两层表面抗拉层板。当构件为对称异等组合时，应在上下两边各减去两层中间层板，并各增加两层表面抗拉层板。构件设计时，按未改变层板组合的情况进行。

当采用厚度为 50mm 以上的木材（锯材或胶合木）作为屋面板或楼面板时，楼面板或屋面板端部应坐落在支座上，其防火设计和构造应符合下列要求：

（1）当屋面板或楼面板采用单舌或双舌企口板连接时，屋面板或楼面板可作为一面曝火受弯构件进行防火设计；

（2）当屋面板或楼面板采用直边拼接时，屋面板或楼面板可作为两侧部分曝火而底面完全曝火的受弯构件，可按三面曝火构件进行防火设计。此时，两侧部分曝火的炭化率应为有效碳化率的1/3。

2. 连接防火

胶合木构件连接时，金属连接件可采用隐藏式连接，如钢填板螺栓连接，或在金属连接件表面采用截面厚度不小于40mm的木材作为连接件表面附加防火保护层。除此之外，还可以采用如下构造措施：

（1）将连接处包裹在耐火极限为1.0h的墙体中；

（2）采用截面尺寸为40mm×90mm的规格材和厚度大于15mm的防火石膏板在梁柱连接处进行隔离。

梁柱连接中，当外观设计要求构件外露，并且连接处直接暴露在火中时，可将金属连接件嵌入木构件内，固定用的螺栓孔采用木塞封堵，连接缝隙采用防火材料填缝，如图3-19所示。当设计对构件连接处无外观要求时，对于直接暴露在火中的连接件，可在连接件表面涂刷耐火极限为1.0h的防火涂料。

3. 屋顶防火

当设计要求顶棚需满足1.0h耐火极限时，可采用截面尺寸为40mm×90mm的规格材作为衬木，并在底部铺设厚度大于15mm的防火石膏板，如图3-20所示。

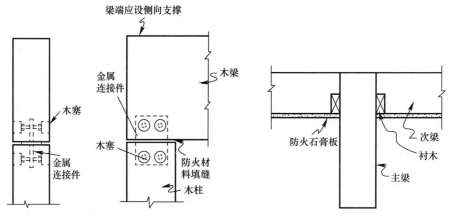

图3-19　梁柱连接隐藏式防火构造示意图　　图3-20　顶棚防火构造示意图

第五节　案例设计——大庆金融产业园木结构

以建成的实际工程项目"大庆金融产业园木结构"为例，介绍胶合木框架结构的设计方法和设计过程。本工程主体结构为两层胶合木框架和轻型木剪力墙的混合结构，这里取原结构的一部分（胶合木结构），并将实际项目的两层结构假想为四层胶合木框架结构进行设计计算。

一、工程案例简介

1. 基本信息

项目名称：大庆金融产业园木结构

项目地点：黑龙江省大庆市

开发单位：绿地集团

设计单位：同济大学建筑设计研究院（集团）有限公司

施工单位：上海臻源木结构设计工程有限公司

构件加工单位：上海臻源木结构设计工程有限公司

进展情况：2013 年竣工

2. 项目概况

大庆市金融产业园木结构位于建设大厦西侧空地，距离市中心驾车仅需 5 分钟，距离火车站驾车需 20 分钟。建筑为重木结构美式工匠风格，定义为售楼接待及实体样板房展示功能。通过让客户实际体验，感受楼盘项目产品的空间功能和核心价值，协助并促进销售。根据原建筑风格及业主方对整体项目的要求，售楼处定义为美式重木新古典风格，整体氛围庄重、大气、典雅、豪华。

本项目主体结构采用胶合木框架和轻型木剪力墙混合的结构形式，外装饰为文化石和红雪松木挂板，屋面为石板瓦。总建筑面积 2451m²，建筑高度 19.251m。主体分两层，一层建筑面积 1446m²，层高 4.8m；二层建筑面积 1005m²。基础为墙下条形基础和柱下独立基础。

本项目于 2012 年 8 月动工，2013 年 4 月竣工并投入使用（图 3-21）。

图 3-21　项目建成后夜景图

3. 建筑设计

（1）平面功能

本项目的主要功能为售楼接待及实体样板房展示功能（图 3-22、图 3-23）。共 2 层，一层层高 4.8m，二层局部层高 4.2m、局部 10.2m（不含屋架）。整个建筑分为三个部分，中间南北向（⑩轴～⑬轴）屋脊建筑高度 19.251m，南北设有两个中庭，分别为销售台和模型沙盘展示区，在二层由连通左右样板间的连廊分开；中庭东西两侧屋脊高度 13.425m，

图 3-22　建筑外立面图

图 3-23　内部结构图

东侧一层布置有多个单间，如洽谈室、签约室、财务室、经理办公室、消防安保控制室、影音室、品牌展示室及卫生间、楼梯间等，还有一个大型开放空间，可用作建材展示区；西侧一层布置有物业办公室、儿童活动室、新风机房和低压配电间等，也设有一个大型开放空间，可用作大型活动区，详见图 3-24。二层主要为样板间展示，同时布置有经理办公室、更衣间、会议室等，详见图 3-25。建筑主体采用双坡屋顶，局部单坡，屋顶坡度有1∶1.5、1∶2和1∶1.75三种，屋顶高低错落，详见图 3-26。

（2）建筑造型

建筑造型简洁流畅、高低错落，形体明确且富有节奏感。采用坡屋顶，屋顶变化丰富、形式多样、出挑深远。建筑主体采用胶合木框架结构，大尺寸的胶合木构件外露，配合木质挂板外墙，局部采用条状仿石材面砖贴面，表现出独特和雅致的气质，也提升了建筑的亲合力。建筑立面图如图 3-27 所示。

（3）建筑防火

本工程为多层木结构建筑，建筑耐火等级为三、四级之间，建筑构件耐火等级满足《建筑设计防火规范》GB 50016—2006 要求。总建筑面积 2482m²，划分为三个防火分区，详见图 3-28。防火分区 A 的建筑面积超出《木结构设计规范》GB 50005—2003（2005 年

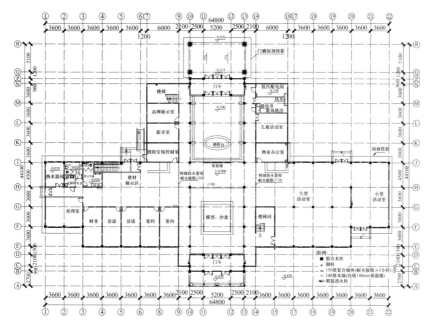

图 3-24　一层平面布置图

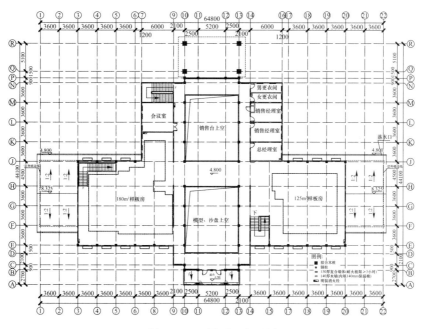

图 3-25　二层平面布置图

版）的规定，故局部采用钢框架结构。所有建筑均安装有自动喷淋灭火系统。所有木结构建筑的承重墙、房间隔墙、楼面和屋面的木结构构件，都根据规范要求安装防火石膏板，且楼面上部铺设 30mm 厚轻质混凝土面层，耐火极限满足防火规范构件燃烧性能和耐火极限要求。所有外露胶合木构件均按《胶合木结构技术规范》GB/T 50708—2012 的规定进行防火设计验算。

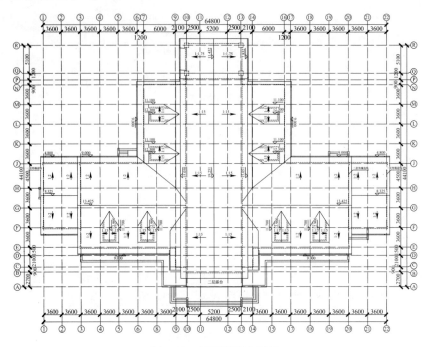

图 3-26　屋顶平面布置图

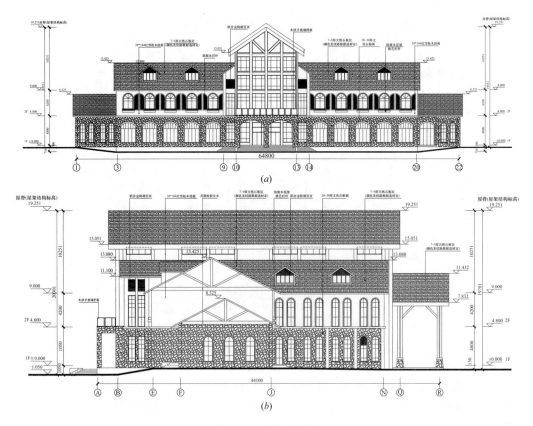

图 3-27　建筑立面图

（a）南立面图；（b）东立面图

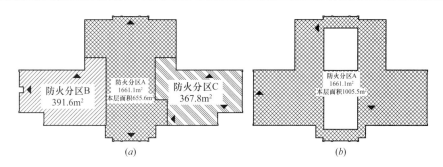

图 3-28 防火分区示意图

（a）一层防火分区；（b）二层防火分区

4. 结构设计

（1）结构布置

主体结构采用胶合木框架和轻型木剪力墙的混合结构体系，另外由于防火设计需要，局部（小部分）采用钢框架结构。典型结构布置见图 3-29 和图 3-30，图中：代表轻型木剪力墙；■代表胶合木柱，编号 Z××；□代表钢柱，编号 GZ××；——代表胶合木梁，编号 1-L××；---代表钢梁，编号 1-GL××。楼板采用轻型木楼板，间距 305mm 的工字形 TJI 木搁栅上覆 OSB 板。屋盖采用轻型木楼盖，间距 610mm 的轻木桁架上覆 OSB 板。

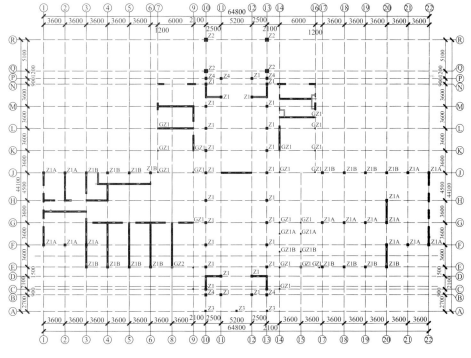

图 3-29 一层柱网及剪力墙布置图

（2）结构材料

主要采用的结构材料、强度等级及含水率要求见表 3-9。

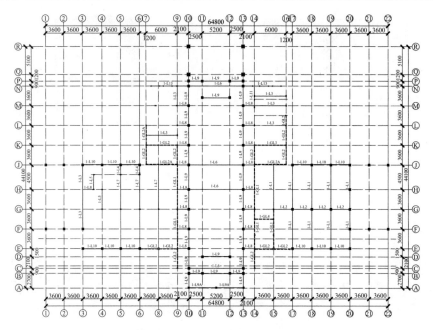

图 3-30　一层框架梁布置图

结构材料表　　　　　　　　　　　　　　表 3-9

材料名称	解释	含水率（%）
SPF	进口云杉、松、冷杉结构材统称，强度等级Ⅲ$_c$	≤18
ACQ	SPF 经防腐处理后的木材，强度等级Ⅲ$_c$	≤18
Glulam	胶合高强工程木（TC17A）	≤15
OSB	木基结构板材	≤15

另外，钢梁、钢柱及金属连接件均采用 Q235B 级钢材，所有连接螺栓均为 4.6 级普通螺栓。

（3）荷载条件

设计时考虑的主要荷载包括恒荷载、活荷载、雪荷载、风荷载及地震作用。

① 恒荷载

按照楼面、屋面及墙体实际材料计算。

② 活荷载

按实际功能布局参照《建筑结构荷载规范》GB 50009 选取，阳台和走廊取 2.5kN/m²，样板房、办公室、会议室和卫生间取 2.0kN/m²，不上人屋面取 0.5kN/m²。

③ 雪荷载

黑龙江省大庆市 50 年一遇基本雪压 $s_0 = 0.45$kN/m²。

④ 风荷载

黑龙江省大庆市 50 年基本风压 0.45kN/m²，场区地面粗糙度类别为 B 类，风振系数 β_z、体型系数 μ_s、高度系数 μ_z 按规范选取。

⑤ 地震作用

建设场地位于黑龙江省大庆市，根据《建筑抗震设计规范》GB 50011—2010 和岩土工程勘察报告，场地设防烈度为 6 度，地面加速度 0.05g，设计地震分组为第一组，场地类别为Ⅲ类，特征周期 0.45s，丙类建筑。

二、假想四层胶合木框架

以中庭部分（⑩～⑬轴）为例，建筑布局上做些适当的改变，假想成四层的胶合木框结构进行设计计算。

1. 建筑布局

假想建筑共四层，一层层高 4.8m，二层、三层层高 3.6m，总建筑高度 19.251m。一层仍布置为销售台和模型沙盘展示区，二层～四层为样板间，屋面采用双坡屋面，坡度 1：1.5。详见图 3-31。楼面采用轻型木结构组合保温楼板：双层 12 厚防火石膏板＋SPF 木搁栅＋单层 15 厚 OSB 板（胶合板）＋18 厚阻燃实木地板；外墙采用 150 厚轻木组合墙体，外挂 20～30 厚文化石贴面（一层）或 38×184 红雪松木挂板（二～四层）；内墙采用 150 厚轻型木结构组合墙体：38mm×140mm@406mm 墙骨柱＋一侧 OSB 板＋一侧防火石膏板（非剪力墙）。屋面采用胶合木桁架上覆 OSB 板（或胶合板），上挂天然石板瓦。

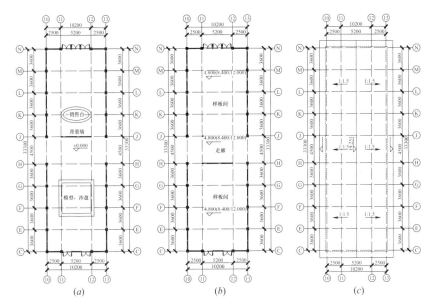

图 3-31　建筑平面布置图
(a) 一层；(b) 二层～四层；(c) 屋面

2. 结构布置

采用胶合木框架结构体系，结构布置详见图 3-32 和图 3-33。胶合木梁柱节点采用常用的钢填板螺栓连接，为了保证结构体系的侧向稳定，在胶合木梁底、柱侧设置隅撑，具体位置详见图 3-33。楼面搁栅布置方向如图 3-32（a）所示，连接在胶合木梁侧面，连接件由专业木结构施工单位深化。屋盖采用胶合木桁架支承，平面布置如图 3-32（b）所示。为维持屋盖系统的整体稳定，在屋脊处设置纵向拉梁，并在 E 轴和 F 轴、H 轴和 J 轴、L 轴和 M 轴之间分别设置桁架上弦杆交叉斜撑。胶合木桁架立面结构图见图 3-33（b）、(c)。

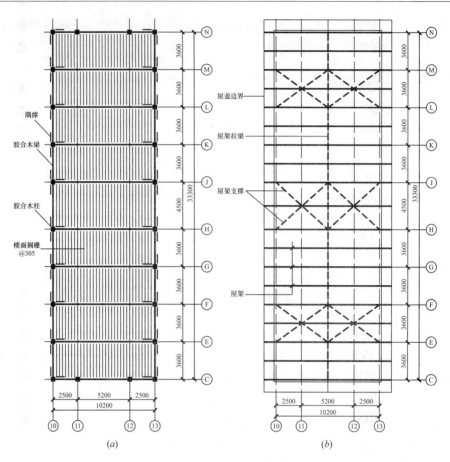

图 3-32 结构平面布置图

（a）二层～四层平面；（b）屋盖平面

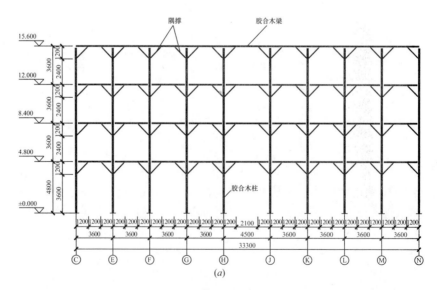

图 3-33 结构立面布置图（一）

（a）10 轴/13 轴立面；

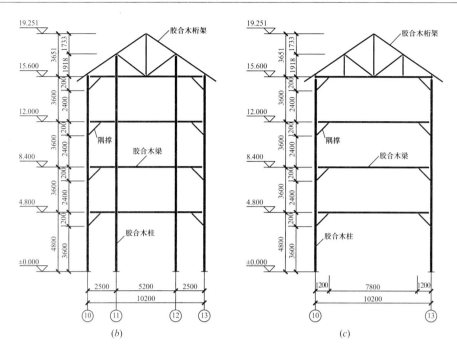

图 3-33 结构立面布置图（二）

（b）C 轴/N 轴立面图；（c）E 轴～M 轴立面

3. 荷载计算

（1）恒荷载标准值

① 楼面

18 厚阻燃实木地板	0.2	kN/m²
单层 15 厚 OSB 板（胶合板）	0.15	kN/m²
木搁栅	0.4	kN/m²
双层 12 厚防火石膏板	0.25	kN/m²
总计：	1.0	kN/m²

② 屋面

7～9 厚天然石板瓦（含 40×40 木挂瓦条）	0.7	kN/m²
30 高波形沥青防水板	0.2	kN/m²
3 厚 SBS 防水卷材	0.1	kN/m²
单层 15 厚 OSB 板（胶合板）	0.15	kN/m²
木桁架（内衬 160 厚玻纤棉）	0.7	kN/m²
双层 12 厚防火石膏板	0.25	kN/m²
其他	0.1	kN/m²
总计：	2.2	kN/m²

③ 内墙

单层 15mm 防火石膏板	0.15	kN/m²
单层 OSB 板	0.11	kN/m²
38mm×140mm@406mm 墙骨柱	0.08	kN/m²
墙体保温材料	0.03	kN/m²
其他	0.03	kN/m²
总计	0.40	kN/m²

④ 外墙

38×184 红雪松木挂板	0.20	kN/m²
38×38 木龙骨顺水条，间距 600	0.35	kN/m²
单层 OSB 板	0.15	kN/m²
38×140 木龙骨，间距 406，内填 140 厚玻纤棉	0.11	kN/m²
单层 15 厚防火石膏板	0.15	kN/m²
其他	0.04	kN/m²
总计：	1.0	kN/m²

（2）活荷载标准值

样板间楼面：	2.0	kN/m²
不上人屋面：	0.5	kN/m²

（3）雪荷载标准值

大庆市 50 年一遇基本雪压 $s_0 = 0.45 \text{kN/m}^2$，双坡屋面的坡度 1：1.5，均匀分布积雪系数 $\mu_r = 0.7$。故，雪荷载标准值：$s_k = \mu_r s_0 = 0.315 \text{kN/m}^2$。

（4）风荷载标准值

大庆市 50 年一遇基本风压 $w_0 = 0.45 \text{kN/m}^2$，地面的粗糙度为 B 类，按下式计算风荷载标准值：

$$w_k = \beta_z \mu_s \mu_z w_0$$

式中　　w_k——风荷载的标准值（kN/m²）；

　　　　β_z——高度 z 处的风振系数，此处取 $\beta_z = 1$；

　　　　μ_s——风荷载体型系数；

　　　　μ_z——风压高度变化系数。

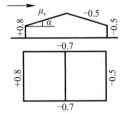

① 风荷载体型系数

查规范《建筑结构荷载规范》GB 50009—2012 表 8.3.1，封闭式双坡屋面的体形系数取值如下：

屋面坡度为 1：1.5，近似按 30°取 $\mu_s = 0$。

② 风压高度变化系数

查规范《建筑结构荷载规范》GB 50009—2012 表 8.2.1，风压高度系数取值如下：

一层、二层标高小于 10m，取 $\mu_z=1.0$；三层标高 12m，取 $\mu_z=1.052$；四层屋檐标高 15.6m，取 $\mu_z=1.142$；屋架 17.518m 处 $\mu_z=1.180$，19.251m 处 $\mu_z=1.215$。

（5）地震作用

本工程场地设防烈度为 6 度，地面加速度 0.05g，设计地震分组为第一组，场地类别为 Ⅲ类，特征周期 0.45s，丙类建筑。根据《建筑抗震设计规范》GB 50011—2010，采用反应谱法计算地震剪力，取结构阻尼比为 0.05。相关参数输入软件中，由软件自行计算地震作用。

4. 结构分析

（1）计算模型及假定

在通用有限元软件 SAP2000 中建立整体框架模型，见图 3-34。为了简化计算，将屋架简化为简支梁。木柱为连续构件，柱脚铰接，柱顶搁置连续梁，故柱顶也简化为铰接节点；二、三、四层木梁均为简支梁，构件两端铰接；隔撑为二力杆件，两端为铰接；屋面圈梁为连续梁。

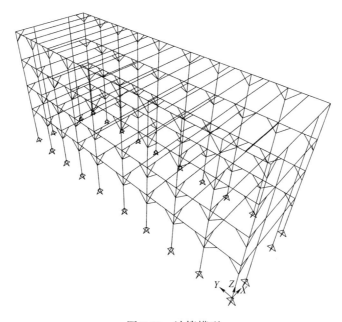

图 3-34　计算模型

模型中所有胶合木构件均采用强度等级为 TC17A 级的普通层板胶合木，设计参数见表 3-10。软件计算仅用作结构分析，不作构件验算，故仅需要输入弹性模量及密度，密度按 500kg/m³ 计。本工程设计使用年限为 50 年，且其设计使用条件不符合表 3-2，故材料强度和弹性模量不需修正。

胶合木强度设计值及弹性模量（N/mm²）　　　　表 3-10

强度等级	组别	抗弯 f_m	顺纹抗压及承压 f_c	顺纹抗拉 f_t	顺纹抗剪 f_v	横纹承压 $f_{c,90}$			弹性模量 E
						全表面	局部表面和齿面	拉力螺栓垫板下	
TC17	A	17	16	10	1.7	2.3	3.5	4.6	10000

表 3-11 列出了初选构件截面尺寸。所有木柱截面均为 400mm×400mm，隔撑杆件截面均为 250mm×250mm，柱顶圈梁（连续梁）截面为 350mm×700mm，屋架简化成的简支梁截面为 300mm×600mm，二、三、四层楼层梁：跨度为 10.2m 的楼层梁截面为 350mm×700mm，跨度为 2.5m 的楼层梁截面为 200mm×500mm，其余均为 300mm×600mm。

初选构件截面尺寸　　　　　　　　　　　　　表 3-11

构件名称	截面（mm×mm）	面积 A（cm²）	惯性矩 I_x（cm⁴）	截面模量 W_x（cm³）
柱	400×400	1600	213333.33	10666.67
梁	200×500	1000	208333.33	8333.33
	300×600	1800	540000	18000
	350×700	2450	1000416.7	28583.33
隔撑	250×250	625	32552.08	2604.17
屋架简化梁	300×600	1800	540000	18000

（2）荷载及荷载组合

经比较，屋面雪荷载标准值小于屋面活荷载标准值，不起控制作用，不做计算。结构分析时考虑的荷载工况见表 3-12。

荷载工况表　　　　　　　　　　　　　表 3-12

荷载工况	解释	符号
恒荷载	构件自重＋楼面/屋面恒荷载＋内外墙体自重	D
活荷载	楼面：2.0kN/m²；屋面：0.5kN/m²	L
风荷载	X 向	W_x
	Y 向	W_y
地震作用	X 向	Q_x
	Y 向	Q_y

计算时考虑的荷载组合见表 3-13。

荷载工况表　　　　　　　　　　　　　表 3-13

序号	组合情况	符号	适用情况
1	$1.2×D+1.4×L$	COMB-1	构件和节点设计验算
2	$1.2×D+1.4×W_x$	COMB-2	
3	$1.2×D+1.4×W_y$	COMB-3	
4	$1.2×D+1.4×W_x+1.4×0.7×L$	COMB-4	
5	$1.2×D+1.4×W_y+1.4×0.7×L$	COMB-5	
6	$1.2×G_e+1.3×Q_x$	COMB-6	
7	$1.2×G_e+1.3×Q_y$	COMB-7	
8	$D+L$	COMB-8	梁竖向挠度验算
9	$D+W_x$	COMB-9	框架水平侧移验算
10	$D+W_y$	COMB-10	
11	$D+L$	COMB-11	构件抗火验算
12	$D+L+W_x$	COMB-12	
13	$D+L+W_y$	COMB-13	

（3）结构分析结果

① 模态分析

经过计算，结构的主要振型图如图 3-35 所示。图 3-35（a）所示为一阶平动振型（X向），周期为 1.375s；图 3-35（b）所示为 Y 向平动振型，周期为 1.118s；图 3-35（b）所示为一阶扭转振动振型，周期为 0.970s。一阶扭转振动周期与一阶平动周期的比值为 0.71，满足规范要求。

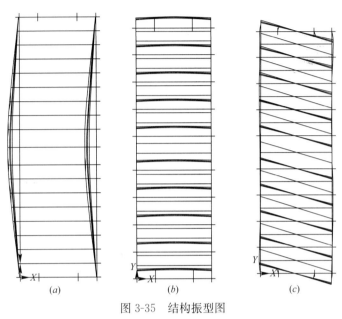

图 3-35 结构振型图

（a）X 向平动；（b）Y 向平动；（c）扭转

② 结构侧移验算

经计算，在荷载组合 COMB-9 作用下，胶合木柱柱顶 X 向水平位移为 25.3mm＜$H/500=31.2$mm；一层层间位移为 11.6mm＜$h/400=12$；二层层间位移为 6.5mm＜$h/400=9$；三层层间位移为 4.6mm＜$h/400=9$；四层层间位移为 2.6mm＜$h/400=9$。满足要求。

在荷载组合 COMB-10 作用下，胶合木柱柱顶 Y 向水平位移为 7.8mm＜$H/500=31.2$mm；一层层间位移为 4.5mm＜$h/400=12$；二层层间位移为 1.9mm＜$h/400=9$；三层层间位移为 0.9mm＜$h/400=9$；四层层间位移为 0.5mm＜$h/400=9$。满足要求。

5. 构件验算

根据《胶合木结构技术规范》GB/T 50708—2012 第五章的相关公式进行构件截面验算。

（1）胶合木柱验算

胶合木柱属于压弯构件，提取构件主要控制内力见表 3-14。

胶合木柱内力计算结果 　　　　　　　　　　　　　　　　表 3-14

控制荷载类型		弯矩 M（kN·m）	轴力 P（kN）	剪力 V（kN）	对应荷载组合	编号
弯矩	M_{max}	73.1	−315	58.2	COMB-4	①
	M_{min}	−124.3	−446	32.0	COMB-4	②
轴力	P_{max}	0	−0.64	−7.2	COMB-1	③
	P_{min}	0	-463.4	13.3	COMB-1	④
剪力	V_{max}	73.1	−226.1	−165.2	COMB-4	⑤

取表 3-14 列出的组合②内力，按压弯构件验算。构件截面为 400mm×400mm，根据表 3-3 取抗弯强度折减系数 1.15。

按强度计算：

$$\frac{N}{A_n f_c} + \frac{M}{W_n f_m} = \frac{446 \times 10^3}{160000 \times 16} + \frac{124.3 \times 10^6}{10666667 \times 1.15 \times 17} = 0.77 < 1$$

按稳定计算：

$$f_{cEx} = \frac{0.47E}{(l_{0x}/h)^2} = \frac{0.47 \times 10000}{(4800/400)^2} = 32.64 N/mm^2$$

$$\frac{N}{A} = \frac{446 \times 10^3}{160000} = 2.788 < f_{cEx}$$

$$\left(\frac{N}{A_n f_c}\right)^2 + \frac{M_x}{W_{nx} f_{mx}\left[1 - \frac{N}{A_n f_{cEx}}\right]}$$

$$= \left(\frac{446 \times 10^3}{160000 \times 16}\right)^2 + \frac{124.3 \times 10^6}{10666667 \times 1.15 \times 17 \times \left[1 - \frac{N446 \times 10^3}{160000 \times 32.64}\right]}$$

$$= 0.682 < 1$$

满足要求。

取表 3-14 列出的组合④内力，按轴压构件验算：

按强度计算：

$$\frac{N}{A_n} = \frac{463.4 \times 10^3}{160000} = 2.9 < f_c = 16 N/mm^2$$

按稳定计算：

抗压临界屈曲强度设计值

$$f_{cE} = \frac{0.47E}{(l_0/b)^2} = \frac{0.47 \times 10000}{(4800/400)^2} = 32.64 N/mm^2$$

稳定系数

$$\varphi_l = \frac{1 + \left(\frac{f_{cE}}{f_c}\right)}{1.8} - \sqrt{\left[\frac{1 + \left(\frac{f_{cE}}{f_c}\right)}{1.8}\right]^2 - \frac{\left(\frac{f_{cE}}{f_c}\right)}{0.9}} = 0.924$$

$$\frac{N}{\varphi_l A_0} = \frac{464.4 \times 10^3}{0.924 \times 160000} = 3.14 < f_c = 16 N/mm^2$$

满足要求。

取表 3-14 列出的组合⑤内力，进行构件抗剪验算：

$$\frac{VS}{Ib} = \frac{3V}{2A} = \frac{165.2 \times 10^3 \times 3}{2 \times 160000} = 1.55 < f_v = 1.7 N/mm^2$$

满足要求。

（2）胶合木梁验算

以 350mm×700mm 的胶合木楼层梁为例进行计算，提取构件主要控制内力见表 3-15。

胶合木梁内力计算结果　　　　　　　表 3-15

控制荷载类型		弯矩 M（kN・m）	轴力 P（kN）	剪力 V（kN）	对应荷载组合	编号
弯矩	M_{max}	120.5	36	0	COMB-1	①
	M_{min}	−118.9	223.7	108.7	COMB-4	②
轴力	P_{max}	−118.9	223.7	108.7	COMB-4	③
	P_{min}	32.0	−54.0	31.4	COMB-2	④
剪力	V_{max}	−118.9	223.7	108.7	COMB-4	⑤

构件截面尺寸为 $350mm \times 700mm$，根据表 3-4 取抗弯强度折减系数 1.0。另外，由于梁侧连接有间距为 305mm 的楼面搁栅，此梁不存在侧向稳定问题。

取表 3-15 列出的组合①内力，按受弯构件验算：

$$\frac{M}{W_n} = \frac{120.5 \times 10^3}{28583.33} = 4.22 < f_m = 17 \text{N/mm}^2$$

取表 3-15 列出的组合②内力，按拉弯构件验算：

$$\frac{N}{A_n f_t} + \frac{M}{W_n f_m} = \frac{223.7 \times 10^3}{245000 \times 10} + \frac{118.9 \times 10^6}{28583333 \times 17} = 0.34 < 1$$

取表 3-15 列出的组合⑤内力，进行构件抗剪验算：

$$\frac{VS}{Ib} = \frac{3V}{2A} = \frac{108.7 \times 10^3 \times 3}{2 \times 245000} = 0.67 < f_v = 1.7 \text{N/mm}^2$$

满足要求。

按简支梁进行刚度验算：

$$w = \frac{5ql^4}{384EI} = \frac{5Ml^2}{48EI} = \frac{5 \times 120.5 \times 10^6 \times 10200^2}{48 \times 10000 \times 1000416.7 \times 10^4} = 13.05 \text{mm} < \frac{l}{250} = 40.8 \text{mm}$$

满足要求。

6. 节点计算

框架梁柱连接节点采用钢填板螺栓连接，如图 3-12 所示。这里以二层 H 轴的胶合木梁与柱的连接为例，介绍该节点的计算过程。

该节点连接参数如图 3-36 所示。

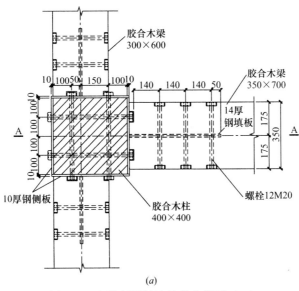

(a)

图 3-36　钢填板螺栓连接节点详图（一）

（a）平面图；

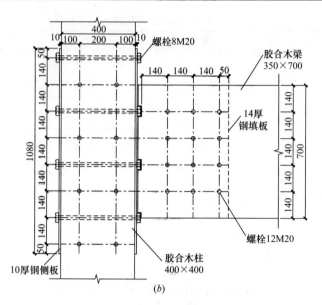

图 3-36　钢填板螺栓连接节点详图（二）

(b) A—A 剖面图

螺栓采用 4.8 级普通螺栓 M20，螺栓连接处木构件开槽将螺栓头及螺帽埋入；钢板连接材质为 Q235B，钢侧板厚度为 10mm，钢填板厚度为 14mm，钢填板与钢侧板间双面角焊缝满焊焊接。

该梁梁端最大内力如表 3-16 所示，最不利荷载效应组合为 COMB-4，轴力 $P=223.7\mathrm{kN}$，剪力 $V=89.5\mathrm{kN}$，节点的合剪力为 240.9kN。

胶合木梁内力计算结果　　　　　　　　　　　表 3-16

控制荷载类型		轴力 P（kN）	剪力 V（kN）	对应荷载组合	编号
轴力	$P_{\max}$	223.7	89.5	COMB-4	①
	$P_{\min}$	−44.5	74.5	COMB-2	②
剪力	$V_{\max}$	223.7	89.5	COMB-4	③

螺栓布置：边距、端距均为 $140\mathrm{mm}=7d$，螺栓间距、行距均为 $140\mathrm{mm}=7d$，满足表 3-6 列出的构造要求。

该节点属于双剪连接，单个 M20 螺栓每一剪面的承载力设计值 Z 按规范《胶合木结构技术规范》GB/T 50708—2012 第 6.2.5 条相关公式计算，具体计算过程如下：

主构件钢板，厚度 $t_{\mathrm{m}}=14\mathrm{mm}$；此构件为胶合木构件，厚度 $t_{\mathrm{s}}=167\mathrm{mm}$。

（1）销槽承压破坏

荷载与木纹方向夹角 $\theta=0°$，$K_{\theta}=1$，查规范中的表 6.25 得折减系数 $R_{\mathrm{d}}=4K_{\theta}=4$

销槽顺纹承压强度：

$$f_{\mathrm{es}}=f_{\mathrm{e,0}}=77G=77\times0.36=27.72\mathrm{N/mm^2}$$

则

$$Z=\frac{3dl_{\mathrm{s}}f_{\mathrm{es}}}{R_{\mathrm{d}}}=\frac{3\times20\times167\times27.72}{4\times10^3}=69.4\mathrm{kN}$$

（2）销槽局部挤压破坏

$$R_e = \frac{f_{em}}{f_{es}} = \frac{305}{27.72} = 11.0$$

$$R_t = \frac{l_m}{l_s} = \frac{14}{167} = 0.084$$

$$k_1 = \frac{\sqrt{R_e + 2R_e^2(1 + R_t + R_t^2) + R_t^2 R_e^3} - R_e(1 + R_t)}{1 + R_e} = 0.412$$

$$Z = \frac{1.5k_1 d l_s f_{es}}{R_d} = \frac{1.5 \times 0.412 \times 20 \times 167 \times 27.72}{4 \times 10^3} = 14.3 \text{kN}$$

（3）单个塑性铰破坏

4.8 级普通螺栓的屈服强度为 $400 \times 0.8 = 320 \text{N/mm}^2$，则其抗弯强度标准值取

$$f_{yb} = 1.3 \times 320 = 416 \text{N/mm}^2$$

$$k_3 = -1 + \sqrt{\frac{2(1 + R_e)}{R_e} + \frac{2f_{yb}(2 + R_e)d^2}{3f_{em}l_s^2}} = 1.01$$

$$Z = \frac{3k_3 d l_s f_{em}}{(2 + R_e)R_d} = \frac{3 \times 1.01 \times 20 \times 167 \times 305}{(2 + 11) \times 4 \times 10^3} = 59.4 \text{kN}$$

（4）两个塑性铰破坏

$$Z = \frac{3d^2}{R_d}\sqrt{\frac{2f_{em}f_{yb}}{3(1 + R_e)}} = \frac{3 \times 20^2}{4 \times 10^3} \times \sqrt{\frac{2 \times 305 \times 416}{3 \times (1 + 11)}} = 25.2 \text{kN}$$

综上，发生销槽局部挤压破坏模式时螺栓承载力值最小，即单个螺栓每一剪面的抗剪承载力设计值 $Z = 14.3 \text{kN}$。该连接节点共布置 12 个双剪螺栓。

节点抗剪承载力验算：

$$Z' = C_m C_t C_{eg} k_g n n_v Z = 1.0 \times 1.0 \times 1.0 \times 0.98 \times 12 \times 2 \times 14.3$$
$$= 336 \text{kN} > 240.9 \text{kN}$$

满足受力要求。

7. 抗火设计

胶合木梁柱构件的耐火极限为 1.0h，根据《胶合木结构技术规范》GB/T 50708—2012 7.1.4 条，考虑碳化层厚度 46mm。柱按四面曝火构件、梁按三面曝火构件设计，曝火一小时后的截面特性见表 3-17。

曝火一小时后构件截面特性　　　　　　　　　　　表 3-17

构件名称	截面（mm×mm）	面积 A（cm²）	惯性矩 I_x（cm⁴）	截面模量 W_x（cm³）
柱	308×308	948.64	74993.1541	4869.685
梁	108×454	490.32	84218.9976	3710.088
	208×554	1152.32	294721.2043	10639.755
	258×654	1687.32	601411.4676	18391.788

TC17A 级的普通层板胶合木的材料强度和弹性模量特征值见表 3-18，防火设计计算时应按前述第二节规定乘以相应系数进行修正。

胶合木强度特征值及弹性模量（N/mm²）					表 3-18
强度等级	组别	抗弯 f_{mk}	顺纹抗压 f_{ck}	顺纹抗拉 f_{tk}	弹性模量 E
TC17	A	38	32	27	10000

（1）胶合木柱抗火验算

胶合木柱属于压弯构件，提取构件主要控制内力见表 3-19。

抗火设计组合下胶合木柱内力计算结果					表 3-19	
控制荷载类型		弯矩 M（kN·m）	轴力 P（kN）	剪力 V（kN）	对应荷载组合	编号
弯矩	M_{max}	64.1	−277.5	50.3	COMB-12	①
	M_{min}	−97.1	−390.8	25.3	COMB-12	②
轴力	P_{max}	0	−1.2	−5.6	COMB-12	③
	P_{min}	0	−393.7	28.6	COMB-12	④

取表 3-19 列出的组合②内力，按压弯构件验算。构件截面为 308mm×308mm，根据表 3-17 选取相应截面特性。

按强度计算：

$$\frac{N}{A_n f_{ck}} + \frac{M}{W_n f_{mk}} = \frac{390.8 \times 10^3}{94864 \times 32 \times 1.36} + \frac{97.1 \times 10^6}{4869685 \times 38 \times 1.15 \times 1.36} = 0.43 < 1$$

按稳定计算：

$$f_{cEx} = \frac{0.47E}{(l_{0x}/h)^2} = \frac{0.47 \times 10000 \times 1.05}{(4800/308)^2} = 20.32 \text{N/mm}^2$$

$$\frac{N}{A} = \frac{390.8 \times 10^3}{97864} = 3.99 < f_{cEx}$$

$$\left(\frac{N}{A_n f_{ck}}\right)^2 + \frac{M_x}{W_{nx} f_{mkx}\left(1 - \frac{N}{A_n f_{cEx}}\right)}$$

$$= \left(\frac{390.8 \times 10^3}{97864 \times 32 \times 1.36}\right)^2 + \frac{97.1 \times 10^6}{4869685 \times 1.15 \times 1.36 \times 38 \times \left(1 - \frac{390.8 \times 10^3}{97864 \times 20.32}\right)}$$

$$= 0.43 < 1$$

满足要求。

取表 3-19 列出的组合④内力，按轴压构件验算：

按强度计算：

$$\frac{N}{A_n} = \frac{393.7 \times 10^3}{97864} = 4.023 < f_{ck} = 32 \times 1.36 = 43.52 \text{N/mm}^2$$

按稳定计算：

稳定系数取 $\varphi_l = 1.22$；

则

$$\frac{N}{\varphi_l A_0} = \frac{393.7 \times 10^3}{1.22 \times 97864} = 3.297 < f_{ck} = 43.52 \text{N/mm}^2$$

满足要求。

（2）胶合木梁验算

以 350mm×700mm 的胶合木楼层梁（燃烧一小时后截面为 258mm×654mm）为例进行计算，提取构件主要控制内力见表 3-20。

抗火设计组合下胶合木梁内力计算结果 表3-20

控制荷载类型		弯矩 M（kN·m）	轴力 P（kN）	剪力 V（kN）	对应荷载组合	编号
弯矩	M_{max}	101.7	26.1	3.1	COMB-12	①
	M_{min}	−89.6	185.2	83.5	COMB-12	②
轴力	P_{max}	−89.6	185.2	83.5	COMB-12	③
	P_{min}	101.7	26.1	3.1	COMB-12	④

燃烧前构件截面尺寸为350mm×700mm，根据表3-4取抗弯强度折减系数1.0。燃烧后构件截面尺寸为258mm×654mm，根据表3-17选取相应截面特性进行计算。由于梁侧连接有间距为305mm的楼面搁栅，此梁不存在侧向稳定问题。

取表3-20列出的组合①内力，按拉弯构件验算：

$$\frac{N}{A_n f_{tk}} + \frac{M}{W_n f_{mk}} = \frac{26.1 \times 10^3}{168732 \times 27 \times 1.36} + \frac{101.7 \times 10^6}{18391788 \times 38 \times 1.36} = 0.111 < 1$$

取表3-20列出的组合②内力，按拉弯构件验算：

$$\frac{N}{A_n f_{tk}} + \frac{M}{W_n f_{mk}} = \frac{185.2 \times 10^3}{168732 \times 27 \times 1.36} + \frac{89.6 \times 10^6}{18391788 \times 38 \times 1.36} = 0.124 < 1$$

满足要求。

（3）连接节点

胶合木构件的连接节点采取构造措施防火。梁端采用钢填板螺栓连接节点，钢板插入木构件中间，连接螺栓处木构件开槽将螺栓头及螺帽埋入，用木塞封堵，连接缝隙采用防火材料填缝。柱侧外露金属板采用防火涂料保护，耐火极限不小于1.0h。

参 考 文 献

［3.1］ 中华人民共和国住房和城乡建设部. GB/T 50708—2012 胶合木结构技术规范［S］. 北京：中国建筑工业出版社，2012.

［3.2］ 何敏娟，Frank LAM，杨军，张胜东. 木结构设计. 北京：中国建筑工业出版社，2008.

［3.3］ Guirong HE, Minjuan HE. Design of a grid shell glulam structure connection using glued-in steel rods. IASS 2016 Tokyo.

［3.4］ 陆伟东，杨会峰，刘庆伟等. 胶合木结构的发展、应用及展望. 南京工业大学学报（自然科学版），2011，33（5）：105-110.

［3.5］ 中华人民共和国住房和城乡建设部. GB 50017—2017 钢结构设计标准［S］. 北京：中国建筑工业出版社，2018.

［3.6］ 中华人民共和国住房和城乡建设部. GB 50009—2012 建筑结构荷载规范［S］. 北京：中国建筑工业出版社，2012.

［3.7］ 中华人民共和国住房和城乡建设部. GB 50011—2010 建筑抗震设计规范（2016年版）［S］. 北京：中国建筑工业出版社，2016.

［3.8］ 中华人民共和国住房和城乡建设部. GB 50005—2017 木结构设计标准［S］. 北京：中国建筑工业出版社，2017.

［3.9］ 上海市工程建设规范. DG/TJ 08—2192—2016 工程木结构设计规范［S］. 上海：同济大学出版社，2016.

［3.10］ 刘慧芬. 胶合木结构加强梁柱节点抗侧性能研究. 博士学位论文，2015.

［3.11］ 赵艺. 胶合木螺栓群连接节点抗弯承载力性能研究与改进. 博士学位论文，2016.

第四章 多层 CLT 结构设计及案例

第一节 结构体系与材料

一、正交胶合木（CLT）介绍

（一）工程建设背景

随着建筑业绿色发展理念的不断深入，木结构向多高层建筑发展已成为全球建筑工程领域努力的目标。尽管如前所述，多高层木结构有各种不同的结构形式[4.1]、采用各种不同木材与木产品，但一种新型木结构材料——正交胶合木（Cross Laminated Timber）的出现，使得木结构在工程中一次次冲刷着新的高度。

自 20 世纪 90 年代起，以德国和奥地利为主的若干国家最早对 CLT 开展了相关理论研究，并陆续付诸于工程实践。如 2009 年，英国伦敦建成了一幢 9 层高的名为"Stadthaus"的公寓[4.2]，该建筑除首层及基础部分使用了钢筋混凝土外，二层及以上楼层的所有墙体、楼板、电梯井等均采用了 CLT 板材。2016 年，在加拿大的英属哥伦比亚大学（University of British Columbia，简称 UBC）的校园内建成了一幢总高度达到 53m 的 18 层木结构学生宿舍，该建筑采用了 CLT 楼板和胶合木梁柱体系，为了提高结构体系的水平向抗侧能力，沿高度方向设两个钢筋混凝土核心筒（兼用作电梯井及楼梯井），该建筑为目前全球已建成的最高木结构建筑[4.3]。此外，还有学者对总高度高达 150m、采用 CLT-混凝土核心筒结构的摩天大楼（wood-concrete skyscraper）进行可行性分析及相关理论研究[4.4]。

理论研究和工程实践表明，CLT 板材适用于多高层木结构建筑[4.5]，这主要得益于 CLT 较高的面内抗压刚度及承载力，良好的面外抗弯及抗剪力学性能等。相比于其他工程木材料，CLT 板由规格材正交组坯而成，其层板与层板间正交粘结的生产工艺使 CLT 板在平面正交方向的力学特性趋于接近，有效弥补了木材普遍具有的顺纹和横纹间力学性能差异大的缺陷[4.6]。上述力学特性使得 CLT 拥有广阔的应用前景，CLT 越来越多的工程运用也提高了对此产品的需求量，相关数据表明：截至 2013 年，CLT 在全球年产量已经突破 70 万 m^3[4.7]，此后其年产量还在逐年增加。

（二）正交胶合木（CLT）的定义

美国 CLT 产品规范 PRG 320—2018[4.8]中对 CLT 的定义为：由至少三层实木锯材或结构复合材在层与层之间正交组坯粘结而成的一种预制实心工程木板，如图 4-1 所示，层板的厚度一般介于 15mm 和 45mm 之间。此外，在生产过程中，可直接由计算机控制对 CLT 板进行自动化开槽、切口，并可将其与墙面材料和防火材料等在工厂组合，形成组合预制墙板（楼板）后再运至工地组装，因此 CLT 板的采用可有效提高建筑的装配化程度。

（三）正交胶合木（CLT）的工程性能

力学性能方面，CLT 板不仅在面内正交方向的力学性能趋于同一性，而且具有较高的面内受压刚度及承载力、良好的面外受弯及受剪力学性能等，需要注意的是：滚剪性能是在 CLT 设计中一个重要力学性能，如图 4-2 所示，滚剪变形为剪切应力所引起的锯材在其横切面上产生的剪切应变[4.9]。CLT 板的滚剪模量受到木材种类、密度、层板厚度、含水率等多方面的影响。相关研究表明：由于 CLT 板的滚剪强度和刚度远低于 CLT 层板锯材在顺纹方向的抗剪强度和刚度，对于承受面外荷载的 CLT 板受弯构件，其承载力通常由正交层板的滚剪强度所控制[4.10]。

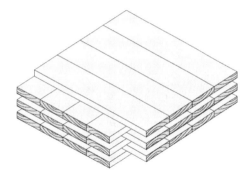

图 4-1 正交胶合木（CLT）示意图

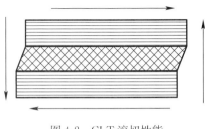

图 4-2 CLT 滚切性能

耐火性能方面，虽然 CLT 板为实木板材，但是由于其采用层板胶合而成，其最外层层板在完全炭化后有脱落的可能。一般来说，层板越厚，最外层层板脱落的可能性就越小。此外相关研究也探索了 CLT 板材的耐火性能，如 McGregor 等通过试验发现石膏板能对 CLT 墙板起到非常好的防火作用[4.11]。Frangi 发现 CLT 板的脱层与所使用的胶粘剂有关，如使用非热敏性胶粘剂胶合的 CLT 板就不易脱层，其炭化速率和均匀实木构件相似[4.12]。Frangi 还开展了针对一幢三层足尺 CLT 结构房屋的火灾试验，证明了该类房屋具有良好的整体抗火性能[4.13]。

热学性能方面，CLT 保温性能良好，热阻高[4.14]。木材本身也是当今建筑材料中隔热性能最好的，比混凝土好 5 倍，比砖好 10 倍，比钢材好 350 倍[4.15]。

尺寸稳定性方面，由于 CLT 板相邻层板正交，其材料在平面正交方向具有相近的干缩湿胀性能，其整体线干缩湿胀系数约为 0.02%，尺寸稳定性较好[4.16]。

（四）正交胶合木（CLT）的制作工艺

一般 CLT 板生产工艺流程[4.17]如图 4-3 所示。

根据《木结构设计规范》GB 50005[4.18]、《多高层木结构建筑技术标准》GB/T 51226[4.19]、《胶合木结构技术规范》GB/T 50708[4.20]，总结出其制作工艺规范要求如下：

1. 构件用木材的预处理

（1）对油脂等抽提物含量多的木材应预先采取脱脂处理，脱脂宜采用高温干燥工艺；

（2）有防腐要求的层板胶合木和正交胶合木宜采用先防腐处理后胶合的工艺，防腐剂应选用水载防腐剂；

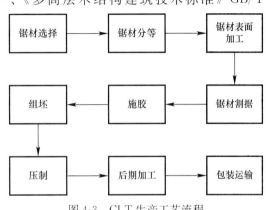

图 4-3 CLT 生产工艺流程

（3）当采用固着型水载防腐剂进行真空加压浸渍时，木材的含水率不应高于30％。当木材的液体可渗透性较低不足以达到防腐要求时，可采用刻痕或辊压浸注预处理的方法改善木材的渗透性。

2. 层板

（1）层板用材应为针叶材树种，并应当为目测分级或机械分级的板材；

（2）层板分级标准应符合《木结构设计规范》GB 50005 的相关规定；

（3）层板表面应平整、光洁；

（4）横向层板可采用由针叶材树种制作的结构复合材；

（5）同一层层板应采用相同强度等级和相同树种的木材（图4-4）；

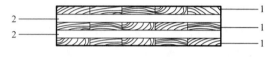

（6）层板的含水率应为8％～15％，且同一CLT板各层层板间的含水率差别不应大于5％；

图4-4　正交胶合木截面的层板组合示意图
1—顺向层板（层板长度方向与构件长度方向相同）
2—横向层板（层板长度方向与构件宽度方向相同）

（7）弧形CLT板的层板厚度不应大于截面最小曲率半径的1/125；层板数量不得少于3层。当层数为3层时，中间横纹层板的厚度最大可取60mm。

3. 施胶

（1）CLT板用胶宜采用苯酚基胶粘剂和单组分聚氨酯胶粘剂；当采用新型胶粘剂时，应根据现行国家标准《木结构工程施工质量验收规范》GB 50206 和《结构用集成材》GB/T 26899 的相关规定进行指接强度、胶合强度、木破率和胶缝完整性试验。当采用含有甲醛的胶粘剂制作层板胶合木和正交胶合木时，应进行甲醛释放的检测，并符合设计要求。

（2）正交胶合木最外层层板沿长度方向应为顺纹配置，并可采用两层层板顺纹配置作为外层层板（图4-5a）。当设计需要时，横纹层板也可采用两层木板配置（图4-5b）。

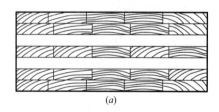
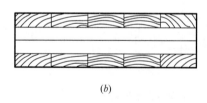

(a)　　　　　　　　　　　　　(b)

图4-5　正交胶合木层板配置截面示意图
(a) 外侧顺纹层板两层配置；(b) 横纹层板两层配置

（3）刨光后的木材应在24h内完成胶合，对于油脂等抽提物含量较高的不易胶合的木材，应在刨光后6h内完成胶合。

（4）当采用机械淋胶方式进行涂胶时，应根据设备、胶粘剂粘度和环境温度等确定层板进给速度，宜控制在18～60m/min。

（5）层板胶合面均应均匀、充足涂胶，用胶量根据胶粘剂供应商的操作指南选取，宜采用高频电加热或微波加热等促进固化。

（6）正交胶合木在胶合时，木板表面应光滑，无灰尘、杂质、污染物和其他影响粘结的渗出物质。层板涂胶后应在所用胶粘剂规定的时间内进行加压胶合，胶合前不得污染胶合面。

4. 加压与养护

（1）加压时间应根据构件尺寸、环境条件和胶粘剂类型进行确定，应满足胶粘剂的技术要求；当无成熟的技术经验时，应根据试验进行确定；

（2）层板之间胶合时应均匀加压；加压可从构件任意位置开始逐步延伸至端部，压力值范围宜为 0.5～1.5MPa；层板间界面粘结性能应满足现行国家标准《木结构工程施工质量验收规范》GB 50206 中的要求；

（3）胶缝厚度应均匀，宜为 0.1～0.3mm 厚；允许局部有超过 0.3mm 厚度的胶缝，但该胶缝长度不应大于 300mm，且最厚处不应超过 1.0mm；胶缝局部未粘结长度不应超过 150mm；对于承受剪力较大的区域，未粘结长度不应超过 75mm；未粘结的胶缝不应贯通整个 CLT 构件截面的宽度；对于同一条胶缝，相邻未粘结区段间的净距不应小于 600mm。

5. 开槽与拼接

（1）当正交胶合木层板厚度大于 40mm 时，层板宜采用顺纹开槽。开槽的深度不应大于层板厚度的 90%，宽度不应大于 4mm（图 4-6）。

（2）胶合木开槽，宜用铣刀加工，槽的深度和宽度的余量分别不大于 +5mm 和 +1.5mm。

（3）CLT 板的最外层层板拼宽时，应采用结构胶胶合，其余各层层板可不进行拼宽胶合。图 4-7 为三层正交胶合木组坯示意图，图中 b_i 和 t_i 分别为层板的宽度和厚度，层板间隙 S_i 不大于 6mm。

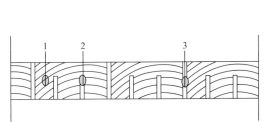
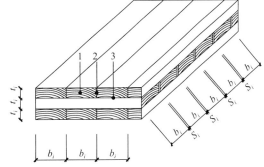

图 4-6 正交胶合木层板刻槽尺寸示意图　　　　图 4-7 三层正交胶合木组坯示意图
1—木材层板；2—槽口；3—层板间隙　　　1—木材层板；2—表层层板拼宽胶缝；3—层板叠厚胶缝

（4）CLT 板应由长度相同和厚度相同的锯材组成同一层层板。当锯材长度不够时，可采用指接节点进行接长，指接节点的强度应符合下列要求之一：

$$f_{t,j,k} \geq 5 + f_{t,0,1,k} \tag{4-1}$$

$$f_{m,j,k} \geq 8 + 1.4 f_{t,0,1,k} \tag{4-2}$$

式中　$f_{t,j,k}$——指接节点的抗拉强度特征值；

　　　$f_{m,j,k}$——指接节点沿宽度方向的抗弯强度特征值；

　　　$f_{t,0,1,k}$——木板的抗拉强度特征值。

（5）指接节点处的强度应按下列规定确定：

① 当按国家相关试验标准进行构件指接节点处的强度校核试验时，节点处的抗弯强

度特征值不应低于设计要求的指接构件抗弯强度特征值；

② 当不进行构件指接节点处的强度校核试验时，构件指接节点处的抗弯强度和抗拉强度设计值可按无指接构件对应强度的 67% 取值，抗压强度设计值与无指接构件相同。

（6）构件指接时，位于指接处的构件端面层板木纹方向应保持一致；指榫长度应不小于 45mm。

6. 构件指标

（1）尺寸

① CLT 截面的层板数不得少于 3 层，并且不宜多于 9 层，CLT 板总厚度不应大于 500mm。

② 制作 CLT 所用锯材的尺寸应符合下列要求：

A. 锯材厚度 t 为：15mm≤t≤45mm；

B. 锯材宽度 b 为：80mm≤b≤250mm。

（2）尺寸误差

尺寸误差需符合表 4-1 的规定。

制作 CLT 所用锯材的尺寸偏差　　　　　　　　　　　表 4-1

类别	允许偏差
厚度 h	不大于 ±1.6mm 与 0.02h 两者之间的较大值
宽度 b	≤3.2mm
长度 L	≤6.4mm

7. 存放与运输

（1）正交胶合木的存储设施和包装运输应具有使其达到要求含水率的措施，并应有防止搬运过程中发生碰损的保护层包装。

（2）所有构件均应放在的避雨、遮阳，且通风良好的场所内；对于锯材和规格材，应采取纵向平行堆垛、顶部压重存放措施。如图 4-8 所示。

图 4-8　CLT 的生产存放

二、结构体系

正交胶合木（CLT）结构体系一般以 CLT 的墙板、楼板及屋面板为主要受力构件，该类结构体系一般采用混凝土的基础形式。在 CLT 结构体系中，CLT 墙板与基础及楼板间一般通过抗拔件、角钢连接件连接，墙板与墙板间通过自攻钉等紧固件沿竖向拼接。此外，也可将 CLT 结构直接锚固于若干层混凝土结构之上形成上下组合的木结构体系，或将其与钢筋混凝土结构、钢结构等混合承重，形成混合木结构体系。

CLT 结构体系多采用平台施工法，即在完成某层所有墙板及楼板的吊装后再进行上一层墙板等构件的吊装。由于被楼板打断，CLT 的剪力墙通常在竖向是不连续的[4.6]。CLT 板最外层层板的木纹方向为其主强度方向，对于 CLT 墙板，要求其主强度方向与所受竖向荷载同向，同时布置 CLT 楼板时，应按照楼板主强度方向沿着跨度较大的方向的布置原则[4.21]。出于设计安全因素考虑，当计算 CLT 板平面外抗弯弹性模量时，可以只计入所有沿主强度方向的层板（顺纹层板）的贡献，而忽略垂直主强度方向的层板（横纹层板）对抗弯模量的贡献。

下面以目前已建的几个 CLT 多高层结构案例介绍一下 CLT 的结构体系特点。

（一）UNBC 木材创意与设计中心

图 4-9 为 2014 年建在加拿大北英属哥伦比亚大学（UNBC）校园内名为"木材创意与设计中心"的木结构建筑，采用胶合木框架-CLT 核心筒结构体系，建筑总高度 29.5m，共 6 层[4.22]，该建筑除基础为混凝土之外，其他所有构件均采用木构件。

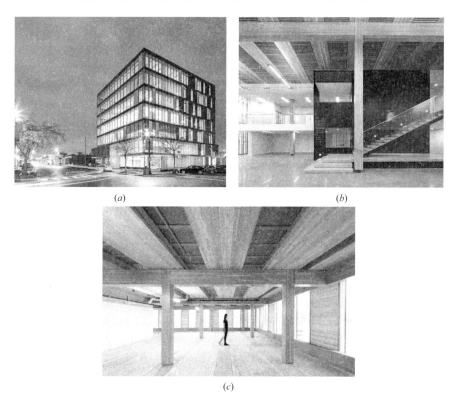

(a)   (b)

(c)

图 4-9 加拿大 8 层木材创意与设计中心
（a）建筑示意图；（b）胶合木梁柱框架；（c）采用 CLT 板的楼面

（二）意大利米兰住宅建筑群

图 4-10 为 2012 年建成于意大利米兰名为"Cenni di Cambiamento"的住宅建筑群，所有建筑均采用了 CLT 剪力墙结构体系，其中最高的一幢住宅为 28m，共 9 层[4.23]，该

幢建筑为底层混凝土-上部CLT剪力墙的结构体系。

(a)　　　　　　　　　　　　　　　　(b)

图 4-10　意大利米兰住宅建筑群

(a) 建筑示意图；(b) 建筑内部

(三) 澳大利亚墨尔本 Forté 公寓

图 4-11 为 2012 年建成于澳大利亚墨尔本的名为 Forté 的公寓建筑，总高度达到 32.2m，共 10 层[4.24]，其首层为钢筋混凝土框架，二层及以上所有楼层的墙板、楼板、电梯井等均采用 CLT 板。Forté 是澳大利亚第一个采用 CLT 剪力墙结构体系的建筑。

(a)　　　　　　　　　　　　　　　　(b)

(c)

图 4-11　澳大利亚墨尔本的 10 层 Forté 公寓建筑

(a) 建筑示意图；(b) 施工现场图；(c) 建筑内部图

（四）挪威卑尔根的 Treet 公寓

图 4-12 为 2014 年建成于挪威第二大城市卑尔根的名为"Treet"的木结构建筑，共计 14 层，总高度达到了 52.8m。该建筑共包含 64 个公寓单元，其外部为胶合木框架支撑结构体系，内部为采用 CLT 剪力墙结构体系的整体预制式房间单元。该建筑中所有节点均采用钢填板螺栓连接节点，其第 5 层和第 10 层为结构加强层，用以增强结构体系的整体抗侧性能[4.25]。

图 4-12　挪威 14 层木结构建筑 Treet
(a) 建筑示意图；(b) 建筑内部图；(c) 施工现场图

表 4-2 为全球已建成的部分知名多高层 CLT 及 CLT 混合结构基本情况列表。

部分已建成的多高层 CLT 及 CLT 混合结构　　　　　　　　表 4-2

项目名称	地点	层数	高度 (m)	结构体系	建成时间
Limnologen[4.26]	瑞典韦克舍	8	23.8	首层混凝土＋上部 CLT 剪力墙结构	2008
Stadthaus[4.15]	英国伦敦	9	29.7	首层混凝土＋上部 CLT 剪力墙结构	2009
Bridport House[4.27]	英国伦敦	9	26.5	CLT 剪力墙结构	2010
Holz8（H8)[4.28]	德国巴德艾比林	8	25.0	CLT 剪力墙＋混凝土核心筒	2011
Life Cycle Tower One（LCT ONE)[4.29]	奥地利多恩比恩	8	27.0	CLT 剪力墙＋胶合木梁柱＋混凝土核心筒	2012
Forté[4.24]	澳大利亚墨尔本	10	32.1	首层混凝土＋上部 CLT 剪力墙结构	2012
Cenni di Cambiamento[4.23]	意大利米兰	9	28.0	首层混凝土＋上部 CLT 剪力墙结构	2012
木材创意与设计中心（WIDC)[4.22]	加拿大英属哥伦比亚省	6	29.5	胶合木框架＋CLT 核心筒结构	2014
Treet[4.25]	挪威卑尔根	14	52.8	胶合木梁柱支撑＋CLT 剪力墙	2015
UBC 的木结构学生宿舍[4.30]	加拿大温哥华	18	53.0	胶合木框架＋CLT 楼板＋混凝土核心筒	2016

第二节　荷载特点与传力路径

一、荷载特点

（一）荷载类型

1. 竖向荷载

楼面活荷载、屋面活荷载及屋面雪荷载等应按现行国家标准《建筑结构荷载规范》GB 50009[4.31]的规定采用。计算构件内力时，楼面及屋面活荷载可取为各跨满载，楼面活荷载大于 4kN/m² 时，宜考虑楼面活荷载的不利布置。

2. 风荷载

垂直于 CLT 结构建筑表面的风荷载以及主要抗侧力结构和围护结构的风荷载标准值，均应按现行国家标准《建筑结构荷载规范》GB 50009 的规定计算。

$$\omega_k = \beta_z \mu_s \mu_z \omega_0 \tag{4-3}$$

式中　ω_k——风荷载标准值（kN/m²）；

β_z——高度 z 处的风振系数；

μ_s——风荷载体系系数；

μ_z——风压高度变化系数；

ω_0——基本风压（kN/m²）。

（1）基本风压

基本风压应按现行国家标准《建筑结构荷载规范》GB 50009 的规定采用。对于建筑高度大于 25m 的木结构建筑，应当采用承载力极限状态进行设计，并且基本风压值应乘以 1.1 倍的放大系数。

（2）风荷载体型系数 μ_s

1）对于平面为圆形的建筑可取 0.8。

2）对于平面为正多边形及三角形的建筑可按下式计算：

$$\mu_s = 0.8 + \frac{1.2}{\sqrt{n}} \tag{4-4}$$

式中　n——多边形边数。

3）对于高宽比 H/B 不大于 4、平面为矩形、方形和十字形的建筑可取 1.3。

4）对于下列建筑可取 1.4：

① 平面为 V 形、Y 形、弧形、双十字形和井字形的建筑；

② 平面为 L 形、槽形和高宽比 H/B 大于 4 的十字形建筑；

③ 高宽比 H/B 大于 4、长宽比 L/B 不大于 1.5 的平面为矩形和鼓形的建筑。

5）当需要更细致计算风荷载的建筑，风荷载体型系数可由风洞试验确定。

（3）风压高度变化系数

按现行国家标准《建筑结构荷载规范》GB 50009 的规定采用。

（4）风振系数

按现行国家标准《建筑结构荷载规范》GB 50009 的规定采用。

结构进行风作用效应计算时，应按两个方向计算的较大值采用。

3. 地震作用

CLT 结构所受地震作用应当按照《多高层木结构建筑技术标准》GB/T 51226[4.19]、《建筑抗震设计规范》GB 50011[4.32]等相关现行规范及标准计算，也可参考学习加拿大规范 NBCC[4.33]以及美国规范 ASCE/SEI 7-10[4.34]等相关内容。

CLT 结构的阻尼比可取为 0.05，其抗震设计宜采用基于承载力的设计法。

CLT 结构的自振周期可参考 ASCE/SEI 7-10 中的结构基本自振周期公式进行理论估算。

$$T_a = C_t(h_n)^x \tag{4-5}$$

式中 h_n——基础顶面到建筑物最高点的高度（m）；

     C_t——经验估算参数，对木结构，C_t 取 0.0488；

     x——经验估算参数，x 取 0.75。

CLT 结构所受的水平地震作用计算可采用加拿大规范 NBCC[4.33]中建议的等效静力设计法（Equivalent Static Force Procedure，简称 ESFP）。其具体流程为：① 根据公式（4-5）估算 CLT 结构的一阶自振周期 T_a，并基于自振周期，根据设计地震反应谱计算其地震影响系数 α。需要注意的是：由于在 NBCC 中对设计地震反应谱的定义为 50 年内重现概率 2% 的地震反应谱。若对于某幢建于国内的 CLT 建筑，其设计反应谱可近似取《建筑抗震设计规范》GB 50011 中定义的 50 年内重现概率为 2%～3% 的罕遇地震反应谱。② 基于算得的地震影响系数，计算结构在水平地震作用下所受的弹性基底剪力 V_E［公式（4-6）］。③ 将结构所受的弹性基底剪力 V_E 除以 CLT 结构的抗震承载力折减系数 R_d（Seismic Reduction Factor），得到其所受的底层设计地震剪力 V_D（公式 4-7）。④ 将所受的底层设计地震剪力 V_D 分配至每层楼层的每面 CLT 剪力墙，算得单面 CLT 墙体在水平地震作用下的抗侧承载力需求值 V_i［公式（4-8）～式（4-10）］。⑤ 计算每面 CLT 剪力墙的抗侧承载力设计值 F_d^*，基于 CLT 剪力墙抗侧承载力设计值 F_d^* 不小于每片墙体的抗侧承载力需求值 V_i 的原则，完成对 CLT 剪力墙的选型设计［公式（4-11）、式（4-12）］。其详细过程及具体计算公式如下：

1）底层设计地震剪力 V_D 计算

结构所受弹性基底剪力：

$$V_E = \alpha I_E W \tag{4-6}$$

式中 V_E——结构底层弹性基底剪力；

     W——结构等效重力荷载代表值；

     I_E——结构重要性系数，一般取 1；

     α——地震影响系数，由估算的结构自振周期结合设计地震反应谱计算得到。

结构所受底层设计地震剪力：

$$V_D = \frac{V_E}{R_d} \tag{4-7}$$

式中 V_D——结构所受底层设计地震剪力；

     R_d——抗震承载力折减系数，对于 CLT 结构，建议取 2.5[4.35]。

2）水平地震作用标准值 F_i 及水平地震作用下的楼层总剪力 V

根据结构体系中集中于每层楼层的等效重力荷载及其距离地面的垂直高度，计算出作用于每层楼层的水平地震作用标准值 F_i 及水平地震作用下的楼层总剪力 V。

$$F_i = \frac{G_i H_i}{\sum_{j=1}^{n} G_j H_j} V_D \quad (i = 1, 2, \cdots n) \tag{4-8}$$

式中 F_i——质点 i 的水平地震作用标准值；

   G_i、G_j——分别为集中于质点 i、j 的重力荷载代表值；

   H_i、H_j——分别为质点 i、j 的计算高度。

3）单面 CLT 剪力墙所受水平剪力 V_i 计算

可根据楼板种类按刚性楼板或柔性楼板的假定，将水平地震作用下楼层所受的总剪力 V 分配至单面 CLT 剪力墙，获取单面墙体所受的水平剪力。针对 CLT 楼板，在设计过程中，可假定楼板在其平面内为无限刚性，并应采取相应措施保证楼板平面内的整体刚度。

① 结构按柔性楼板设计时，某楼层单片墙体的剪力应按墙体上重力荷载代表值的比例进行分配，单片墙的剪力可按下式计算：

$$V_i = \frac{A_i}{A} V \tag{4-9}$$

式中 A_i——第 i 片剪力墙的从属面积（mm²）；

   A——计算受力方向的剪力墙总从属面积（mm²）；

   V——对应方向的楼层总剪力（N）；

   V_i——每片剪力墙分配的剪力（N）。

② 结构按刚性楼板设计时，某楼层单片墙体的剪力应按墙体的侧移刚度进行分配；对于厚度相同的墙体，单片墙的剪力可按下式计算：

$$V_i = \frac{L_i}{L} V \tag{4-10}$$

式中 L_i——第 i 条剪力墙的长度（mm）；

   L——计算受力方向的剪力墙总长度（mm）。

4）抗侧承载力设计值 F_d^* 计算及墙体选型

对具有不同长度、宽度以及节点排布形式等构造特征的 CLT 剪力墙，其抗侧承载力可经过试验或模拟得到，然后利用结构超强系数 R_0 和结构安全系数 γ_{od} 调整后得到 CLT 剪力墙的抗侧承载力设计值 F_d^*。本计算参考了北美的方法，还有待于进一步试验研究。

$$F_d^* = \frac{F_d \cdot R_0}{\gamma_{od}} \tag{4-11}$$

式中 F_d^*——经调整后的 CLT 剪力墙抗侧承载力设计值；

   F_d——CLT 剪力墙抗侧承载力，对通过试验或模拟获取；

   R_0——结构超强系数（Over Strength Factor），可取 1.5[4.33]；

   γ_{od}——结构安全系数（Safety Factor），可取 2.5[4.36]；

根据调整后的 CLT 剪力墙抗侧承载力设计值 F_d^* 不应小于每片剪力墙分配的剪力值 V_i 进行墙体选型。

$$F_d^* \geqslant V_i \tag{4-12}$$

（二）荷载组合

按现行国家标准《建筑结构荷载规范》GB 50009 的规定采用。

二、传力路径

CLT 墙板与墙板间的竖向连接、墙体与楼板及基础间的水平连接是保证结构体系整体性和受力性能的关键[4.6]。

竖向荷载下，楼板和墙板交错形成连续的竖向传力体系。设计时，注意分析多种传力路径，增加结构的冗余度，防止板式结构的连续倒塌。此外，对于 CLT 的高层建筑，$p-\Delta$ 效应的影响至关重要，因此还需要进行 $p-\Delta$ 效应分析。

风荷载下，CLT 剪力墙为主要的抗测力体系。风荷载传力路径为：水平风荷载经迎风面的外墙面后传递至楼层的楼板，再传递至与楼板相连的 CLT 剪力墙，最后传至结构的基础（图 4-13）。风荷载下楼层水平剪力的分配原则与地震荷载下相同，即若按柔性楼板假定，单面剪力墙所受的剪力按该面墙体的从属迎风面积进行分配；若按刚性楼板假定，单面剪力墙所受的剪力按其侧移刚度进行分配。

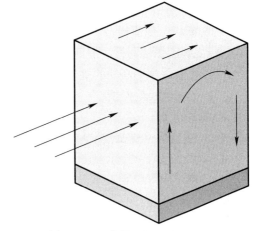

图 4-13　风荷载下结构传力路径

第三节　设计假定、设计内容与设计方法

一、设计假定

（一）楼板刚性

进行内力与位移计算时，可假定楼板在其自身平面内为无限刚性；设计时应采取相应的措施保证楼板平面内的整体刚度。当楼板可能产生较明显的面内变形时，计算时应考虑楼板的面内变形影响或对采用楼板面内无限刚性假定计算方法的计算结果进行适当调整[4.19]。

（二）二阶效应

当 CLT 用于高层建筑时，需要考虑其二阶效应的影响。当结构在地震作用下的重力附加弯矩大于初始弯矩的 10% 时，应计入重力二阶效应的影响。当高层建筑结构满足式（4-13）规定时，弹性计算分析时可不考虑重力二阶效应的不利影响[4.19]：

$$EJ_d \geqslant 2.7H^2 \sum_{i=1}^{n} G_i \qquad (4-13)$$

式中　　EJ_d——结构一个主轴方向的弹性等效侧向刚度；可按倒三角形分布荷载作用下结构顶点位移相等的原则，将结构的侧向刚度折算为竖向悬臂受弯构件的等效侧向刚度；

　　　　H——房屋高度；

　　　　G_i——第 i 楼层重力荷载设计值，取 1.2 倍的永久荷载标准值与 1.4 倍的楼面可变荷载标准值的组合值；

n——结构计算总层数。

二、设计内容

（一）构件层面

在 CLT 结构中，CLT 板按照其功能定位可分为楼屋面板和墙面板两类，其验算内容也根据其功能定位而有所不同。

1. 楼面板、屋面板

当 CLT 用作楼面板、屋面板时，需要考虑[4.15]：

（1）平面内和平面外的抗弯强度、抗剪强度、滚剪强度和刚度。

（2）短期和长期性能：

① 瞬时变形；

② 长期变形（蠕变变形）；

③ 永久荷载下的长期强度。

（3）横纹承压性能。

（4）防火性能。

2. 墙体

当 CLT 用作墙体时，需要考虑：

（1）竖向荷载承载力；

（2）平面内和平面外的抗剪强度和抗弯强度；

（3）防火性能。

（二）节点层面

由于 CLT 板具有较高的面内强度、刚度及较好的整体性，侧向力下，CLT 板与板间、板与基础间的连接节点一般较先破坏，所以一定程度上，节点承载力决定了结构的抗侧力。节点需要验算其抗剪承载力和抗拔承载力。

（三）整体稳定性

当 CLT 用于高层建筑时，其整体稳定性应符合下列规定[4.19]：

$$EJ_d \geqslant 1.4H^2 \sum_{i=1}^{n} G_i \tag{4-14}$$

式中　EJ_d——结构一个主轴方向的弹性等效侧向刚度；可按倒三角形分布荷载作用下结构顶点位移相等的原则，将结构的侧向刚度折算为竖向悬臂受弯构件的等效侧向刚度；

H——房屋高度；

G_i——第 i 楼层重力荷载设计值，取 1.2 倍的永久荷载标准值与 1.4 倍的楼面可变荷载标准值的组合值；

n——结构计算总层数。

三、设计方法

（一）构件设计计算

本节内容基于《木结构设计规范》GB 50005[4.18]、《多高层木结构建筑技术标准》

GB/T 51226[4.19] 及 CLT Handbook[4.37] 的相关规定编写。正交胶合木构件的应力分布和有效刚度计算，宜根据各层层板的强度设计值按线性弹性理论进行。计算 CLT 板的平面外抗弯刚度时，宜只考虑顺纹方向的层板贡献。此外，正交胶合木的强度设计值及弹性模量取值应按照《木结构设计规范》GB 50005[4.18] 附录 G 的相关规定采用。

1. 抗弯承载力

CLT 在承受垂直于板件平面的荷载作用下，当正交胶合木受弯构件的跨度大于构件截面高度 h 的 10 倍时，其抗弯强度设计值可按下式计算：

$$M = \frac{2k_c f_m B_e}{E_l h} \tag{4-15}$$

$$k_c = 1 + 0.025n \tag{4-16}$$

$$B_e = \sum_{i=1}^{n_l} E_i b_i \frac{h_i^3}{12} + \sum_{i=1}^{n_l} E_i A_i z_i^2 \tag{4-17}$$

式中　f_m——构件最外层板抗弯强度设计值（N/mm²），可按照《木结构设计规范》GB 50005[4.18] 的第四章和附录 D 中规定的木材强度设计值采用，或由材料生产商提供；

n_l——参加刚度计算的顺纹层板总数；构件横纹层板不参加刚度计算；

E_l——构件最外层板的弹性模量（N/mm²），可按照《木结构设计规范》GB 50005[4.18] 的第四章和附录 D 中规定的木材强度设计值采用，或由材料生产商提供；

E_i——构件顺纹层板的弹性模量（N/mm²），可按照《木结构设计规范》GB 50005[4.18] 的第四章和附录 D 中规定的木材强度设计值采用，或由材料生产商提供；

k_c——构件最外层顺纹层板抗弯强度组合系数，且 $k_c \leqslant 1.2$；

n——构件最外层顺纹层板并排配置的板材数量；

B_e——构件截面有效抗弯刚度；

b_i——参加刚度计算的第 i 层顺纹层板的宽度（mm）；

h_i——参加计算的第 i 层顺纹层板的截面高度（mm）；

h——构件的截面总高度（mm）；

z_i——参加计算的第 i 层顺纹层板的中心到构件截面中和轴的距离（图 4-14）。

2. 抗剪承载力

CLT 受弯构件在承受垂直于板件平面的荷载作用下，其抗剪强度设计值可按下式计算：

$$V = F_V'(Ib/Q)_{eff} \tag{4-18}$$

$$(Ib/Q)_{eff} = \frac{B_e}{\sum_{i=1}^{n/2} E_i h_i z_i} \tag{4-19}$$

式中　F_V'——CLT 抗剪强度设计值（N/mm²），可按照《木结构设计规范》GB 50005[4.18] 的第四章和附录 D 中规

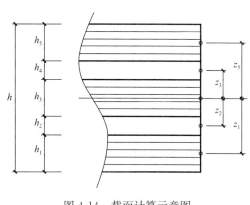

图 4-14　截面计算示意图

定的木材强度设计值采用，或由材料生产商提供；

B_e——构件截面有效抗弯刚度；

E_i——参加计算的第 i 层顺纹层板的弹性模量（N/mm²），可按照《木结构设计规范》GB 50005[4,18]的第四章和附录 D 中规定的木材强度设计值采用，或由材料生产商提供；

h_i——参加计算的第 i 层顺纹层板的截面高度（mm），但对于 CLT 最中间一层层板，h_i 取其一半厚度；

z_i——参加计算的第 i 层顺纹层板的中心到构件截面中和轴的距离，但对于 CLT 最中间一层层板，z_i 取其厚度的 $1/4$。

3. 挠度

承受均布荷载的 CLT 受弯构件挠度按下式计算：

$$\omega = \frac{5qbl^4}{384B_e} \tag{4-20}$$

式中　q——受弯构件单位面积上承受的均布荷载设计值（N/mm²）；

b——构件的截面宽度（mm）；

l——受弯构件计算跨度；

B_e——构件的有效抗弯刚度（N·mm²）。

4. 滚剪承载力（扭转抗剪承载能力）

CLT 受弯构件应按下列公式验算构件的扭转抗剪承载能力（图 4-15）：

$$\frac{V \cdot \Delta S}{I_{ef}b} \leqslant f_r \tag{4-21}$$

$$\Delta S = \frac{\sum_{i=1}^{n_l/2} E_i b_i h_i z_i}{E_0} \tag{4-22}$$

$$I_{ef} = \frac{B_e}{E_0} \tag{4-23}$$

$$E_0 = \frac{\sum_{i=1}^{n_l} b_i h_i E_i}{A} \tag{4-24}$$

式中　V——受弯构件剪力设计值（N）；

b——构件的截面宽度（mm）；

$n_l/2$——表示仅计算构件截面对称轴以上部分或对称轴以下部分；

A——参加计算的各层顺纹层板的截面总面积（mm²）；

n_l——参加计算的顺纹层板层数；

B_e——构件截面有效抗弯刚度（N·mm²）；

E_0——构件的有效弹性模量（N/mm²）；

f_r——构件的滚剪强度设计值（N/mm²），按下述规定取值；

受弯 CLT 构件的滚剪强度设计值 f_r 应按下列规定取值：

（1）当构件施加的胶合压力不小于 0.3MPa，构件截面宽度不小于 4 倍高度，并且层板上无开槽时，滚剪强度设计值应取最外侧层板的顺纹抗剪强度设计值的 0.38 倍；

（2）当不满足第 1 款的规定，且构件施加的胶合压力大于 0.07MPa 时，滚剪强度设计值应取最外侧层板的顺纹抗剪强度设计值的 0.22 倍。

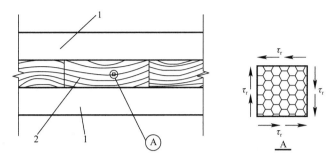

图 4-15　扭转抗剪示意图
1—顺纹层板；2—横纹层板；3—顺纹层板剪力

5. 抗压承载力

CLT 在竖向荷载作用下的抗压强度设计值可按下式计算：

$$N_p = f'_c A_p \tag{4-25}$$

式中　N_p——作用在正交胶合木构件上的竖向压力设计值（N）；

　　　f'_c——木纹方向与荷载作用方向平行的层板顺纹抗压强度设计值（N/mm²），可按照《木结构设计规范》GB 50005[4.18]的第四章和附录 D 中规定的木材强度设计值采用，或由材料生产商提供；

　　　A_p——构件木纹方向与荷载作用方向平行的层板截面面积之和（mm²）。

6. 抗拉承载力

CLT 构件在竖向荷载作用下的抗拉承载力设计值应按下式计算：

$$N_p = f'_t A_p \tag{4-26}$$

式中　N_p——作用在正交胶合木构件上的竖向拉力设计值（N）；

　　　f'_t——木纹方向与荷载作用方向平行的层板顺纹抗拉强度设计值（N/mm²），可按照《木结构设计规范》GB 50005[4.18]的第四章和附录 D 中规定的木材强度设计值采用，或由材料生产商提供；

　　　A_p——构件木纹方向与荷载作用方向平行的层板截面面积之和（mm²）。

7. 压弯承载力

CLT 在平面外弯矩和竖向荷载共同作用下需满足下式要求：

$$\left(\frac{N}{f'_c A_p}\right)^2 + \frac{M + Ne_0\left(1 + 0.234\dfrac{N}{P_{CE}}\right)}{f_m S_{ef}\left(1 - \dfrac{N}{P_{CE}}\right)} \leqslant 1.0 \tag{4-27}$$

$$S_{ef} = \frac{2B_e}{E_l h} \tag{4-28}$$

$$P_{cE} = \frac{0.5184\pi^2 B_e}{l_e^2} \tag{4-29}$$

式中　N——作用在正交胶合木构件平面内的轴向压力设计值（N）；

　　　M——作用在正交胶合木构件平面外的弯矩设计值（N·mm）；

　　　e_0——轴向荷载偏心距，为板面在垂直于板面方向的位移（mm）；

S_{ef}——构件等效截面抵抗矩（mm^3）；

P_{cE}——临界屈曲荷载（N）；

l_e——等效计算长度（mm）；

B_e——构件截面有效抗弯刚度（$N \cdot mm^2$）；

E_l——构件最外层层板的弹性模量（N/mm^2），可按照《木结构设计规范》GB 50005[4.18]的第四章和附录 D 中规定的木材强度设计值采用，或由材料生产商提供；

h——构件的截面总高度（mm）；

f'_c——木纹方向与荷载作用方向平行的层板顺纹抗压强度设计值（N/mm^2），可按照《木结构设计规范》GB 50005[4.18]的第四章和附录 D 中规定的木材强度设计值采用，或由材料生产商提供；

f_m——构件最外层板抗弯强度设计值（N/mm^2），可按照《木结构设计规范》GB 50005[4.18]的第四章和附录 D 中规定的木材强度设计值采用，或由材料生产商提供。

（二）节点设计计算

CLT 剪力墙、楼屋盖与相邻构件、板件及基础等连接的连接件，应有一定的延性和变形能力，不发生脆性破坏。设计 CLT 剪力墙与下部基础或楼面的连接件时，应保证连接件具有足够的抗剪及抗拔承载力。

CLT 节点设计应遵循下列原则：

1) 节点构造应便于制作、安装，并应使结构受力简单、传力明确；

2) CLT 墙板与基础及楼板连接处的连接件宜关于墙板对称布置；

3) 节点连接宜采用横纹承压形式，不宜横纹受拉；

4) 节点连接应有足够的强度；

5) 节点连接应具有一定的延性。

根据不同受力情况，CLT 节点设计如下开展。

1. 抗剪承载力

用于 CLT 墙板、楼板的销轴类紧固件及钉连接，其抗剪承载力可参照《胶合木结构技术规范》GB/T 50708[4.20]中的销轴类紧固件抗剪承载力计算公式进行计算，其中 CLT 板的顺纹及横纹销槽承压强度标准值的计算公式[4.37]如下：

（1）紧固件杆轴钉入方向垂直于 CLT 板材平面，

当 $D \geqslant 6mm$

销槽顺纹承压强度 $f_{e,0}$：

$$f_{e,0} = 77G \tag{4-30}$$

销槽横纹承压强度 $f_{e,90}$：

$$f_{e,90} = \frac{212G^{1.45}}{\sqrt{D}} \tag{4-31}$$

式中　$f_{e,0}$——为顺纹承压强度（N/mm^2）；

　　　$f_{e,90}$——为横纹承压强度（N/mm^2）；

　　　G——CLT 板材的全干相对密度；

　　D——紧固件直径（mm）。

　　当作用在构件上的荷载与木纹呈夹角 θ 时，销槽承压强度 $f_{e,\theta}$：

$$f_{e,\theta} = \frac{f_{e,0} f_{e,90}}{f_{e,0} \sin^2\theta + f_{e,90} \cos^2\theta} \tag{4-32}$$

　　当 $D < 6$mm 时，销槽顺纹及横纹的承压强度 $f_{e,d}$ 统一按公式（4-33）计算：

$$f_{e,d} = 115G^{1.84} \tag{4-33}$$

式中　$f_{e,d}$——杆轴钉入方向垂直于 CLT 板材平面时，销槽顺纹及横纹承压强度（N/mm²）。

　　紧固件杆轴钉入方向垂直于 CLT 板材平面时，销槽承压长度应根据紧固件杆轴钉入深度范围内的 CLT 不同层板厚度叠加计算。但当 $D \geqslant 6$mm 时，顺纹层、横纹层的层板厚度应采用经折减或增大后的有效层板厚度，有效层板厚度计算方法如下：

　　① 当紧固件杆轴所受剪力方向与该处所在层板的木纹平行时，则在相邻层层板中的承压长度应当乘以折减系数 $f_{e,90}/f_{e,0}$。

　　② 当紧固件杆轴所受剪力方向与该处所在层板的木纹垂直时，则在相邻层层板中的承压长度应当乘以增大系数 $f_{e,0}/f_{e,90}$。

　　（2）紧固件杆轴钉入方向平行于 CLT 板材平面，即销轴类紧固件及钉连接钉入 CLT 板材的端部时，销槽顺纹及横纹的承压强度统一按公式（4-34）、式（4-35）计算：

　　当 $D \geqslant 6$mm 时

$$f_e = \frac{117G^{1.45}}{\sqrt{D}} \tag{4-34}$$

　　当 $D < 6$mm 时

$$f_e = 77G^{1.84} \tag{4-35}$$

式中　f_e——杆轴钉入方向平行于 CLT 板材平面时，销槽顺纹及横纹承压强度（N/mm²）。

　　在已知销槽承压强度标准值及销槽承压长度后，根据《胶合木结构技术规范》GB/T 50708 中的销轴类紧固件抗剪承载力计算公式，即可算出销轴类紧固件及钉连接抗剪承载力。

　　下面以算例的形式来介绍节点抗剪承载力计算过程。

　　已知条件：

　　CLT 板：三层层板厚度为 35mm 的 CLT 墙板（总板厚 3×35＝105mm），全干相对密度 $G=0.42$。

　　螺钉：螺钉直径 $D=10$mm，长度 $l=100$mm，轴尖端部分的长度 $e=5$mm，其抗弯强度标准值 $f_{yb}=310$N/mm²

　　CLT 墙板受力示意图如图 4-16 所示。

　　求解节点抗剪承载力过程：

　　由于紧固件杆轴方向与 CLT 板面垂直，且 $D \geqslant 6$mm。

　　销槽顺纹承压强度

$$f_{e,0} = 77G = 32.34\text{N/mm}^2$$

　　销槽横纹承压强度

$$f_{e,90} = \frac{212G^{1.45}}{\sqrt{D}} = 19.06\text{N/mm}^2$$

　　承压长度：

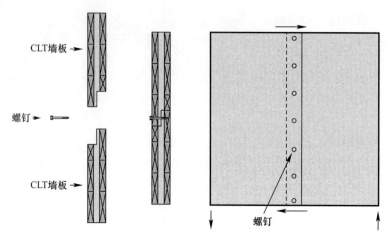

图 4-16　节点抗剪承载力计算算例示意图

较厚构件的承压长度 $l_{\mathrm{sl}} = t_{/\!/} + t_{\perp}/2 = 35 + 35/2 = 52.5\mathrm{mm}$

较薄构件的承压长度 $l_{\mathrm{ml}} = l - t_{/\!/} - t_{\perp}/2 - e/2 = 100 - 52.5 - 5/2 = 45\mathrm{mm}$

调整后承压长度：

主构件的承压长度

$$l_m = t_{/\!/} \times F_{/\!/}/F_{\perp} + t_{\perp}/2 = 35 \times 32.34/19.06 + 35/2 = 76.89\mathrm{mm}$$

次构件的承压长度

$$l_{\mathrm{s}} = t_{\perp}/2 + (l - t_{/\!/} - t_{\perp}) \times F_{/\!/}/F_{\perp} - e/2 = 35/2$$
$$+ (100 - 35 - 35) \times 32.34/19.06 - 5/2 = 65.91\mathrm{mm}$$

由于外荷载与最外层层板木纹平行，剪切面位于中间横纹层板内，所以整个杆轴均取中间横纹层板的承压强度。

较厚构件的销槽承压强度标准值：

$$f_{\mathrm{em}} = f_{\mathrm{e,90}} = 19.06\mathrm{N/mm}^2$$

较薄构件的销槽承压强度标准值：

$$f_{\mathrm{es}} = f_{\mathrm{e,90}} = 19.06\mathrm{N/mm}^2$$

木纹与顺纹方向最大夹角为 90°，$k_{\theta} = 1.25$。

销槽承压破坏时的折减系数 $R_{\mathrm{d}} = 4k_{\theta} = 5$。

销槽局部挤压承压破坏时的折减系数 $R_{\mathrm{d}} = 3.6k_{\theta} = 4.5$。

单个或两个塑性铰破坏时的折减系数 $R_{\mathrm{d}} = 3.2k_{\theta} = 4$。

① 销槽承压破坏

主构件销槽承压破坏承载力：

$$Z = \frac{1.5Dl_{\mathrm{m}}f_{\mathrm{em}}}{R_{\mathrm{d}}} = 3.77\mathrm{kN}$$

侧构件销槽承压破坏承载力：

$$Z = \frac{1.5Dl_{\mathrm{s}}f_{\mathrm{es}}}{R_{\mathrm{d}}} = 4.40\mathrm{kN}$$

② 销槽局部挤压破坏承载力

$$R_{\mathrm{e}} = \frac{f_{\mathrm{em}}}{f_{\mathrm{es}}} = 1$$

$$R_t = \frac{l_m}{l_s} = 1.17$$

$$k_1 = \frac{\sqrt{R_e + 2R_e^2(1 + R_t + R_t^2) + R_t^2 R_e^3} - R_e(1 + R_t)}{1 + R_e} = 0.45$$

$$Z = \frac{1.5 k_1 d l_s f_{es}}{R_d} = 1.89 \text{kN}$$

③ 单个塑性铰破坏承载力

单剪连接主构件单个塑性铰破坏：

$$k_2 = -1 + \sqrt{2(1 + R_e) + \frac{2 f_{yb}(2 + R_e) d^2}{3 f_{em} l_s^2}} = 1.13$$

$$Z = \frac{1.5 k_2 d l_m f_{em}}{(1 + 2R_e) R_d} = 2.08 \text{kN}$$

单剪连接侧构件单个塑性铰破坏：

$$k_2 = -1 + \sqrt{\frac{2(1 + R_e)}{R_e} + \frac{2 f_{yb}(2 + R_e) d^2}{3 f_{em} l_s^2}} = 1.18$$

$$Z = \frac{1.5 k_3 d l_s f_{em}}{(2 + R_e) R_d} = 1.85 \text{kN}$$

④ 单剪连接主构件两个塑性铰破坏：

$$Z = \frac{1.5 d^2}{R_d} \sqrt{\frac{2 f_{em} f_{yb}}{3(1 + R_e)}} = 1.66 \text{kN}$$

综上所述，节点抗剪承载力取四种破坏模式中最小承载力

$$Z = 1.66 \text{kN}$$

2. 抗拔承载力

用于 CLT 抗拔连接的销轴类紧固件及钉连接的直径建议大于 6mm，抗拔承载力计算如下：

（1）紧固件杆轴钉入方向垂直与 CLT 板材平面

方头螺钉： $\qquad W = 28 G^{3/2} D^{3/4}$ $\qquad$ (4-36)

木螺钉： $\qquad W = 20 G^2 D$ $\qquad$ (4-37)

光圆钉（Smooth-shank nails and spikes）： $W = 10 G^{5/2} D$ $\qquad$ (4-38)

带肋钉（Post-frame ring shank nail）： $\qquad W = 12 G^2 D$ $\qquad$ (4-39)

式中　W——紧固件杆轴钉入深度范围内单位长度的抗拔承载力（N/mm）。

（2）当紧固件的杆轴方向平行于 CLT 板材平面，即杆轴方向插入 CLT 板材端部时，该紧固件不宜承受 CLT 板材端部的拔出力。

（三）抗火设计计算

CLT 的防火设计需要考虑层板脱落的影响，利用有效剩余截面来计算板件的力学性能。图 4-17 展示的为火灾下 CLT 板的示意图。

其防火设计计算步骤[4.37]如下：

1. 层板脱落时间计算

$$t_{f0} = \left(\frac{h_{lam}}{\beta_n} \right)^{1.23}$$ $\qquad$ (4-40)

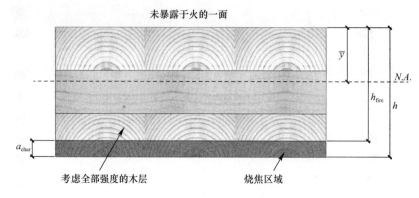

未暴露于火的一面

考虑全部强度的木层　　　烧焦区域

图 4-17　火灾下的 CLT 板

式中　t_{f0}——到达胶合面的时间（h）；

　　　h_{lam}——层板厚度（mm）；

　　　β_n——名义烧焦速度（38.1mm/h）。

2. 计算时间 t 内脱落的层数

公式（4-41）中 INT 表示忽略计算值的小数部分，取其个位整数。其含义为计算在要求的抗火时间内 CLT 板所脱落的层数。

$$n_{lam} = \text{INT}\left(\frac{t}{t_{f0}}\right) \tag{4-41}$$

式中　n_{lam}——时间 t 内脱落的层数；

　　　t——要求的抗火时间（t）。

3. 有效烧焦深度计算

有效烧焦深度除包含已脱落的层板厚度总和外，还包含在要求的抗火时间内，除去已脱落的层板后的剩余 CLT 截面最外层烧焦的深度。

$$a_{char} = 1.2\left[n_{lam} \cdot h_{lam} + \beta(t - (n_{lam} \cdot t_{f0}))^{0.813}\right] \tag{4-42}$$

式中　a_{char}——有效烧焦深度（mm）。

4. 有效剩余截面高度计算

$$h_{fire} = h - a_{char} \tag{4-43}$$

式中　h_{fire}——有效截面高度（mm）；

　　　h——CLT 原始截面高度（mm）。

5. 截面中性轴计算

利用公式（4-44）计算中性轴到 CLT 板未暴露于火的一面的距离。需要注意的是，木纹垂直于荷载方向的层板弹性模量取 0。

$$\bar{y} = \frac{\sum_{i=1}^{n} \tilde{y}_l h_i E_i}{\sum_{i=1}^{n} h_i E_i} \tag{4-44}$$

式中　$\bar{y}$——CLT 板中性轴到未暴露于火的一面的距离（mm）；

　　　$\tilde{y}_l$——层板中心到未暴露于火的一面的距离（mm）；

　　　n——有效剩余截面中木纹平行于荷载方向的层板个数；

　　　h_i——层板 i 的剩余厚度（mm）；

E_i——木纹平行于荷载方向的层板 i 的弹性模量（N/mm²）。

若制作木纹平行于荷载方向层板的木材种类相同，公式（4-44）可简化为公式（4-45）：

$$\bar{y} = \frac{\sum_{i=1}^{n} \widetilde{y}_l h_i}{\sum_{i=1}^{n} h_i} \tag{4-45}$$

6. 剩余截面的有效抗弯刚度计算

$$EI_{\text{eff}} = \sum_{i=1}^{n} \frac{b_i h_i^3}{12} E_i + \sum_{i=1}^{n} b_i h_i d_i^2 E_i \tag{4-46}$$

式中　EI_{eff}——有效抗弯刚度（N·mm²）；

　　　　n——有效剩余截面中木纹平行于荷载方向的层板个数；

　　　　d_i——层板中心到 CLT 板中性轴的距离（mm）；

　　　　b_i——CLT 板单位宽度（可取 1000mm）（mm）；

　　　　h_i——层板 i 的剩余厚度（mm）。

若制作木纹平行于荷载方向层板的木材种类相同，可用公式（4-47）来确定有效剩余截面惯性矩：

$$I_{\text{eff}} = \sum_i \frac{b_i h_i^3}{12} + \sum_i b_i h_i d_i^2 \tag{4-47}$$

式中　I_{eff}——有效剩余截面惯性矩（mm⁴）。

7. 计算剩余截面的有效截面模量

$$S_{\text{eff}} = \frac{EI_{\text{eff}}}{E(h_{\text{fire}} - \bar{y})} \tag{4-48}$$

式中　S_{eff}——剩余截面的有效截面模量（mm³）；

　　　　E——最大拉应力处的层板顺纹弹性模量（N/mm²）。

若制作木纹平行于荷载方向层板的木材种类相同，公式（4-48）可简化为公式（4-49）：

$$S_{\text{eff}} = \frac{I_{\text{eff}}}{(h_{\text{fire}} - \bar{y})} \tag{4-49}$$

第四节　节点构造特点与要求

一、节点形式

图 4-18 为多层 CLT 建筑中的典型节点[4.37]，按照节点分布及作用功能的不同，可将其分类如下：板与板平面拼接节点（节点 A）、板与板垂直拼接节点（节点 B）、墙板与楼板连接节点（节点 C）、斜屋面板与墙板连接节点（节点 D）和墙板与基础连接节点（节点 E）。下文将逐一介绍具体节点构造形式。

（一）板与板平面拼接节点（节点 A）

1. 板内搭接节点

图 4-19 和图 4-20 为板内搭接节点示意图。其中

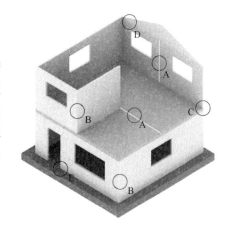

图 4-18　多层 CLT 建筑的典型节点位置

搭接条由工程木产品（如旋切板胶合木（Laminated veneer lumber，简称 LVL）、薄 CLT 板、多层夹板）制成。拼装时将搭接条两边分别插入两块已预留槽口的 CLT 板中，然后在搭接区域垂直于板面钉入螺钉，螺钉贯穿内部搭接条。这种节点形式的优点包括：较高抗剪承载力，较好的面外荷载抵抗力，但其对制作精度的要求较高。

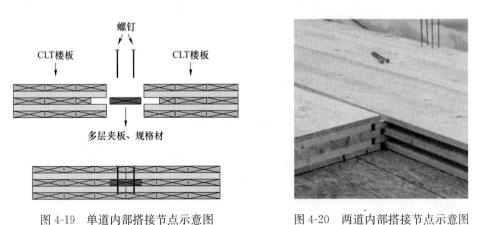

图 4-19　单道内部搭接节点示意图　　　　图 4-20　两道内部搭接节点示意图

2. 板外单面搭接节点

图 4-21 为板外单面搭接节点示意图，该节点的现场拼装十分方便，其构造形式与板内搭接节点类似，稍有区别之处在于板外单面搭接节点通过在 CLT 板外单面嵌入搭接条的形式构成搭接。搭接条由工程木产品（如旋切板胶合木（Laminated veneer lumber，简称 LVL）、薄 CLT 板、多层夹板）制成，并与被拼接的 CLT 板通过螺钉连接。该节点的抗剪承载力低于板内搭接节点的抗剪承载力。

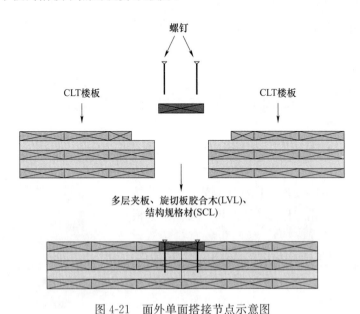

图 4-21　面外单面搭接节点示意图

3. 齿搭接节点

图 4-22 为齿搭接节点示意图，该节点由两块开有齿口的 CLT 板通过螺钉拼接而成。

拼接节点处可以有效传递面内剪力及拉力，但对弯矩的传递作用较弱。齿搭接节点在实际工程中运用十分广泛，其切口处容易产生横纹拉应力，从而导致横截面易发生劈裂破坏，设计时应当设法避免。

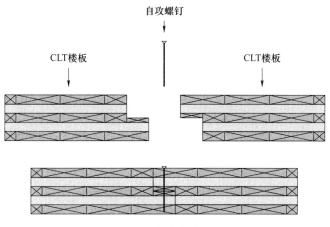

图 4-22　齿搭接节点示意图

（二）板与板垂直拼接节点（节点 B）

上述板与板的平面拼接节点主要用于楼板与楼板间、墙板与墙板间的平面拼接。本节将介绍墙板与墙板的垂直拼接形式。

1. 通过自攻螺钉连接

图 4-23 及图 4-24 所示为板与板垂直拼接节点，在墙板垂直拼接处的外表面处，通过将自攻螺钉垂直于墙板表面或以一定角度钉入墙板来构成墙板与墙板间的垂直拼接（图 4-23、图 4-24）。由于操作方便，通过自攻螺钉连接的垂直拼接节点在实际工程运用广泛，但稍有局限的是，由于自攻螺钉钉入了 CLT 墙板的端部边缘，剪力传递至拼接处时可能将导致木材横纹承压，从而导致对自攻螺钉的约束刚度不足，该类构造形式不适用于易受大风及强震荷载下的房屋建筑。

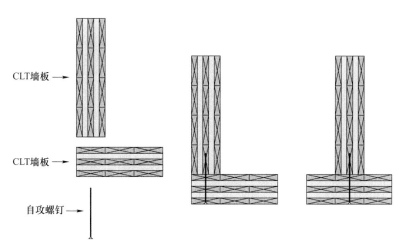

图 4-23　墙板与墙板的自攻螺钉连接节点示意图

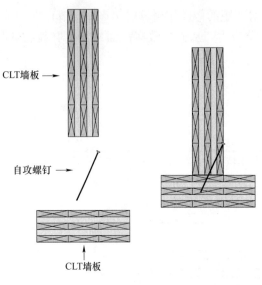

图 4-24　自攻螺钉以一定角度打入示意图

2. 通过内填木块连接

内填木块连接的板与板垂直拼接节点的构造形式为：在彼此垂直的墙板间内填木块，并用自攻螺钉从墙板外表面垂直钉入墙体并贯穿该木块。根据内填木块与墙板间的构造形式，又分为内嵌式内填木块连接（图 4-25）和保护边缘式内填木块连接（图 4-26）。

3. 通过角钢连接件连接

如图 4-27 所示，在垂直相交的墙板之间，该类构造的板与板垂直拼接节点通过角钢连接件连接构成，直角钢连接件的两肢分别通过螺钉与墙板锚固连接。此外，节点的外表面宜涂刷保护层（例如石膏板）以提高其防火性能。

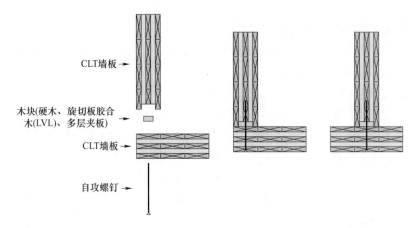

图 4-25　内嵌式内填木块连接

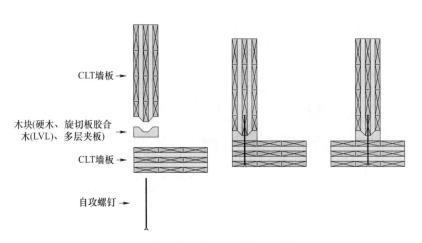

图 4-26　保护边缘式内填木块连接

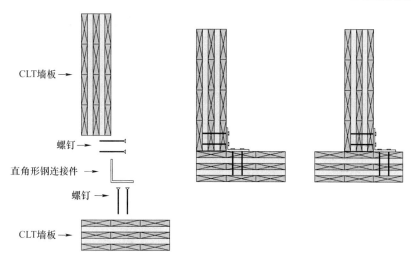

图 4-27 通过角钢连接件连接的板与板垂直拼接节点

4. 通过内嵌钢填板连接

如图 4-28 所示,将厚度为 6mm 到 12mm 的 T 形连接件竖肢钢板插入预先开有槽口的 CLT 竖向布置的墙板端部,并通过销栓类紧固件依次贯穿墙板及内填钢板来加固,T 字水平肢钢板通过螺钉与水平布置的墙板连接。与上述通过外露角钢连接件连接的垂直拼接节点相比,该类构造的墙板与墙板垂直拼接节点防火性能更好。

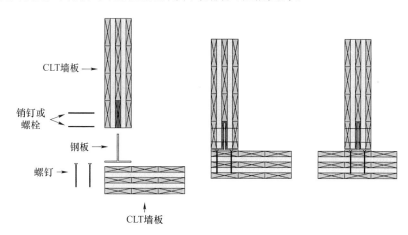

图 4-28 通过内填钢板连接的板与板垂直拼接节点

(三)墙板与楼板连接节点(节点 C)

1. 通过自攻螺钉连接

如图 4-29 所示,CLT 楼板搭于下层 CLT 墙板之上并通过自攻螺钉与下层墙板连接,上层 CLT 墙板竖向放置于楼板之上,并在该墙板一侧用自攻螺钉斜向钉入贯穿至楼板中。

2. 通过角钢连接件连接

如图 4-30 所示,上下层墙板均通过角钢连接件与楼板连接,角钢连接件的两肢通过螺钉分别与墙板及楼板连接。在墙板与楼板的连接节点中,该类连接构造也可与上述自攻螺钉连接构造混合使用,如图 4-31 所示,将自攻螺钉从楼板上表面垂直钉入至下部墙板端部，上部CLT墙板与楼板通过角钢连接件连接，角钢连接件的两肢通过螺钉分别与上层墙板及楼板连接。

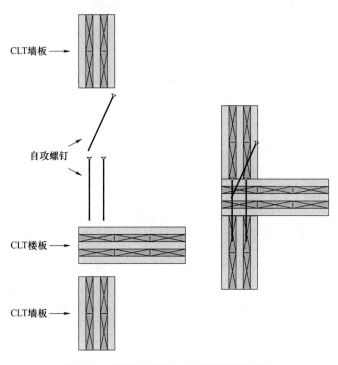

图 4-29　墙板与楼板的自攻螺钉连接节点

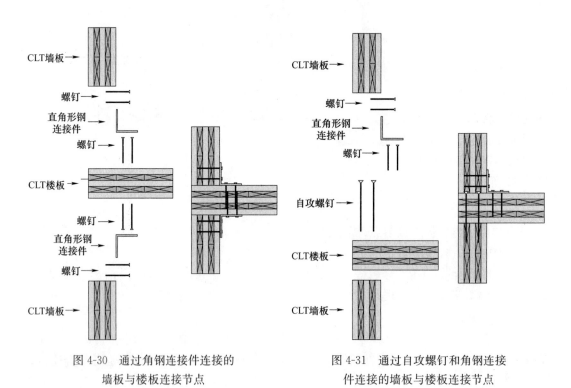

图 4-30　通过角钢连接件连接的
墙板与楼板连接节点

图 4-31　通过自攻螺钉和角钢连接
件连接的墙板与楼板连接节点

3. 通过内嵌钢填板连接

如图 4-32 所示,将 T 形连接件的竖肢钢板插入预先开有槽口的上层和下层 CLT 墙板的端部,并通过销栓类紧固件依次贯穿墙板及内填钢板来加固,T 形连接件的水平肢均通过螺钉与 CLT 楼板相连。

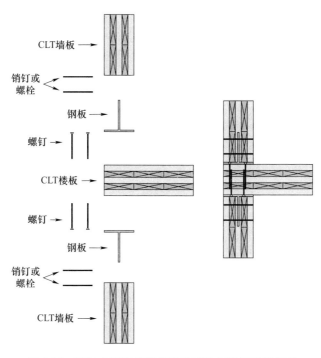

图 4-32　通过内嵌钢填板连接的墙板与楼板连接节点

4. 通过支托构造连接

当建筑内部有夹层时,夹层楼板与墙板之间可采用支托构造连接节点,如图 4-33 所示。横木通过自攻螺钉与墙板锚固连接,将楼板端部搁置于该横木之上,为了加强楼板与横木的连接,将自攻螺钉从楼板上表面钉入至横木中。横木可采用平行木片胶合木(PSL)、旋切板胶合木(LVL)、刨片胶合木(LSL)及 CLT 板制作。此外,除采用横木外,也可采用角形钢连接件来做支托,该角钢连接件的两肢均通过自攻螺钉与墙板与楼板连接。如图 4-34 所示。

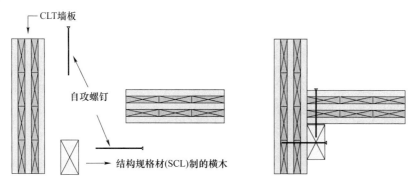

图 4-33　通过横木支托构造连接的墙板与楼板连接节点

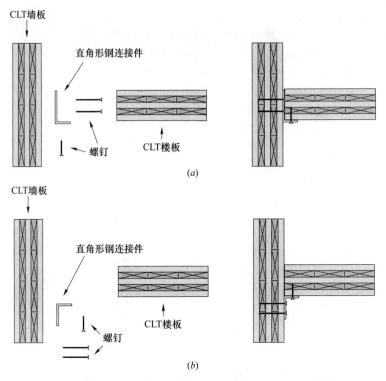

图 4-34 通过角钢连接件支托构造连接的墙板与楼板连接节点

(a) 角钢连接件竖肢嵌入楼板与墙板间；(b) 角钢连接件完全外露

(四) 斜屋面板与墙板连接节点 (节点 D)

图 4-35、图 4-36 所示为通过自攻螺钉连接的斜屋面板与墙板连接节点。可通过自攻螺钉从屋面钉入墙板，或者从墙板钉入屋面的方式来实现屋面与墙板的连接 (图 4-35)。斜屋面板也可通过钢连接件与竖向墙板连接，钢连接件的两肢通过自攻螺钉分别与斜屋面板与竖向墙板锚固连接 (图 4-36)。

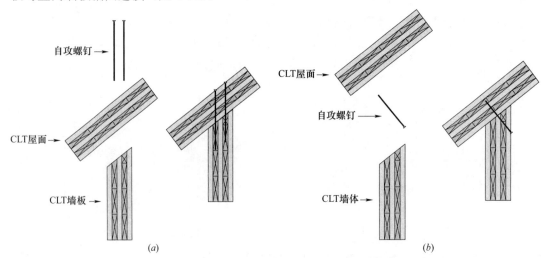

图 4-35 通过自攻螺钉连接的斜屋面板与墙板连接节点

(a) 自攻螺钉从屋面钉入墙板；(b) 自攻螺钉从墙板钉入屋面

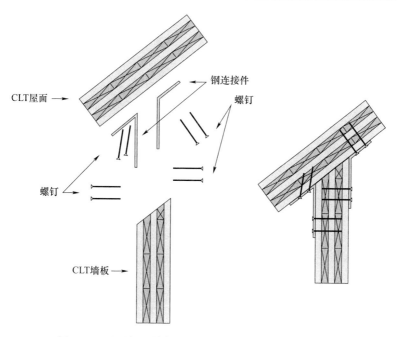

图 4-36 通过钢连接件连接的斜屋面板与墙板连接节点

（五）墙板与基础连接节点（节点 E）

1. 通过外露的钢连接件连接

图 4-37 所示为墙板与基础间的外露式连接节点。这种节点是利用外露钢连接件、方

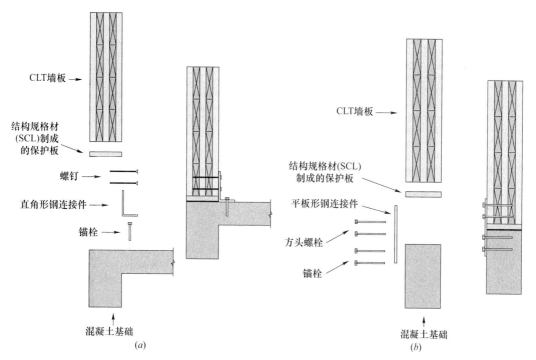

图 4-37 墙板与基础的外露式节点（一）

（*a*）外露角钢连接件＋规格材保护底板；（*b*）平板钢连接件＋规格材保护板；

图 4-37　墙板与基础的外露式节点（二）

(c) 角钢连接件竖肢外露＋水平肢兼作保护底板

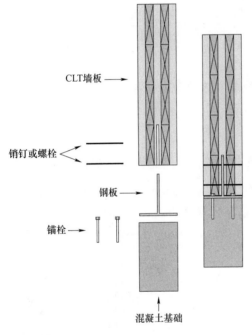

CLT墙板 →

销钉或螺栓 →

钢板 →

锚栓 →

混凝土基础

图 4-38　通过内嵌钢填板连接的
墙板与基础连接节点

头螺钉和锚栓等构件将墙板与基础相连。需要注意的是应在 CLT 墙板与混凝土基础的接触面上加一块保护底板以避免直接接触，安装时先将保护底板垫于墙板和基础的接触面上，对于外露的角连接件（图 4-37a），其水平肢通过预埋锚栓与基础连接，其竖向肢通过螺钉与墙板连接。对外露平板钢连接件（图 4-37b），其两端分别通过预埋锚栓与方头螺栓与基础和墙板连接。此外，墙板与基础接触面处的保护底板一般采用结构规格材（SCL）制作（图 4-37a、b），也可直接利用角钢连接件的水平肢兼作保护底板（图 4-37c）。

2. 通过内嵌钢填板连接

图 4-38 所示为墙板与基础间的内嵌钢填板连接节点。将 T 形连接件竖肢钢板插入开有槽口的墙板端部，并通过销栓类紧固件垂直于墙板外表面依次贯穿墙板与竖肢钢板来加固，T 形连接件的水平肢通过锚栓与基础连接。与外露式节点相比，该类构造形式的连接节点的抗火性能更好。

3. 通过内填木块连接

图 4-39 所示的墙板与基础间采用内填木块连接，即在墙板底端开槽，内嵌以木块，随后墙体再通过角钢连接件与基础连接，角钢连接件的竖肢及水平肢分别通过螺钉及预埋锚栓与墙板及基础连接。CLT 墙板和混凝土基础间的内填木块一般采用高密度的硬木制作。

二、节点构造要求

当方头螺钉或销螺类紧固件垂直钉入 CLT 面板的端部时（图 4-40），方头螺钉或销螺类紧固件的端距、边距、间距和行距的最小值见表 4-3[4.37]。

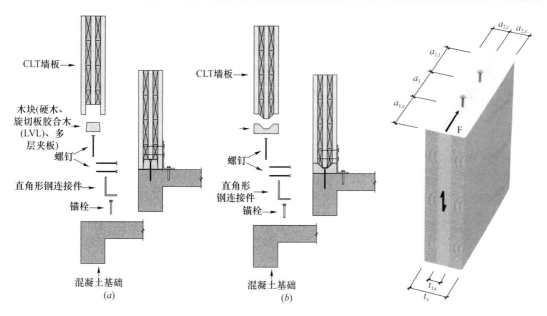

图 4-39　通过内填木块连接的墙板与基础连接节点
(a) 内嵌式内填木块；(b) 保护边缘式内填木块

图 4-40　方头螺钉或销螺类
紧固件钉入位置示意图

方方头螺钉或销螺类紧固件端距、边距、间距、行距的最小值　表 4-3

紧固件	端距 $a_{1,t}$	端距 $a_{1,c}$	间距 a_1	边距 $a_{2,c}$	行距 a_2
销钉	5d	3d	4d	3d	3d
螺杆	5d	4d	4d	3d	4d

第五节　伦敦 Stadthaus 案例介绍

一、案例简介

　　"Stadthaus"是于 2009 年在伦敦建成的一幢九层 CLT 结构公寓（图 4-41），它占据着 17m×17m 的场地，包含了 29 间公寓和 19 个私人商铺单元。"Stadthaus"的总高达到了 29.7m，它是全球具有相似高度的建筑中第一个承重墙、楼板、电梯和楼梯井等全部由 CLT 制成的木建筑[4.15]。也是当时世界上最高的木结构住宅。该建筑一层为混凝土结构、二至八层为 CLT 结构，采用现浇钢筋混凝土桩基础[4.38]。采用独立结构建造的电梯井和楼梯井提高了整幢建筑的侧向稳定性[4.39]。采用 CLT 做为建筑材料不仅可以在建造过程中有效降低了碳排放以减轻环境负荷，且可以将大气中的 CO_2 直接储存在建筑构件中[4.40]，据统计，建成之后的"Stadthaus"储存了 185000kg 碳在其木构件中。

图 4-41　英国 9 层 CLT
公寓楼 Stadthaus

二、设计细部

　　建筑布置上，"Stadthaus"底层作为商业层，有两个独立的入口，其上为住宅公寓。每套公寓都有外窗、外阳台，公寓角落也做成阳台以利于对流通风[4.15]。其平面布置如图 4-42 所示，建筑内景如图 4-43 所示。

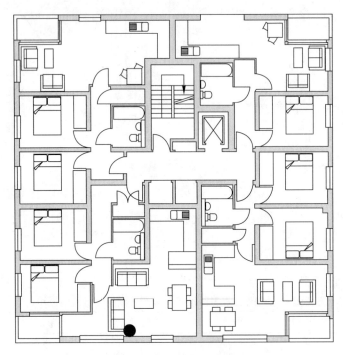

图 4-42 "Stadthaus"平面布置图（非底层）

图 4-43 "Stadthaus"建筑内景

（a）卧室和阳台；（b）公寓入口；（c）仰视顶棚

隔声效果也是建筑需要关注的问题之一，工程木产品自身可以有效地隔离高频率噪声，为了减小低频率的噪声，在"Stadthaus"中设置了石膏板和空气隔离层等，墙和楼板的建筑构造如图 4-44 所示。根据现场测量结果，加了隔离层之后的 CLT 墙板降噪 55dB，楼板降噪 53dB[4.38]，满足了英国规范中对降噪的要求[4.15]。

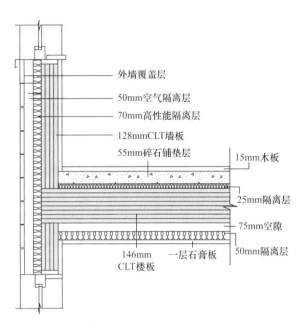

外墙覆盖层
50mm空气隔离层
70mm高性能隔离层
128mmCLT墙板
55mm碎石铺垫层
15mm木板
25mm隔离层
75mm空隙
50mm隔离层
146mm CLT楼板
一层石膏板

图 4-44　外墙和楼板构造图

一般的高层木结构建筑基本上都采用钢筋混凝土核心筒，但对于"Stadthaus"建筑，依然用 CLT 板作核心筒。木结构的防火性能取决于其燃烧的程度，"Stadthaus"建筑的墙和楼板截面有足够的耐火时间就来保证火灾时结构的整体性能。防火设计时，要求房间之间要有 0.5h 的防火时间，不同单元之间要有 1h 的防火时间，楼层之间要有 2h 防火时间（图 4-45）[4.38]，基于上述不同构件对防火时间的要求来设计墙和楼板的截面形式。此外，在设计过程中还针对"Stadthaus"的模型做了 CLT 相关火灾试验，以确保该建筑能满足各项防火设计指标。图 4-46 展现的是一个 278mm 厚、五层 CLT 板在火灾试验下所测得的沿层板厚度方向分布的温度梯度（左）和烧焦速率（右）[4.38]。

"Stadthaus"采用软件 Robot Millennium 来进行结构计算分析，根据承载力极限状态下建筑的受力情况来设计和调整 CLT 截面，使其符合规范中 CLT 构件的强度和变形要求[4.38]。与上部轻木-底部混凝土的混合结构相比，在上部 CLT-底部混凝土的混合结构中，其 CLT 剪力墙的抗侧刚度更接近于底部混凝土结构，因此在水平地震作用或风荷载下各楼层的内力分布更均匀，结构侧向变形以弯曲为主。由于板式建筑很容易发生连续倒塌，往往一个构件的失效会造成其他构件的连锁失效，在设计"Stadthaus"时分析了许多传力路径，尽可能增加结构的冗余度以提高其鲁棒性。所有楼板均按照双跨连续构件设计，当一边支撑失效时，楼板可作为悬臂构件来受力[4.38]。此外，在设计中尽可能保证结构构件间的紧密连接，例如用钢板和螺钉来提高 CLT 楼板与 CLT 墙板间的连接性能。

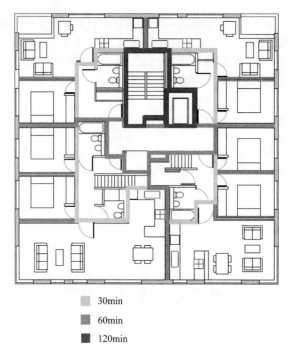

■ 30min
■ 60min
■ 120min

图 4-45 楼板的防火设计

30min—内部过道/房间；60min—单元/单元，外部过道/单元；120min—单元/楼梯、电梯井

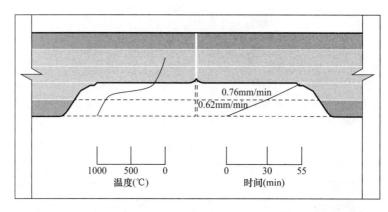

图 4-46　一个 278mm 厚、五层 CLT 板的温度梯度（左）和烧焦速率（右）

木材的含水率对构件变形有很大的影响。在伦敦 10% 的湿度变化会造成木材沿横纹方向 2%、沿顺纹方向 2.5% 的变形。此外，CLT 的线膨胀系数为 34×10^{-6}，比钢材高了三倍，但其制作误差比钢材和混凝土小，一般为 ±2mm。建造"Stadthaus"建筑的 CLT 板采用奥地利的欧洲银冷杉（European whitewood）制作，先空气干燥一年，再在湿度控制为 12% 的工厂里加工成板，之后仍需要定期检查其含水率的变化。此外，由于 CLT 的长期蠕变对其结构受力性能非常不利，设计时尽量保证墙体承受均匀的竖向荷载，并且工作应力不超过承载力的 50%，以减小长期变形对结构受力性能的影响[4.38]。

CLT 楼板与墙板间均采用标准化角钢连接件和螺钉等紧固件连接。在"Stadthaus"的施工过程中，先将自攻螺钉从楼板上表面钉入下部墙体以提供机械固定，再通过自攻螺钉将角钢连接件的两肢分别锚固于上下层CLT墙板和楼板表面，使墙板与楼板紧密连接，如图4-47所示。由于木材横纹承压强度较低，在压应力较大的区域，利用螺钉从CLT墙板一侧贯穿至CLT楼板的45°承压力线[4.15]（图4-48），以确保节点的承压性能。

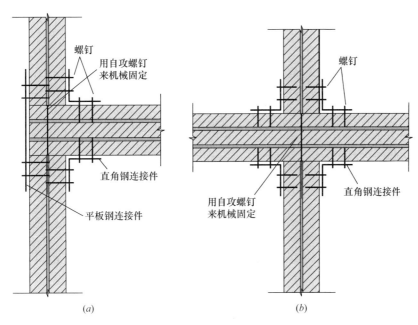

(a)　　　　　　　　　(b)

图 4-47　典型墙体与楼板节点图

(a) 外墙体与楼板连接；(b) 内墙体与楼板连接

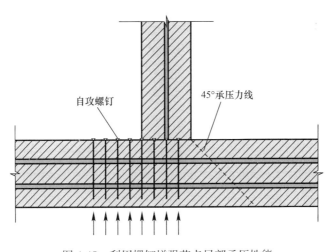

图 4-48　利用螺钉增强节点局部承压性能

三、生产与施工特点

从生产到现场施工，"Stadthaus"建筑都展现了绿色高效的理念。

① 生产的标准化。工厂的计算机程序生成材料规格并传送给木材或钢材加工生产线，精度可以控制到毫米。

② 施工的装配化。合理的规划和施工起到了事半功倍的效果。施工时先吊装位于平面中部的电梯和楼梯井，因其可为结构提供较大的水平抗侧刚度；随后安装周边的 CLT 剪力墙；施工过程中的结构如图 4-49 所示[4.38]，在吊装过程中，仅有四名木匠的施工队能维持着每三天一层楼的施工进度。整个施工过程流畅整洁，因 CLT 现场装配化程度很高，现场施工对周边环境的干扰和影响非常小。最后在完成了结构主体吊装后，通过外围脚手架来安装建筑幕墙及窗户，由于预制构件加工具有精度高的特点，并且在主体结构的施工中预留了一定的冗余度，幕墙及窗户等构件的安装过程十分顺利[4.39]。

图 4-49 "Stadthaus" 的装配化过程

③ 检测的系统化。施工过程中采用全面完善的监测管理。对构件尺寸、安装精度进行全程跟踪监测，并及时记录和解决。此外，吊装时保留适当的施工容差以确保后续构件的顺利拼装。

对于 "Stadthaus" 建筑，有学者对使用 CLT 和钢筋混凝土两种建材进行了比较[4.15]，比较结果如表 4-4 所示。

分别用 CLT 和钢筋混凝土来建造 "Stadthaus" 建筑的比较　　　表 4-4

内容	CLT	钢筋混凝土
密度（kg/m³）	480	2400
重量（t）	300	1200
施工时间（周）	49	72

由此可见，相比于使用钢筋混凝土材料，使用 CLT 能将 "Stadthaus" 的工期缩短为 49 周，并且结构自重显著减轻，具有较大的优势。并且，经过合理的设计，CLT 结构也能满足建筑的安全性、可靠性等需求。成本一直是建筑市场的关键考虑因素之一，"Stadthaus" 的造价为 380 万英镑，比同等体量的混凝土建筑便宜 15％左右[4.41]。CLT 结构的构件预制化和施工的装配化程度很高，并且由于住宅大多是模块式的建筑，使用 CLT 结构能一定程度的降低成本，再加上 CLT 结构优良的抗震性能以及环境效应，从长期成本效益来看，CLT 仍然具有很大的优势。虽然目前 CLT 材料的价格普遍偏高，但是，随

着 CLT 市场进一步扩大规模、CLT 的生产技术日臻成熟后，CLT 材料的价格便可以降至和钢材及混凝土材料同一水平。虽然目前在多高层建筑领域仍然以钢结构或混凝土结构为主导，但 CLT 结构（包括 CLT 与钢或混凝土的混合结构）在未来的 8～12 层住宅和商业建筑中具有可观的前景[4.42]。

参 考 文 献

[4.1] 何敏娟，陶铎，李征. 多高层木及木混合结构研究进展 [J] 建筑结构学报，2016，37（10）：1-9.

[4.2] Reynolds T.，Åsa Bolmsvik，Vessby J.，et al. Ambient vibration testing and modal analysis of multi-storey cross-laminated timber buildings [C]. World Conference on Timber Engineering，Canada，2014.

[4.3] Cornwall W. Tall timber. [J]. Science，2016，353（6306）：1354-1356.

[4.4] Van de Kuilen，J. W. G.，Ceccotti A.，Xia Z.，He M. et al. Wood concrete skyscrapers [L]. Word conference on timber engineering，Italy，2010.

[4.5] Van de Kuilen，J. W. G.，Ceccotti A.，Xia Z.，He M. Very Tall Wooden Buildings with Cross Laminated Timber [J]. Procedia Engineering，2011，14：1621-1628.

[4.6] 熊海贝，欧阳禄，吴颖. 国外高层木结构研究综述 [J]. 同济大学学报（自然科学版），2016，44（9）：1297-1306.

[4.7] Brandner R.，Flatscher G.，Ringhofer A.，Schickhofer G.，Thiel A. Cross laminated timber (CLT)：overview and development [J]. European Journal of Wood and Wood Products，2016，74（3）：331-351.

[4.8] APA-The Engineered Wood Association. ANSI/APA PRG 320-2018 Standard for Performance-Rated Cross-Laminated Timber [S]. American National Standards Institute，2012.

[4.9] Blass H J.，Fellmoser P. Influence of rolling shear modulus on strength and stiffness of structural bonded timber elements [C]. Proceeding of CIB-W18 Meeting，Canada，2004.

[4.10] JSbstl R A.，Schickhofer G. Comparative examination of creep of GTL and CLT—slabs in bending [C]. Proceedings of the 40th meeting of CI&W18，Slovenia，2007.

[4.11] McGregor C J. Contribution of cross laminated timber panels to room fires [D]. Canada：Carleton University，2013.

[4.12] Frangi A.，Fontana M.，Hugi E.，et al. Experimental analysis of cross-laminated timber panels in fire [J]. Fire Safety Journal，2009，44（8）：1078-1087.

[4.13] Frangi A.，Bochicchio G，Ceccotti A，et al. Natural full-scale fire test on a 3 storey XLam timber building [C]. Preeedings of the 10st World Conference on Timber Engineering，Japan，2008.

[4.14] 沈银澜，牟在根，Johannes S.，Siegfried F. S. 新型木建筑材料——交叉层积木介绍及其连接的试验研究 [J]. 工程科学学报，2015，11：1504-1512.

[4.15] Thompson H. A process revealed/Auf dem Holzweg [M]. London：Murray & Sorrell. 2009.

[4.16] Bejtka I. Cross (CLT) and diagonal (DLT) laminated timber as innovative material for beam elements [C]. Kit Scientific Publishing，2011.

[4.17] 付红梅，王志强. 正交胶合木应用及发展前景 [J]. 林业机械与木工设备，2014（3）：4-7.

[4.18] 中华人民共和国住房和城乡建设部. GB 50005—2017 木结构设计标准 [S]. 北京：中国建筑工业出版社，2017.

[4.19] 中华人民共和国住房和城乡建设部. GB/T 51226—2017 多高层木结构建筑技术标准 [S]. 北

京：中国建筑工业出版社，2017.

[4.20] 中华人民共和国住房和城乡建设部. GB/T 50708—2012 胶合木结构技术规范 [S]. 北京：中国建筑工业出版社，2012.

[4.21] 尹婷婷. CLT 板及 CLT 木结构体系的研究 [J]. 建筑施工，2015（6）：758-760.

[4.22] Hooper E. Mass timber construction, wood innovation and design centre [J]. Architect, 2015, 104（12）：68-69.

[4.23] Foster, R. M., Reynolds, T. P. S. and Ramage M. H. Proposal for Defining a Tall Timber Building [J]. Journal of Structural Engineering, 2016, 142（12）：1-9.

[4.24] Wettenhall G. World's tallest timber apartment building under construction in Melbourne's Docklands. Australian Forest Grower, 2012, 35（2）：9.

[4.25] Malo K. A., Abrahamsen R. B., Bjertnaes M. A. Some structural design issues of the 14-storey timber framed building "Treet" in Norway [J]. European Journal of Wood and Wood Products, 2016, 74（3）：407-424.

[4.26] Serrano E. Limnologen-Experiences from an 8-storey timber building [C]. International Holzbau-Forum , Sweden. 2009.

[4.27] Zumbrunnen P., Fovargue J. Mid rise CLT buildings-the UK's experience and potential for Aus and NZ [C]. Word conference on timber engineering, New Zealand , 2012.

[4.28] Winter S. 'nearly' high-rise timber buildings in Germanyprojects, experiences and further development [C]. Preceedings of the 13st World Conference on Timber Engineering, Canada, 2014.

[4.29] Professner H., Mathis C. Life Cycle Tower High-Rise Buildings in Timber [C]. Structures Congress, America, 2012.

[4.30] Poirier E., Moudgil M., Fallahi A., Staub-French S., Tannert T. Design and construction of a 53-meter-tall timber building at the university of British Columbia [C]. Proceedings of WCTE, Australia, 2016.

[4.31] 中华人民共和国住房和城乡建设部. GB 50009—2012 建筑结构荷载规范 [S]. 北京：中国建筑工业出版社，2012.

[4.32] 中华人民共和国住房和城乡建设部. GB 50011—2010 建筑抗震设计规范 [S]. 北京：中国建筑工业出版社，2010.

[4.33] National Research Council of Canada（NRCC）. National Building Code of Canada [S]. 2010.

[4.34] American Society of Civil Engineers. ASC E/SEI 7-10 Minimum design loads for buildings and other structures [S]. 2006.

[4.35] Canadian Standards Association（CSA）. CSA O86-2014 Engineering Design In Wood [S]. 2014

[4.36] Pei S., Popovski M., van de Lindt, J. W. Analytical study on seismic force modification factors for cross-laminated timber buildings [J]. Canadian Journal of Civil Engineering, 2013, 40（9）：887-896.

[4.37] Erol K., Brad D, et al. CLT Handbook：cross-laminated timber（U. S. Edition）[M]. FPInnovations, 2013.

[4.38] Wells M. Stadthaus, London：raising the bar for timber buildings [J]. Proceedings of the ICE-Civil Engineering, 2011, 164（3）：122-128.

[4.39] Waugh A., Wells M., Lindegar M. Tall Timber Buildings：Application of Solid Timber Constructions in Multi-Storey Buildings [J]. CTBUH Journal, 2011, Issue I：24-27.

[4.40] Schmidt J., Griffin C. T. Barriers to the design and use of cross-laminated timber structures in high-rise multi-family housing in the United States [C]. Proceedings of the Second International

Conference on Structures and Architecture，Portugal，2013.

[4.41] Alex K. Architecturally Innovative Multi-Storey Timber Buildings：Methodology and Design [D]. Sweden：Luleå university of technology，2014.

[4.42] Pei S.，van de Lindt J. W.，Popovski M.，et al. Cross-Laminated Timber for Seismic Regions：Progress and Challenges for Research and Implementation [J]. Journal of Structural Engineering，2014，142（4）：E2514001-E2514001-11.

第五章 多层轻型木结构与混凝土上下混合结构的设计及案例

第一节 结 构 体 系

一、轻型木结构与混凝土上下混合结构

轻型木结构较多情况下是应用于 3 层及以下的住宅和非住宅建筑中[5.1][5.2]。但由于土地资源的限制，希望用木材建造更高的建筑。最新的《建筑设计防火规范》GB 50016—2014[5.3] 中，扩大了轻型木结构的适用范围，将原先的"木结构建筑不应超过 3 层"改为"木结构组合建筑允许建到 7 层且建筑高度可以达到 24m"。我国人口众多，土地有限，需要相对较高的建筑来满足人们的居住需求。

轻型木结构与混凝土上下混合结构（以下简称轻木-混凝土上下混合结构）是指上部为轻型木结构、下部为混凝土框架（或框剪）结构的上下混合结构。相比于下部的混凝土结构，上部木结构质量较轻，抗侧刚度较小，因此该混合结构为下重上轻、下刚上柔的非均匀结构。研究表明[5.4]，轻木-混凝土上下混合结构具有良好的抗震性能。

轻木-混凝土上下混合结构使得两种建筑结构形式共存于一栋建筑之中，不仅是一种轻型、经济实用的建筑技术，可以达到所有标准对强度、防火、保温、隔声性能的要求，且同时对地基的负荷大大降低，增加了建筑面积，为解决土地、能源和建筑成本问题提供了一种环保和可持续的解决方案。因此轻木-混凝土上下混合结构充分利用了两种建筑材料的优点，为现代木结构的发展创造了有利条件。

目前该结构形式在欧美地区已得到了一定程度的应用，如图 5-1 所示，其中图 5-1 (a) 为 2009 年在美国西雅图建成的高达 26m 名为"Marselle"的 7 层轻木-混凝土组合结

(a)   (b)

图 5-1 国外轻木-混凝土上下混合结构应用

(a) 西雅图"Marselle"公寓；(b) 轻木-混凝土混合结构住宅

构公寓[5.5]，其下部两层为混凝土结构、上部五层为轻型木结构；图 5-1（b）是底层为混凝土结构的车库，上部为 2 层轻型木结构的独栋住宅。

尽管在我国规范体系中，《建筑设计防火规范》GB 50016—2014 第一次明确提出这样的组合结构的概念和允许的规模，但前些年在学习国外先进经验的基础上，我国对轻木混合结构建筑也有所尝试。图 5-2（a）、（b）分别为我国已建成的武进低碳小镇一期示范工程和成都青白江小学教学楼。武进低碳小镇一期示范工程为下部一层混凝土结构、上部三层轻型木结构的四层轻木-混凝土组合结构，建筑总面积为 1645.58m²，建筑高度达 18.09m；成都青白江小学教学楼为底层混凝土一层框架结构、上部两层轻型木结构的三层轻木-混凝土组合结构，建筑总面积为 868.8m²，总高度 13.385m。

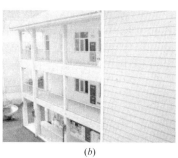

（a）　　　　　　　　　　　　　　　（b）

图 5-2　轻木-混凝土上下混合结构实例
（a）武进低碳小镇一期示范工程图；（b）成都青白江小学教学楼

本章将对轻木-混凝土上下混合结构的特点及其设计原理进行说明，并给出相应的参考设计方法与案例设计。

二、结构体系特点

轻木-混凝土上下混合结构为下重上轻、下刚上柔的非均匀结构。试验表明[5.4][5.6]，在地震作用下，底部结构对上部结构的地震作用有一定的放大作用，在计算上部轻木结构时需要将水平地震作用进行一定程度的放大。

对轻木-混凝土上下混合结构按楼层数组合命名的方法采用下部混凝土层数加上上部轻木结构层数来表示，如下部两层混凝土框架、上部三层轻木结构的混合结构，简称"2＋3"结构。不同的楼层数组合结构对整体结构性能有着一定的影响。

虽然轻木-混凝土上下混合结构应用不是很多，但上部木结构与下部混凝土结构之间的连接与轻型木结构与基础的连接类似。普通的轻型木结构建筑一般为通过预埋锚栓等与混凝土基础连接，轻木-混凝土上下混合结构则是把木结构通过预埋件连接在混凝土框架上。轻木结构与混凝土结构采用锚栓连接以抵抗水平作用力，为了提高结构的抗倾覆能力，在轻木结构剪力墙的墙角处设置抗拔锚固件（Holddown）。

三、传力路径

（一）竖向传力路径

上部轻型木结构以密置的骨架作为主要的承重构件，竖向荷载由楼面下部搁栅承担，搁栅楼面相当于单向板支承于木梁之上，通过木梁将荷载传递至墙骨柱，荷载再经连接件向下传递。

下部混凝土框架的竖向承重体系包括横向框架承重、纵向框架承重以及纵横向框架混合承重。竖向荷载由楼板传至次梁，次梁传至主梁，通过主梁传至柱，最终传递给基础。

（二）水平传力路径

上部轻型木结构主要由木剪力墙进行抗侧。以风荷载为例进行说明，风荷载作用至迎风面的墙体上，通过该墙体传至水平楼屋盖，再由楼屋盖传递到与其可靠连接的两侧墙体上，两侧墙体再通过水平连接件将水平荷载向下传递。

而在连接处，上部轻木结构则是通过预埋件与下部混凝土框架连接。轻木结构与混凝土结构采用预埋螺栓连接以抵抗水平作用力，即上部剪力墙中的剪力通过连接剪力墙底梁板与下部结构的预埋螺栓进行传递。由于上部木结构自重较轻，故为了提高结构的抗倾覆能力，通常在墙角处设置抗上拔连接件。

下部混凝土部分则由纵向框架和横向框架分别承受各自方向上的水平力。水平力由墙体或楼屋面传至柱，再由柱最终传递给基础。

第二节　结构抗震性能

一、概述

轻木-混凝土上下混合结构由上下两部分组成，其所受荷载包括恒载、活载、风载、雪荷载、地震作用等。具体取值及计算方法可按《建筑结构荷载规范》GB 50009—2012[5.7]中的相关规定进行计算。但与其他结构体系不同的是，在水平地震作用下，下部混凝土框架的抗侧刚度往往比上部轻木结构的抗侧刚度大很多，故结构沿高度方向刚度的突变，从而在计算上部轻木结构的水平地震作用时需考虑由下部混凝土框架造成的动力放大作用。现引入两个基本概念。

（一）水平地震作用放大系数

水平地震作用放大系数（以下简称放大系数）定义为混凝土顶部加速度时程曲线的峰值与地面加速度时程曲线的峰值的比值，反映了地震波经混凝土框架传递之后上部木结构受地震作用的放大程度。

（二）结构下上刚度比

结构下上刚度比定义为下部混凝土层平均抗侧刚度与上部轻木结构的平均抗侧刚度之比，其对放大系数的取值有着重要的影响。

二、振动台试验

（一）试验模型

2007 年，熊海贝[5.4][5.6]等人在国内首次进行了3 层轻木-混凝土混合结构（如图 5-3 所示）的足尺振动台试验，试验模型的平面尺寸为 6.1m×3.7m，高度为 8.8m。其中底部一层为混凝土框架

图 5-3　轻木-混凝土混合结构振动台试验

结构，层高为 3m；上部两层为轻型木结构，层高均为 2.8m。

试验旨在研究上下刚度比对上部轻木结构房屋的影响，共有 6 个模型，对其中 5 个不同下上抗侧刚度比的模型进行试验。其中，木结构通过改变门洞尺寸的大小来改变它的抗侧刚度，混凝土结构通过在结构立面布置钢结构支撑来实现刚度的变化。具体上下刚度比见表 5-1。

<table>
<tr><td colspan="2" style="text-align:left">试验模型抗侧刚度及刚度比值</td><td style="text-align:right">表 5-1</td></tr>
</table>

试验模型	抗侧刚度（kN/mm）和上下刚度比		
	木结构	混凝土	刚度比
模型 1	4.8	10.0	1：2
模型 2	2.4	10.0	1：4
模型 3	4.8	20.0	1：4
模型 4	2.4	20.0	1：8
模型 5	4.8	30.0	1：6
模型 6	2.4	30.0	1：12

模型上部轻木结构的设防烈度为 8 度；同时，下部混凝土框架按 8 度罕遇地震进行配筋设计，以保证下部结构不出现严重的大变形破坏。试验选取了 Taft 波、El-Centro 波和 SHW2 波 3 条地震波，并在振动台面依次输入加速度峰值为 $0.1g \sim 0.5g$ 的 5 个地震水准的激励。

（二）试验破坏现象

试验表明，轻木-混凝土上下混合结构具有良好的抗震性能。5 个模型在经历 0.2g 地震水准作用时水平位移小，钉连接基本保持完好。在高地震水准作用下木框架剪力墙的破坏主要表现为钉连接的破坏。钉连接破坏主要集中在各块板的角部和边缘，板中部绝大多数钉子保持完好。

对比 5 个模型的宏观试验现象，刚度比小的试验模型较刚度比大的试验模型地震反应更为强烈。

（三）试验结果分析

1. 加速度反应

通过设置在模型各层上的加速度传感器，可以测得模型在台面地震波作用下相应楼层的绝对加速度反应时程曲线，其幅值相对于台面输入加速度幅值的比值，即为加速度动力放大系数。

试验表明，加速度反应随着高度的增加而增大，随着刚度比的增大而减小。

2. 位移反应

（1）水平位移反应

试验中，在各楼层 2 个长边轴线上均布置了拉线式位移计记录测点的水平位移反应。结果表明：

① 2 个轴线上位移计的时程反应一致，模型以平动为主，没有出现扭转。

② 随着台面输入地震水准的提高，模型 2 层的层间位移越来越突出。

③ 沿楼层的最大水平位移曲线与 1 阶振型曲线相似。

（2）层间位移

将同一工况时不同楼层位置测点的位移时程曲线在同一时刻相减，可以得到相应的层间位移时程曲线。将层间位移峰值与楼层高度相比，得到结构的层间位移角。试验表明，模型下上刚度比小时，层间位移反应较大。在振动台试验过程中，模型1、2地震反应最强烈，其层间位移角最大值分别为1/49和1/50。

3. 木结构与混凝土的连接性能

（1）木结构与混凝土连接处水平相对位移

对木结构与混凝土连接处水平相对位移在各工况下的最大值进行统计，得出以下结论：木结构与混凝土连接处水平相对位移很小，在 0.5g 地震水准作用下的最大值也仅有 0.2mm，因此可以近似认为，在合理的连接件下，木结构与混凝土结构间不会产生滑移，两者之间的连接是可靠的。

（2）墙骨柱与底梁板的竖向相对位移

模型三层角部底梁板和墙骨柱间的竖向相对位移很小，最大值仅为 0.04mm；模型二层角部底梁板和墙骨柱间的竖向相对位移也较小，最大值为 1.4mm；二层门洞旁墙骨柱与底梁板的竖向相对位移随着地震水准的增加不断增大，最大值为 6.9mm。由这些数据可以看出，在模型的角部墙骨柱和底梁板的竖向相对位移很小，原因是在模型设计时，不但在角部采用加强的墙骨柱，而且布置了抗上拔连接件。

三、有限元模拟分析

2015 年，罗文浩[5.8]运用通用有限元软件 ABAQUS 对 12 个不同层数组合和不同刚度比的轻木-混凝土上下混合结构进行了模态分析和三个地震水准的非线性动力时程分析，并通过改变下部混凝土柱截面尺寸研究了在多遇地震作用时下上刚度比对上部木结构水平地震作用放大效应的影响。

（一）模型参数及设计说明

用于计算的混合结构平面布置规则，东西长为 19.8m，南北宽为 12.0m，层高 3.0m，其平面结构布置图见图 5-4～图 5-6。

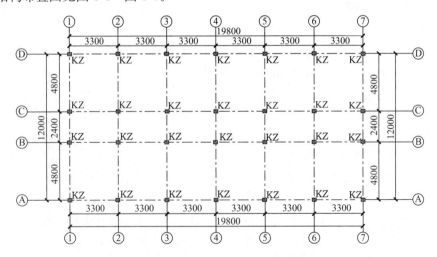

图 5-4　有限元分析模型下部混凝土框架柱平面布置图

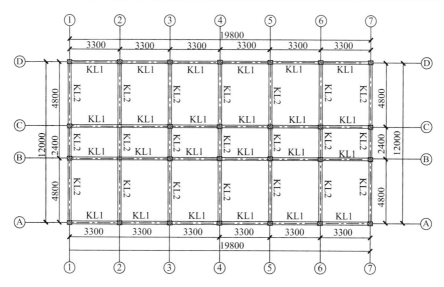

图 5-5　有限元分析模型下部混凝土框架梁平面布置图

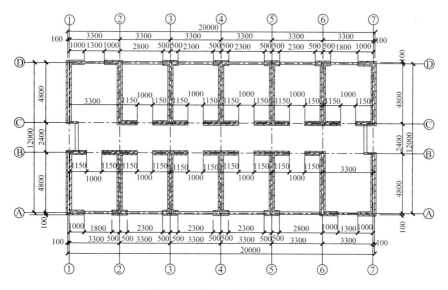

图 5-6　有限元分析模型上部木剪力墙平面布置图

混合结构的下部混凝土框架梁、柱的截面随层数组合的不同而不同，如表 5-2 所示；楼板采用 100mmC30 现浇混凝土楼板。

不同层数组合时下部框架梁柱截面　　　　　　　　表 5-2

组合形式	柱（mm）	梁（mm）
1+1/1+2/1+3	240×240	200×350
2+1/2+2/2+3	240×240	200×350
3+1/3+2/3+3	300×300	200×350
4+1/4+2/4+3	300×300	200×350

上部轻型木结构剪力墙的墙骨柱截面尺寸和覆面板厚度如表 5-3 所示。

上部木结构不同层数时木剪力墙参数 表 5-3

总层数（层）	第 1 层	第 2 层	第 3 层
1	38×89，9.5		
2	38×89，9.5	38×89，9.5	
3	38×140，12.0	38×89，9.5	38×89，9.5

注：38×89，9.5 表示墙骨柱为 38×89 的规格材，覆面板为 9.5mm 厚的 OSB 板；38×140，12.0 含义类推，且木剪力墙的边界构件均有两根与墙体相同尺寸的墙骨柱规格材组成。

墙骨柱与墙骨柱以及墙骨柱与覆面板的钉连接均采用 3.3mm 直径麻花钉，面板边缘钉间距 100mm，中间支座钉间距 200mm；

木楼板的楼面搁栅均采用 38mm×235mm 的规格材，搁栅间距为 610mm，搁栅上铺 15.1mm 的 OSB 覆面板。

（二）动力时程分析

基于以上建立的 12 个混合结构整体有限元模型，进行模态分析和三个地震水准的非线性动力时程分析，并通过改变下部混凝土柱截面尺寸来研究在多遇地震作用时下上刚度比与上部木结构水平地震作用放大效应的关系。

1. 模态分析

模态分析分为有阻尼的模态分析和无阻尼的模态分析，一般而言，结构的阻尼比只对结构的持续振动影响较大，因此，在求解结构固有频率和振型时可忽略阻尼比的影响，这里采用无阻尼的模态分析。

上述 12 个混合结构，由于其平面布置规则，结构的振型均比较规整，即前两阶为纵横向平动、三阶扭转、四五阶为纵横向二阶平动、六阶扭转，故只对其中的"1+1"组合进行说明。经计算，"1+1"混合结构的自振频率和振型如表 5-4 所示。

结构前六阶的自振频率和振型 表 5-4

	f_1	f_2	f_3	f_4	f_5	f_6
有限元结果	4.1438	4.8345	5.5694	6.7596	8.9207	9.6222
振型	纵向一阶平动	横向一阶平动	一阶扭转	纵向二阶平动	横向二阶平动	二阶扭转

2. 地震波选取

本结构非线性动力时程分析所选用的地震波为 El-Centro 波和上海人工波 2。其中，El-Centro 地震波分别记录了南北方向和东西方向两条波，南北方向的加速度峰值为 341.7cm/s²，东西方向的加速度峰值为 210.1cm/s²，图 5-7 为 El-Centro 波在南北方向（以下简称"EC-NS"）和东西方向（以下简称"EC-WE"）的加速度时程曲线示意图；上海人工波 2（以下简称"SHW2"）由拟合反应谱得到，该地震波持时 36.86s，加速度峰值为 35.0cm/s²，其加速度时程曲线如图 5-8 所示。由于 El-Centro 波和 SHW2 波在 35s 之后几乎处于平稳阶段，为节省计算代价，仅取了前 35s 进行计算。

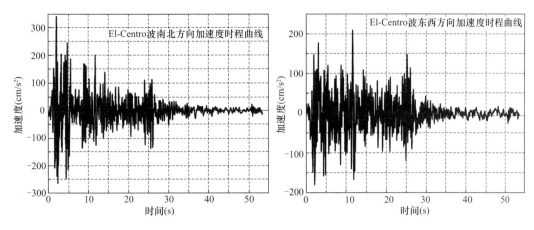

图 5-7　El-Centro 地震波的加速度时程曲线示意图

根据我国《建筑抗震设计规范》GB 50011—2010，7 度（0.1g）设防地区在进行时程分析时多遇地震、设防地震和罕遇地震所对应的加速度峰值分别为 0.035g、0.1g 和 0.22g，故混合结构进行动力时程分析的工况如表 5-5 所示。

3. 上部轻木结构地震放大作用

根据文献[5.6]，将轻木-混凝土混合结构上部木结构地震作用放大效应定义为混凝土顶部加速度时程曲线的峰值与地面加速度时程曲线的峰值的比值，它反映了地震波经混凝土框架传递之后上部木结构受地震作用的放大程度。

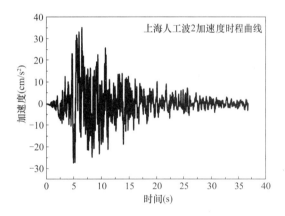

图 5-8　上海人工波 2 的加速度时程曲线示意图

混合结构动力时程分析工况表　　　　　　　　　　表 5-5

工况	EC-NS		工况	EC-WE		工况	SHW2	
	加速度峰值			加速度峰值			加速度峰值	
1	0.035g		4	0.035g		7	0.035g	
2	0.1g		5	0.1g		8	0.1g	
3	0.22g		6	0.22g		9	0.22g	

4. 动力时程分析结果

通过对 12 个模型进行动力时程分析，得出不同组合在不同工况下的加速度时程曲线、加速度放大系数以及上部轻木结构水平地震放大作用与刚度比的关系，通过对比分析可以得出以下结论。

（1）对于同一混合结构，上部木结构的水平地震作用放大效应随地震水准的增高而增大，如表 5-6 所示。对比三条不同地震波的计算结果，上部轻木结构的地震作用放大效应 EC-WE 波＞SHW2 波＞EC-NS 波；对于上部为一层轻型木结构的混合结构，由于顶层轻型木结构质量较轻、刚度较小，整体结构的鞭梢效应比较明显，故上部轻木结构的地震作用放大效应比较大。

不同混合结构的地震作用放大系数 表 5-6

	组合	放大效应			组合	放大效应			组合	放大效应		
		0.035g	0.1g	0.22g		0.035g	0.1g	0.22g		0.035g	0.1g	0.22g
EC-NS 波	1+1	2.126	2.194	2.285	1+2	1.559	1.628	1.687	1+3	1.466	1.519	1.590
	2+1	2.084	2.178	2.277	2+2	1.694	1.783	1854	2+3	1.591	1.671	1.763
	3+1	2.342	2.473	2.532	3+2	2.074	2.153	2.234	3+3	1.813	2.053	2.160
	4+1	2.296	2.403	2.539	4+2	2.016	2.127	2.201	4+3	1.954	2.361	2.457
EC-WE 波	1+1	2.206	2.315	2.398	1+2	1.758	1.831	1.914	1+3	1.487	1.546	1.577
	2+1	2.291	2.373	2.463	2+2	1.835	1.915	1.991	2+3	1.774	1.803	1.913
	3+1	2.461	2.674	2.744	3+2	2.109	2.115	2.167	3+3	1.921	2.115	2.273
	4+1	2.736	2.844	2.942	4+2	2.437	2.549	2.673	4+3	2.373	2.584	2.657
SHW2 波	1+1	2.154	2.237	2.348	1+2	1.643	1.741	1.807	1+3	1.489	1.549	1.632
	2+1	2.213	2.298	2.412	2+2	1.746	1.848	1.921	2+3	1.672	1.733	1.839
	3+1	2.392	2.523	2.612	3+2	1.998	2.112	2.294	3+3	1.794	1.913	2.093
	4+1	2.418	2.609	2.734	4+2	2.125	2.331	2.478	4+3	2.001	2.289	2.449

（2）上部木结构的地震作用放大效应在下上刚度比小于 12 时没有呈现出明显的规律，当下上刚度比在 12～24 的范围内放大效应随刚度比增大而减小，并当刚度比大于 24 之后趋于稳定；当下部混凝土层数一定时，上部木结构的地震作用放大效应随上部木结构层数的增多呈现减小的趋势；当上部木结构层数一定时，上部木结构的地震作用放大效应随下部混凝土层数的增多而呈现增大的趋势，如图 5-9、图 5-10 所示。

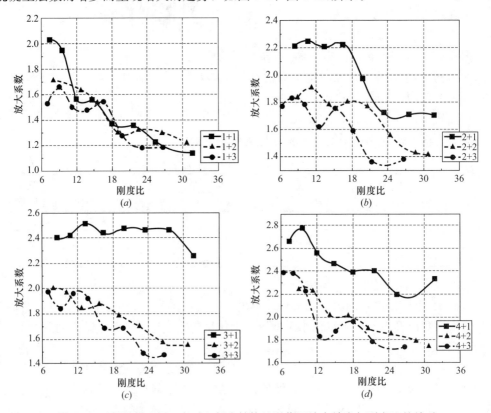

图 5-9　下部混凝土层一定时上部木结构地震作用放大效应与刚度比的关系
（a）下部混凝土结构为一层；（b）下部混凝土结构为二层；
（c）下部混凝土结构为三层；（d）下部混凝土结构为四层

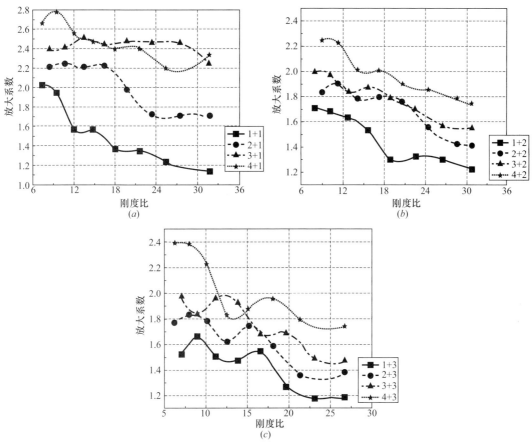

图 5-10　上部木结构层一定时上部木结构地震作用放大效应与刚度比的关系

（a）上部轻型木结构为一层；（b）上部轻型木结构为二层；（c）上部轻型木结构为三层

注：对比三条不同地震波的计算结果，上部轻木结构的地震反应 EC-WE 波＞SHW2 波＞EC-NS 波，故只列出了 EC-WE 波的分析结果。

第三节　设计假定与分析方法

一、设计假定

1. 所有结构构件处于弹性阶段。

2. 轻木结构部分楼板为柔性，水平荷载均按从属面积分配，由木剪力墙承担。

3. 轻木结构与混凝土结构连接部分牢固可靠，不会先于轻木结构以及混凝土框架发生破坏。

二、上部轻木结构设计

轻型木结构的设计方法详见第二章多层轻型木结构设计及案例相关部分。

三、下部混凝土框架设计

下部混凝土框架设计与计算方法与纯混凝土框架结构相同，具体参见《混凝土结构设

计规范》GB 50010—2010[5.9]以及《建筑抗震设计规范》GB 50011—2010.[5.10]

需要注意的是，计算下部混凝土框架的地震剪力时，需将上部木结构以等效重力荷载作为质点作用在下部结构的顶层。

四、轻木与混凝土框架连接处设计

上部轻木结构与下部混凝土框架通过预埋于混凝土中的螺栓进行连接（图 5-11），以抵抗水平作用力；除此之外，还需在墙角处设置抗拔连接件如图 5-12（a）所示。

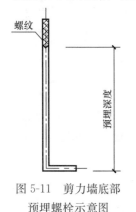

图 5-11　剪力墙底部
预埋螺栓示意图

根据《木结构设计规范》GB 50005—2017[5.2]介绍连接件的计算。

（一）剪力墙底部抗剪普通螺栓承载力计算

1. 每个剪面的承载力设计值 Z_d 应按式（5-1）进行计算。

$$Z_d = C_m C_n C_t k_g Z \qquad (5-1)$$

式中　C_m——含水率调整系数，按表 5-7 中规定采用；

C_n——设计使用年限调整系数，按表 5-8 中规定采用；

C_t——温度环境调整系数，按表 5-7 中规定采用；

k_g——群栓组合系数，此处按规范采用 1.0；

Z——承载力参考设计值。

使用条件调整系数　　　　　　　　　　　　　　表 5-7

序号	调整系数	采用条件	取值
1	含水率调整系数 C_m	使用中木构件含水率大于 15% 时	0.8
		使用中木构件含水率小于 15% 时；	1.0
2	温度调整系数 C_t	长期生产性高温环境，木材表面温度达 40～50℃时	0.8
		其他温度环境时	1.0

不同设计使用年限时木材强度设计值和弹性模量的调整系数　　　　　表 5-8

设计使用年限	调整系数	
	强度设计值	弹性模量
5 年	1.10	1.10
25 年	1.05	1.05
50 年	1.00	1.00
100 年及以上	0.90	0.90

2. 每个剪面的承载力参考设计值 Z 应按式（5-2）进行计算。

$$Z = k_{min} t_s d f_{es} \qquad (5-2)$$

式中　k_{min}——单剪连接时较薄构件或双剪连接时边部构件的销槽承压最小有效长度系数，应按式（5-3）确定；

t_s——较薄构件或边部构件的厚度（mm），此处为螺栓在木构件中的厚度；

d——螺栓直径（mm）；

f_{es}——构件销槽承压强度标准值（N/mm²），此处为螺栓在木构件中的销槽顺纹承压强度标准值，按式（5-3）确定。

$$f_{e,0} = 77G \tag{5-3}$$

式中　G——主构件材料的全干相对密度。

3. 销槽承压最小有效长度系数 k_{min} 应按下列 4 种破坏模式进行计算，并按式（5-4）进行确定。

$$k_{min} = [k_{I}, k_{II}, k_{III}, k_{IV}] \tag{5-4}$$

（1）屈服模式 I 时，应按下列规定计算销槽承压有效长度系数 k_{I}。

① 销槽承压有效长度系数应按式（5-5）计算。

$$k_{I} = \frac{R_{e}R_{t}}{\gamma_{I}} \tag{5-5}$$

式中　R_{e}——为 f_{em}/f_{es}；

R_{t}——为 t_{m}/t_{s}；

t_{m}——较厚构件或中部构件的厚度（mm），此处为螺栓在混凝土中的预埋深度；

f_{em}——较厚构件或中部构件的销槽承压强度标准值（N/mm²），此处为螺栓在混凝土构件上的销槽承压强度，按混凝土立方体抗压强度标准值的 1.57 倍计算；

γ_{I}——屈服模式 I 的抗力分项系数，应按表 5-9 的规定取值。

② 对于单剪连接时，应满足 $R_{e}R_{t} \leqslant 1.0$。

（2）屈服模式 II 时，应按式（5-6）、式（5-7）计算单剪连接的销槽承压有效长度系数。

$$k_{II} = \frac{k_{sII}}{\gamma_{II}} \tag{5-6}$$

$$k_{sII} = \frac{\sqrt{R_{e} + 2R_{e}^{2}(1 + R_{t} + R_{t}^{2}) + R_{t}^{2}R_{e}^{3}} - R_{e}(1 + R_{t})}{1 + R_{e}} \tag{5-7}$$

式中　γ_{II}——屈服模式 II 的抗力分项系数，应按表 5-9 的规定取值。

（3）屈服模式 III 时，应按下列规定计算销槽承压有效长度系数 k_{III}。

$$k_{III} = \frac{k_{sIII}}{\gamma_{III}} \tag{5-8}$$

式中　γ_{III}——屈服模式 III 的抗力分项系数，应按表 5-9 的规定取值。

① 当单剪连接的屈服模式为 III$_{m}$ 时，按式（5-9）计算。

$$k_{sIII} = \frac{R_{t}R_{e}}{1 + 2R_{e}}\left[\sqrt{2(1 + R_{e}) + \frac{1.647(1 + 2R_{e})k_{ep}f_{yk}d^{2}}{3R_{e}R_{t}^{2}f_{es}t_{s}^{2}}} - 1\right] \tag{5-9}$$

式中　f_{yk}——销轴类紧固件屈服强度标准值（N/mm²）；

k_{ep}——弹塑性强化系数。

② 当屈服模式为 III$_{s}$ 时，按式（5-10）计算。

$$k_{sIII} = \frac{R_{e}}{2 + R_{e}}\left[\sqrt{\frac{2(1 + R_{e})}{R_{e}} + \frac{1.647(1 + 2R_{e})k_{ep}f_{yk}d^{2}}{3R_{e}f_{es}t_{s}^{2}}} - 1\right] \tag{5-10}$$

当采用 Q235 钢等具有明显屈服性能的钢材时，取 $k_{ep} = 1.0$；当采用其他钢材时，应按具体的弹塑性强化性能确定，其强化性能无法确定时，仍应取 $k_{ep} = 1.0$。

（4）屈服模式 IV 时，应按式（5-11）、式（5-12）计算销槽承压有效长度系数 k_{IV}。

$$k_{IV} = \frac{k_{sIV}}{\gamma_{IV}} \tag{5-11}$$

$$k_{s\mathbb{N}} = \frac{d}{t_s} \sqrt{\frac{1.647 R_e k_{ep} f_{yk}}{3(1+R_e) f_{es}}}$$ (5-12)

式中 $\gamma_{\mathbb{N}}$ ——屈服模式Ⅳ的抗力分项系数，应按表 5-9 的规定取值。

构件连接时剪面承载力的抗力分项系数 γ 取值   表 5-9

连接件类型	各屈服模式的抗力分项系数			
	γ_{I}	γ_{II}	γ_{III}	γ_{IV}
螺栓、销或六角头木螺钉	4.38	3.63	2.22	1.88
圆钉	3.42	2.83	2.22	1.88

（二）抗拔连接件承载力计算

抗拔连接件是由底部预埋螺栓固定于下部混凝土之上，其构造如图 5-12（b）所示。其中底部单个预埋螺栓承担抗拔力，上部两列螺栓承担剪力，故需分别进行设计与验算。

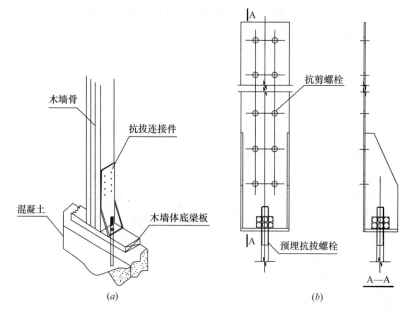

图 5-12　木剪力墙与混凝土连接件示意图
（a）底部预埋抗拔连接件示意图；（b）底部预埋抗拔连接件详图

（1）底部抗拔螺栓

底部抗拔螺栓按式（5-13）的螺栓抗拔承载力计算。

$$N_t^b = \frac{\pi d_e^2}{4} f_t^b$$ (5-13)

式中 d_e——螺栓在螺纹处的有效直径；

f_t^b——螺栓的抗拉强度设计值。

（2）上部抗剪螺栓

上部抗剪螺栓承载力与剪力墙底部抗剪普通螺栓承载力计算方法相同，仍按式（5-1）～式（5-12）进行计算，但部分公式与参数的含义不同。

其中，式（5-2）改为式（5-14）。

$$Z = k_{\min} t_{\mathrm{m}} d f_{\mathrm{em}} \tag{5-14}$$

式中 k_{g}——群栓组合系数，此处按表 5-10 确定；

t_{s}——较薄构件或边部构件的厚度（mm），此处为钢板的厚度；

f_{es}——构件销槽承压强度标准值（N/mm²），此处为螺栓在钢板中的销槽顺纹承压强度标准值，应按现行国家标准《钢结构设计标准》GB 50017 规定的螺栓连接的构件销槽承压强度设计值的 1.1 倍计算；

t_{m}——较厚构件或中部构件的厚度（mm），此处为螺栓在木构件中的深度；

f_{em}——较厚构件或中部构件的销槽承压强度标准值（N/mm²），此处为螺栓在木构件中的销槽顺纹承压强度标准值，按式（5-3）确定。

（3）钢板承压验算

除了螺栓的验算之外，还需验算钢板的承压承载力，具体计算方法见《钢结构设计标准》GB 50017[5.11]，此处不再赘述。

螺栓、销和木螺栓的群栓组合系数 k_{g}（侧构件为钢材） 表 5-10

$A_{\mathrm{m}}/A_{\mathrm{s}}$	A_{s} (mm²)	每排中紧固件的数量										
		2	3	4	5	6	7	8	9	10	11	12
12	3225	0.97	0.89	0.80	0.70	0.62	0.55	0.49	0.44	0.40	0.37	0.34
	7740	0.98	0.93	0.85	0.77	0.70	0.63	0.57	0.52	0.47	0.43	0.40
	12900	0.99	0.96	0.92	0.86	0.80	0.75	0.69	0.64	0.60	0.55	0.52
	18060	0.99	0.97	0.94	0.90	0.85	0.81	0.76	0.71	0.67	0.63	0.59
	25800	1.00	0.98	0.96	0.94	0.90	0.87	0.83	0.79	0.76	0.72	0.69
	41280	1.00	0.99	0.98	0.96	0.94	0.91	0.88	0.86	0.83	0.80	0.77
	77400	1.00	0.99	0.99	0.98	0.96	0.95	0.93	0.91	0.90	0.87	0.85
	129000	1.00	1.00	0.99	0.99	0.97	0.96	0.95	0.95	0.93	0.92	0.90
18	3225	0.99	0.93	0.85	0.76	0.68	0.61	0.54	0.49	0.44	0.41	0.37
	7740	0.99	0.95	0.90	0.83	0.75	0.69	0.62	0.57	0.52	0.48	0.44
	12900	1.00	0.98	0.94	0.90	0.85	0.79	0.74	0.69	0.65	0.60	0.56
	18060	1.00	0.98	0.96	0.93	0.89	0.85	0.80	0.76	0.72	0.68	0.64
	25800	1.00	0.99	0.97	0.95	0.93	0.90	0.87	0.83	0.80	0.77	0.73
	41280	1.00	0.99	0.98	0.97	0.95	0.93	0.91	0.89	0.86	0.83	0.81
	77400	1.00	1.00	0.99	0.98	0.97	0.96	0.95	0.93	0.92	0.90	0.88
	129000	1.00	1.00	0.99	0.99	0.98	0.98	0.97	0.96	0.95	0.94	0.92
24	25800	1.00	0.99	0.97	0.95	0.93	0.89	0.86	0.83	0.79	0.76	0.72
	41280	1.00	0.99	0.98	0.97	0.95	0.93	0.91	0.88	0.85	0.83	0.80
	77400	1.00	1.00	0.99	0.98	0.97	0.96	0.95	0.93	0.91	0.90	0.88
	129000	1.00	1.00	0.99	0.99	0.98	0.97	0.96	0.95	0.93	0.92
30	25800	1.00	0.98	0.96	0.93	0.89	0.85	0.81	0.77	0.73	0.69	0.65
	41280	1.00	0.99	0.97	0.95	0.93	0.90	0.87	0.83	0.80	0.77	0.73
	77400	1.00	0.99	0.99	0.97	0.96	0.94	0.92	0.90	0.88	0.85	0.83
	129000	1.00	1.00	0.99	0.98	0.97	0.96	0.95	0.94	0.92	0.90	0.89
35	25800	0.99	0.97	0.94	0.91	0.86	0.82	0.77	0.73	0.68	0.64	0.60
	41280	1.00	0.98	0.96	0.94	0.91	0.87	0.84	0.80	0.76	0.73	0.69
	77400	1.00	0.99	0.98	0.97	0.95	0.92	0.90	0.88	0.85	0.82	0.79
	129000	1.00	0.99	0.99	0.98	0.97	0.95	0.94	0.92	0.90	0.88	0.86

A_m/A_s	A_s (mm²)	每排中紧固件的数量										
		2	3	4	5	6	7	8	9	10	11	12
42	25800	0.99	0.97	0.93	0.88	0.83	0.78	0.73	0.68	0.63	0.59	0.55
	41280	0.99	0.98	0.95	0.92	0.88	0.84	0.80	0.76	0.72	0.68	0.64
	77400	1.00	0.99	0.97	0.95	0.93	0.90	0.88	0.85	0.81	0.78	0.75
	129000	1.00	0.99	0.98	0.97	0.96	0.94	0.92	0.90	0.88	0.85	0.83
50	25800	0.99	0.96	0.91	0.85	0.79	0.74	0.68	0.63	0.58	0.54	0.51
	41280	0.99	0.97	0.94	0.90	0.85	0.81	0.76	0.72	0.67	0.63	0.59
	77400	1.00	0.98	0.97	0.94	0.91	0.88	0.85	0.81	0.78	0.74	0.71
	129000	1.00	0.99	0.98	0.96	0.95	0.92	0.90	0.87	0.85	0.82	0.79

注：表中没有列出的部分值采用线性插值进行选取。

五、整体抗震设计

（一）常用抗震设计方法

1. 底部剪力法

当建筑结构总高度不超过 40m、以剪切变形为主且质量和刚度沿高度分布比较均匀，在地震作用下扭转效应可忽略时，可采用底部剪力法计算其地震作用效应。在轻木-混凝土结构中，若结构的下上刚度比小于 4 时，可采用整体底部剪力法进行计算。

2. 振型分解反应谱法

振型分解反应谱法是现行抗震规范计算地震作用常用的方法，可以计算得到各质点地震反应的最大值，适用于除适用底部剪力法外的各类较规则建筑。

3. 有限元动力时程分析法

对于一般建筑结构，可采用振型分解反应谱法和底部剪力法，而对于特别不规则的建筑和特别重要的建筑，或者房屋高度和设防烈度较高的建筑，为确保安全，宜采用时程分析法。

（1）木剪力墙有限元建模

木剪力墙中，墙体框架规格材与覆面板的连接一般为钉连接，而木剪力墙的破坏大多是由钉连接的破坏而引起的，因此要建立精确的木剪力墙有限元模型，需对钉连接节点进行准确模拟。

由于精细化的木剪力墙有限元模型建模过程过于复杂，且需要定义的钉连接数量过多，在结构整体分析时计算代价过大且计算结果不易收敛。因此往往把木剪力墙简化为等效桁架模型[5.12]来进行分析。首先建立上部木剪力墙的有限元精细化模型，并得出木剪力墙在单调和循环往复荷载作用下的受力特性及力学参数，最终推导出其等效桁架模型的相关力学参数。

① 钉连接的有限元建模

建立精细化的木剪力墙有限元模型时，通常采用弹簧单元来模拟墙体框架规格材与覆面板之间的钉连接。此处介绍一种常用[5.13]用户自定义的 U1 弹簧单元来模拟，该单元是由 John[5.14]提出的一种新的钉连接模型：采用一对定向的非线性耦合弹簧来模拟钉连接。U1 弹簧单元模型如图 5-13 所示。该弹簧单元由两个相互垂直的分量弹簧组成（U 方向和

V 方向），其中 U 方向的弹簧代表钉连接初始变形方向。John 认为，尽管钉连接在 U 和 V 方向均有变形，当钉连接处的墙面板被部分撕裂后，钉连接的变形主要还是沿着初始的变形方向，即 U 方向。当 U 方向的弹簧变形大于破坏位移 δ_{fail} 时，程序认为 V 方向分量弹簧的内力为零。这种定向的耦合非线性弹簧单元解决了非耦合分量弹簧单元模拟钉连接时对剪力墙刚度的高估作用。模拟结果更能真实地反映钉连接在往复荷载作用下的受力状态。

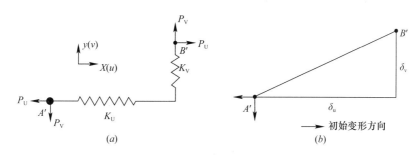

图 5-13　自定义 U1 弹簧单元模型

（a）定向非线性弹簧单元；（b）初始变形方向

自定义 U1 弹簧单元的恢复力模型分别采用 Foschi 指数模型的骨架曲线[5.15]和改进的 Stewart 滞回模型曲线[5.16]，分别如图 5-14、图 5-15 所示。

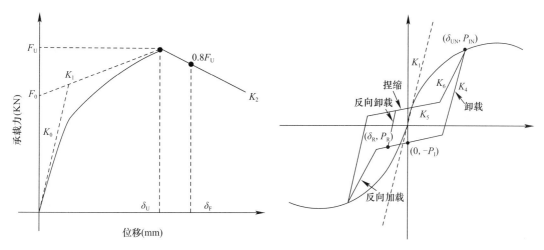

图 5-14　Foschi 指数模型的骨架曲线　　　图 5-15　改进的 Stewart 滞回模型

Foschi 指数型的骨架曲线是目前模拟钉连接的一种常用模型，相比于其他模型，该模型只需要定义五个参数就可以较为准确地模拟钉连接木剪力墙的荷载-位移曲线，该模型的公式如式（5-15）。

$$F_{\text{b}}(\delta)\begin{cases} \left[1-e^{-\frac{K_0}{F_0}\delta}\right](r_1 K_0 \delta + F_0) & \text{for} \quad \delta \leqslant \delta_{\text{u}} \\ F_{\text{u}} + r_2 K_0 (\delta - \delta_{\text{u}}) & \text{for} \quad \delta > \delta_{\text{u}} \end{cases} \quad (5\text{-}15)$$

式中　K_0——骨架曲线的初始刚度；

r_1、r_2——强化段刚度和下降段刚度与初始刚度的比值；

F_0——强化段和荷载轴的交点；

δ_u——最大承载力 F_u 对应的位移。

图中还定义了钉节点的破坏点，即承载力下降至极限承载力的 80%。

改进的 Stewart 滞回模型曲线可以充分地反映钉节点在往复荷载作用下的力学性能，曲线充分地考虑到了节点的强度、刚度的折减以及钉节点明显的捏缩效应。改进的 Stewart 滞回模型曲线需要如下几个参数：K_1—初始刚度；K_2—强化段刚度；K_3—下降段刚度；K_4—卸载刚度；K_5—软化段刚度；δ_{yield}—屈服位移；α_{LD}—反向加载刚度折减系数；β—另一个与刚度退化有关的系数；P_0—强化段和荷载轴的交点；P_1—软化段与荷载轴的交点。在 U1 自定义单元中 δ_{yield} 的值根据 P_0/K_1 计算得到。

其中钉连接节点的 Foschi 指数模型的骨架曲线和改进的 Stewart 滞回模型曲线中的相关参数可依据周楠楠[5.13]、康加华[5.17]论文中的试验数据拟合得出。

② 剪力墙的有限元模型

木剪力墙由规格材组成的墙体框架与覆面板通过钉连接组成，且木剪力墙的抗侧刚度及抗侧承载力主要由墙体框架规格材与覆面板之间的钉连接决定，故可在一些假定条件下对其进行适当简化，假定如下：墙体框架规格材及覆面板均为线弹性材料；所有的钉连接均采用自定义参数的 U1 弹簧单元模拟；墙体框架底梁板处的约束均为铰接。

在上述假定的前提下，木剪力墙的有限元模型中所选用的单元及相关参数可参考表 5-11。

剪力墙有限元模型单元选择和相关参数参考　　　　　　表 5-11

	ABAQUS 单元	单元常数	
墙骨柱	2 节点线性梁单元 B21	$b \times h = 38\text{mm} \times 89(140)\text{mm}$ $E = 9700\text{MPa}$ 密度 $= 415\text{kg/m}^3$	
底梁板，顶梁板	2 节点线性梁单元 B21	$b \times h = 76\text{mm} \times 140\text{mm}$ $E = 9700\text{MPa}$ 密度 $= 460\text{kg/m}^3$	
墙面板（OSB）	4 节点平面应力单元 CPS4R	$E_1 = 5157\text{MPa}$ $E_2 = 2643\text{MPa}$ $G_{12} = 1000\text{Mpa}$ $t = 9.5\text{mm}$ 密度 $= 650\text{kg/m}^3$	$E_1 = 5048\text{MPa}$ $E_2 = 2322\text{MPa}$ $G_{12} = 1000\text{Mpa}$ $t = 12\text{mm}$ 密度 $= 650\text{kg/m}^3$
面板钉连接	自定义非线性弹簧单元 U1	数据由试验数据拟合得到	
骨架钉连接和抗拔连接件	CONN2D2	铰接	

上述参数仅考虑了单侧的 OSB 覆板，其计算结果的刚度和承载力乘以 2 即可得到双侧覆 OSB 板木剪力墙的力学参数。

通过绘制剪力墙在往复荷载作用下的荷载-位移曲线（图 5-16），可以得出剪力墙的相关力学参数，包括木剪力墙的极限承载力及其对应位移、木剪力墙破坏时的承载力及其对应位移、木剪力墙的初始刚度，为确定剪力墙的对应等效桁架模型的参数提供依据。

③ 剪力墙的等效桁架模型

此等效桁架模型是由三根刚性梁和一对交叉的非线性弹簧组成（图 5-17），其中刚性梁之间的连接均为铰接，墙体的抗侧刚度和变形主要由交叉弹簧单元来实现。

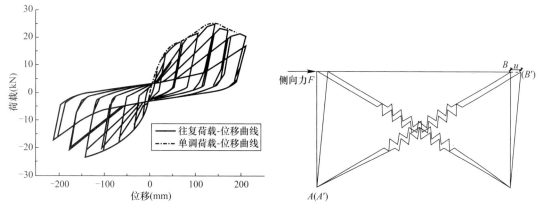

图 5-16 木剪力墙的荷载-位移曲线示意图 　　 图 5-17 木剪力墙的等效桁架模型

有关试验表明[5.13][5.17]，木剪力墙在循环往复荷载作用下的滞回曲线与钉连接节点的滞回曲线相似，所以木剪力墙等效桁架的恢复力模型也采用 Foschi 指数模型的骨架曲线和改进的 Stewart 滞回模型曲线，研究表明，木剪力墙的这种简化方法具有较高的精度。

根据前述木剪力墙的有限元模拟结果，可以推导出对应木剪力墙的等效桁架模型的相关力学参数。

（2）混合结构有限元建模

① 混凝土框架有限元建模

混凝土框架主要由梁、柱和楼板三部分组成。其中，混凝土梁柱用具有较高灵活性的纤维模型来模拟，具体做法为在 ABAQUS 中用 beam 梁单元来模拟混凝土梁和柱，并通过关键字"*rebar"在各种梁单元中插入钢筋，并采用由清华大学陆新征等[5.18]开发的适应于 ABAQUS 杆系纤维模型"PQ-FIBER"来定义钢筋和混凝土的材性，通过用户自定义的方法导入到 ABAQUS 中进行计算。

混凝土楼板采用 ABAQUS 中的壳单元来模拟。混凝土材性选用 ABAQUS 自带的损伤塑性模型（Concrete Damaged Plasticity），该模型由于考虑了损伤效应，因此它能够较好地模拟地震作用下的混凝土受力特性[5.19][5.20]；楼板中的钢筋则选取通用的双线性弹塑性本构模型，通过组合式建模的方法将钢筋弥散在楼板内部。

② 轻型木结构有限元建模

上部轻型木结构主要有木剪力墙、楼盖和屋盖三部分组成。其中木剪力墙采用上述等效桁架模型来模拟，且忽略开洞上下墙体，只考虑高宽比不大于 2 的窗间墙体[5.21]；楼盖和屋盖采用 ABAQUS 的壳单元来模拟。在实际工程中，木结构的楼盖和屋盖一般有搁栅、覆面板和吊顶等构成，其平面内的刚度较大，故在有限元模型中均假定为刚性板。

③ 模型质量

上部轻型木结构由于采用等效桁架模型来模拟木剪力墙，故把每层木剪力墙的重量附加到楼板上，同时，为了考虑地震作用时结构的反应特性，需考虑各种可变荷载对结构的影响。为使模型的质量分布均匀，把模型的自重和楼层附加质量通过赋予壳单元密度的方法施加在模型上。

根据《建筑结构荷载规范》GB 50009—2012[5.7]，不上人屋面及楼面活荷载分别取 $0.5kN/m^2$ 和 $2.0kN/m^2$。建模过程中，对于上部木结构，将与每层木楼板连接的上下木剪力墙体一半的重量、楼板自重以及楼层附加质量均匀地施加在每层楼板上；下部混凝土框架则根据实际情况建模。

④ 模型的边界条件

实际工程中，上部木结构与下部混凝土框架结构一般通过预埋锚栓和 hold-down 抗拔锚固件连接，有试验结果[5.4]表明：上部轻木结构与下部混凝土结构之间的锚栓连接相当可靠，故可认为上部木结构与下部混凝土之间的连接为刚接。为保证地震作用的有效传递，底层钢筋混凝土框架的柱脚与基础一般以刚接形式连接，即在有限元模型中将底层框架柱柱脚的 X、Y、Z 方向的平动自由度和绕 X、Y、Z 方向的转动自由度全部约束。

（二）规范相关规定

我国现有的规范里并没有明确的轻木-混凝土上下混合结构的设计条文，上海市《轻型木结构建筑技术规程》DG/TJ 08—2059—2009[5.22]中关于轻木混合结构的设计方法有如下规定：

1）对于平面规则的底层为其他材料的 4 层及 4 层以下的轻型木混合结构，宜按下列要求计算地震作用及确定参数：

① 当底层平均抗侧刚度与上部相邻木结构的平均抗侧刚度之比小于 4 时，整体结构可采用底部剪力法计算。相应于结构基本周期的水平地震影响效应，应取水平地震影响效应的最大值，结构的阻尼比可取 0.05。

② 当底部混凝土平均抗侧刚度与上部相邻木结构的平均抗侧刚度比在 4～10 时，整体结构宜采用振型分解反应谱法进行地震作用计算，结构阻尼比取 0.05。

③ 当底层平均抗侧刚度与相邻上部木结构平均抗侧刚度之比大于 10 时，上部木结构和下部结构可以单独采用底部剪力法计算。

上部木结构和下部结构单独计算时，尚应符合以下规定：

上部木结构的水平地震作用应乘以放大系数 β，当刚度比等于 10 时，取 $\beta=2.0$，当刚度比等于 40 时，取 $\beta=1.5$，中间采用线性插值。

下部结构可采用底部剪力法计算，上部木结构以等效重力荷载作为质点作用在下部结构的顶层。相应于结构基本周期的水平地震影响效应应取水平地震影响效应最大值，结构阻尼比可取 0.05。

2）顶层为轻型木结构与下部 4 层其他材料组成的 5 层轻木混合结构，宜采用振型分解法对整体结构进行分析，并把顶层木结构看作一个质点；若下部 4 层建筑竖向基本规则，可采用底部剪力法进行计算，顶层木结构地震作用宜乘以放大效应 3.0，此增大部分不应往下传递，但在相连构件和连接件计算时应计入。

（三）简化设计方法

1. 总体思路

简化计算方法为整体底部剪力法和上下两部分结构独立计算的方法。整体底部剪力法是指将整个结构按照底部剪力法来计算其地震作用；上下两部分独立计算的方法是指将上部木结构按照底部剪力法单独计算，再乘以放大系数 β，下部混凝土框架采用底部剪力法单独计算，同时在顶部附加上部木结构计算时结构底部的剪力和弯矩，得到最终的地震作用。

放大系数 β 的确定方法是根据时程分析得到的结构位移反应和上部木结构按照底部剪力法独立计算得到的位移反应，找到一个适当的放大系数，使得木结构乘以该放大系数后所得的位移反应及木结构底部的剪力、弯矩与时程分析的结果近似。

2. 适用条件

当采用简化方法计算上部结构的地震力时，上部结构要以第一阶振动为主；当需要考虑上部结构的高阶振动时，高阶频率对应的水平地震影响系数也要进行放大，由于这个放大系数可能较大，就不能够采用一个统一的放大系数进行简化计算，要确定这个放大系数的取值也就失去了简化计算的意义。所以当上部结构以一阶振动为主时可以采用该简化计算。

对于混合结构中的上部轻型木结构，一般层数较少，且刚度分布和质量分布基本均匀，水平地震下的振动主要以一阶振型为主。所以，可以采用上述简化方法。

对于平面布置规则的 7 层及 7 层以下的轻木-混凝土混合结构，建议当下上刚度比大于 6 时，将上下结构分别采用底部剪力法进行设计计算。

3. 计算模型

据传统底部剪力法的计算方法，将轻木-混凝土上下混合结构简化为"葫芦串"模型，即把每层结构的总重量集中在层顶的等效质点上，如图 5-18 所示。

采用底部剪力法计算下部混凝土框架的地震剪力时，要把上部轻木结构的总重量以等效重力质点的形式施加到下部混凝土框架顶层，以用来考虑上部轻木结构对下部混凝土框架的影响，如图 5-19（a）所示。轻木-混凝土混合结构的上部轻木结构坐落在混凝土框架的顶层，当混合结构受到地震作用时，由于下部混凝土框架的振动，地震作用经下部混凝土框架传递到上部轻木结构上时会产生放大效应，故用底部剪力法计算上部轻木结构的地震剪力时要乘以一个放大系数，如图 5-19（b）示。

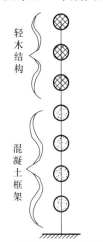

图 5-18　轻木-混凝土上下混合
结构的简化计算模型

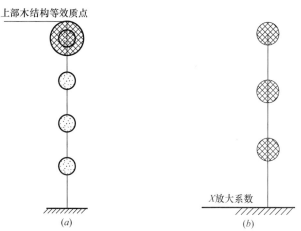

图 5-19　下部混凝土框架与上部轻木结构计算模型
（a）下部混凝土框架计算模型；（b）上部轻木结构计算模型

4. 抗侧刚度取值

模型底层混凝土框架结构的弹性抗侧刚度取理论计算的结果，上部轻型木结构单位长度剪力墙的抗侧刚度取值为 0.5kN/mm/m[5.14]。将单位剪力墙抗侧刚度值乘以楼层有效墙肢的长度，即得到木结构各层的抗侧刚度值。

5. 结构周期估计

罗文浩[5.8]对不同组合进行了有限元分析，提出了轻木-混凝土上下混合结构周期的经验周期公式，见式（5-16）。

$$T = \begin{cases} 0.075H_w^{0.75} + 0.04N_c & (\text{当 } N_c \text{ 为 1 或 2 时}) \\ 0.075H_w^{0.75} + 0.27\dfrac{N_c}{\lambda} & (\text{当 } N_c \text{ 为 3 或 4 时}) \end{cases} \tag{5-16}$$

式中　H_w——上部木结构的高度；

　　　N_c——下部混凝土结构层数；

　　　λ——下上刚度比；此公式的适用范围为平面布置规则的 7 层及 7 层以下的轻木-混凝土上下混合结构。

6. 水平地震作用放大系数的确定

在实际工程中，下部混凝土结构与上部轻型木结构的平均抗侧刚度比一般均大于 6。现给出不同类型混合结构的放大系数 β 的建议取值。

（1）对于"3+1"、"4+1"组合的混合结构，由于下部混凝土结构层数较多，顶层轻型木结构刚度和质量都较小，其鞭梢效应比较明显，因此在上、下分开采用底部剪力法进行抗震设计时，上部木结构的地震作用放大系数取值为：当下上刚度比为 6～12 时取 3.0，当下上刚度比大于等于 24 时取 2.5，介于中间时采用线性插值计算，如图 5-20 所示。

（2）对于"2+1"、"4+2"、"4+3"组合的混合结构，上、下分开采用底部剪力法进行抗震设计时，上部木结构的地震作用放大系数取值为：当下上刚度比为 6～12 时取 2.5，当下上刚度比大于等于 24 时取 1.9，介于中间时采用线性插值计算，如图 5-21 所示。

（3）对于上述组合以外的 7 层及 7 层以内的轻木-混凝土混合结构，上、下分开采用底部剪力法进行抗震设计时，上部木结构的地震作用放大系数取值为：当下上刚度比为 6～12 时取 2.0，当下上刚度比等于 30 时取 1.7，其余中间比值时采用线性插值计算，如图 5-22 所示。图中虚线为上

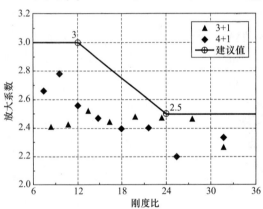

图 5-20　上部木结构水平地震作用放大系数与刚度比的关系

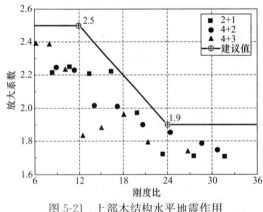

图 5-21　上部木结构水平地震作用放大系数与刚度比的关系

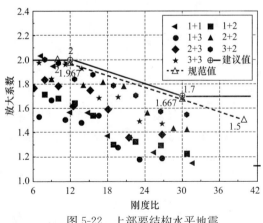

图 5-22　上部要结构水平地震作用放大系数与刚度比的关系

海市《轻型木结构建筑技术规程》DG/TJ 08—2059—2009[5.22]规定的平面规则的底层为其他材料的 4 层及 4 层以下的轻木混合结构（"1＋1、1＋2、1＋3"）其上部木结构地震作用放大系数取值方法。

轻木-混凝土上下混合结构的下上刚度比一般在 6～30 的范围内，如下上结构刚度比超出此范围或结构布置不规则的混合结构，建议按照整体结构建模并采用振型分解反应谱法进行地震作用计算且结构的阻尼比取为 0.05。

第四节　构造特点与要求

一、轻木结构构造

轻型木结构的构造详见第二章多层轻型木结构设计及案例相关部分。

二、混凝土框架结构构造

下部混凝土框架构造与纯混凝土框架结构相同，具体参见《混凝土结构设计规范》GB 50010—2010[5.9]以及《建筑抗震设计规范》GB 50011—2010[5.10]。

三、轻木-混凝土连接处构造

剪力墙底部抗剪螺栓埋入混凝土深度不应小于 300mm。

抗拔连接件中抗剪螺栓孔距应满足《木结构设计规范》GB 50005—2017[5.2]、《钢结构设计标准》GB 50017—2017[5.11]中有关螺栓最大、最小容许距离的规定以及其他相关构造要求。

第五节　案例设计——成都青白江小学（部分）

一、项目概况

（一）项目背景

青白江小学位于四川省成都市青白江区，该建筑为三层轻木-混凝土混合结构，底层为混凝土框架结构，上部两层为轻型木结构。记为"1＋2"形式，平面成"L"形，如图 5-23 所示。建筑总面积为 868.8m²，总高度为 13.385m，已建成建筑如图 5-24 所示。

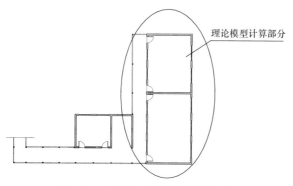

图 5-23　青白江小学结构计算部分

图 5-24　成都青白江小学

现取出图 5-23 中右侧平面规则的部分进行计算，以说明轻木-混凝土上下混合结构的设计方法。

（二）设计参数及要求

1. 建筑工程等级二级，设计使用年限为 50 年；

2. 场地类别Ⅱ类，设计分组为第三组；

3. 抗震设防类别丙类，抗震设防类别为 7 度（0.1g），按建筑抗震重要性分类为重点设防类建筑；

4. 地面粗糙程度为 B 类；

5. 本工程室内设计地坪标高 0.000 为地勘假定高程 0.250m；

6. 建筑基础采用柱下独立基础，基础下设 100 厚 C15 素混凝土垫层。结构下部的混凝土框架结构中，框架柱、梁以及楼板均采用 C25 混凝土。框架填充墙采用 200 厚 M5.0 水泥砂浆以及 MU10 混凝土空心小砌块。

二、选用材料

（一）钢筋

选用钢筋及其设计强度见表 5-12。

选用钢筋及其设计强度表　　　　　　　　　　　表 5-12

钢筋等级	设计强度 f_y（N/mm²）
HPB235	210
HRB335	300
HRB400	360

（二）混凝土

混凝土等级的选用见表 5-13。

混凝土等级选用　　　　　　　　　　　表 5-13

结构部位		选用混凝土等级
基础部分	基础垫层	C15
	基础	C25
框架结构部分	框架柱	C25
	框架梁	C25
	楼板	C25

混凝土强度等级设计值见表 5-14。

混凝土强度等级设计值（N/mm²）　　　　　　　　　　　表 5-14

混凝土强度等级	抗压设计值 f_c	抗拉设计值 f_t
C15	7.9	0.91
C25	11.9	1.27

（三）轻木结构部分

轻木结构部分采用目测分级 SPF 规格材以及 OSB 板。

承重墙的墙骨柱木材采用 V_c 级及以上，非承重墙的墙骨柱可采用任何等级的规格材，其余构件材质等级为 II_c 级及以上。

（四）连接件

（1）螺栓：4.8 级普通螺栓；

（2）其他钢构件：材料为 Q235，设计强度 $f=205N/mm^2$。

三、结构布置

（一）结构平面布置

青白江小学结构平面布置图见图 5-25～图 5-27。其中圈出部分为本章计算部分。

（二）结构立面布置

青白江小学结构立面布置图见图 5-28～图 5-31。其中圈出部分为本章计算部分。

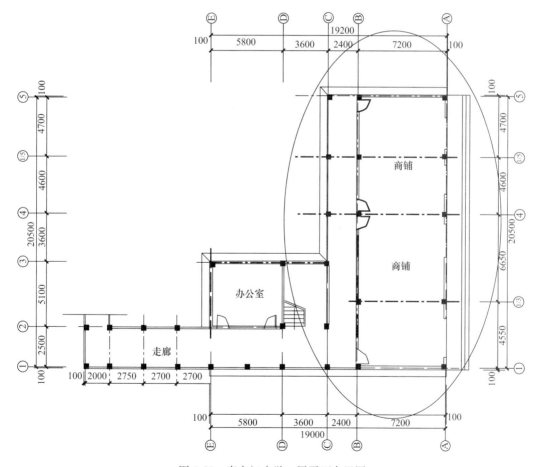

图 5-25 青白江小学一层平面布置图

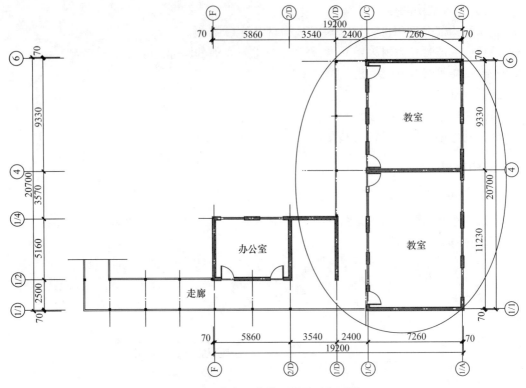

图 5-26 青白江小学二层平面布置图

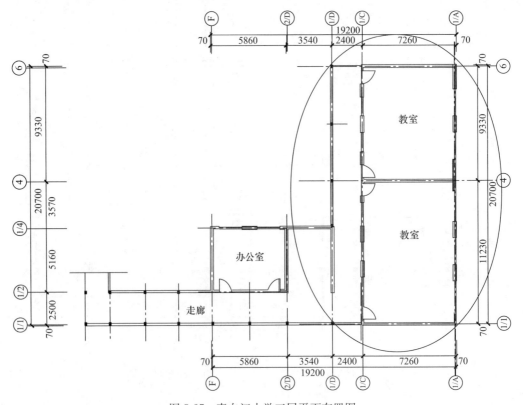

图 5-27 青白江小学三层平面布置图

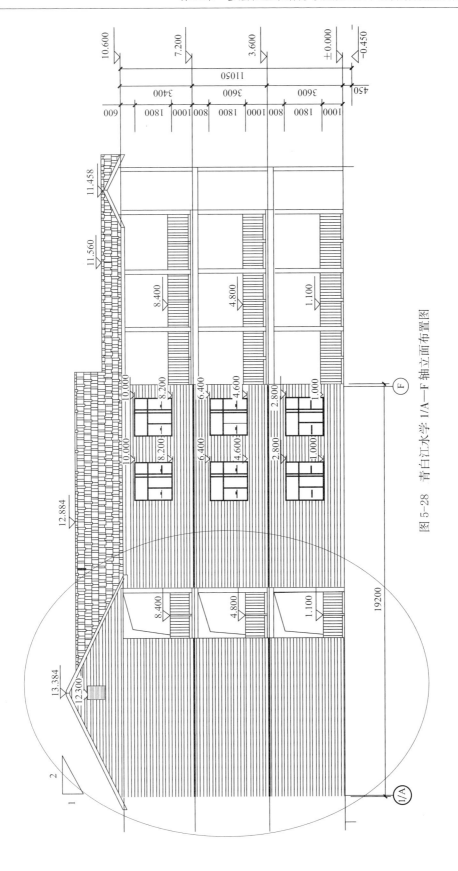

图 5-28　青白江学 1/A—F 轴立面布置图

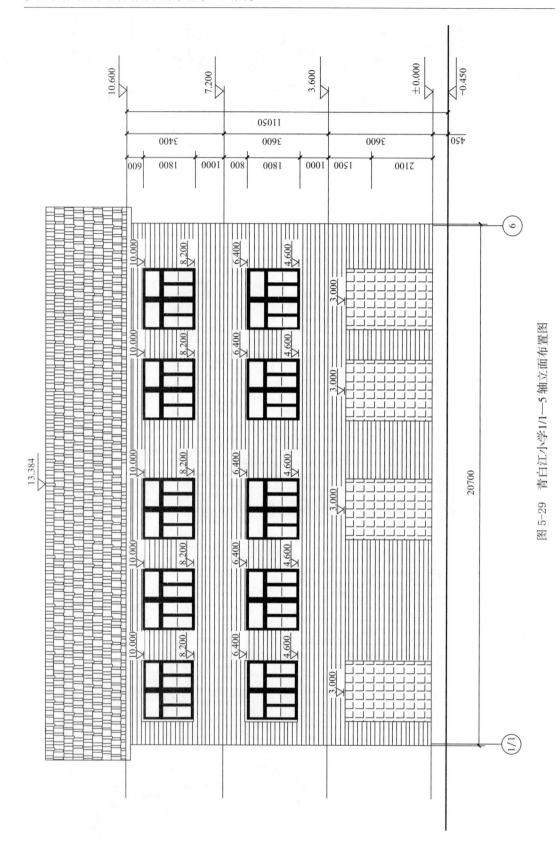

图 5-29　青白江小学1/1—5轴立面布置图

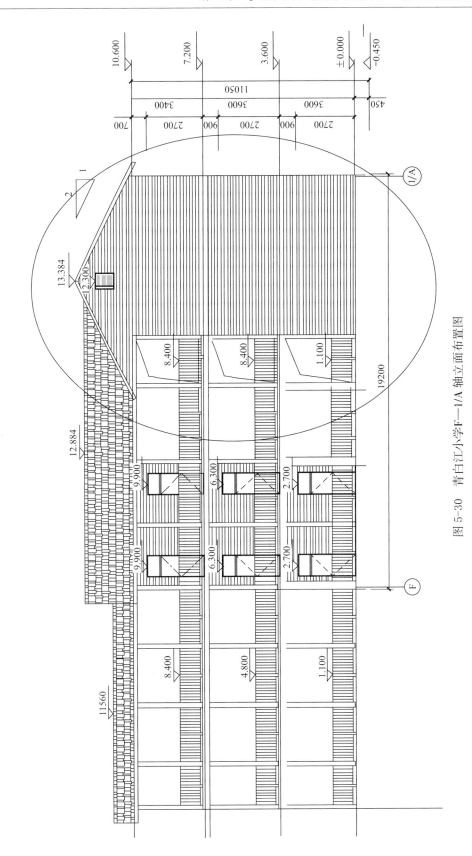

图 5-30　青白江小学F—1/A 轴立面布置图

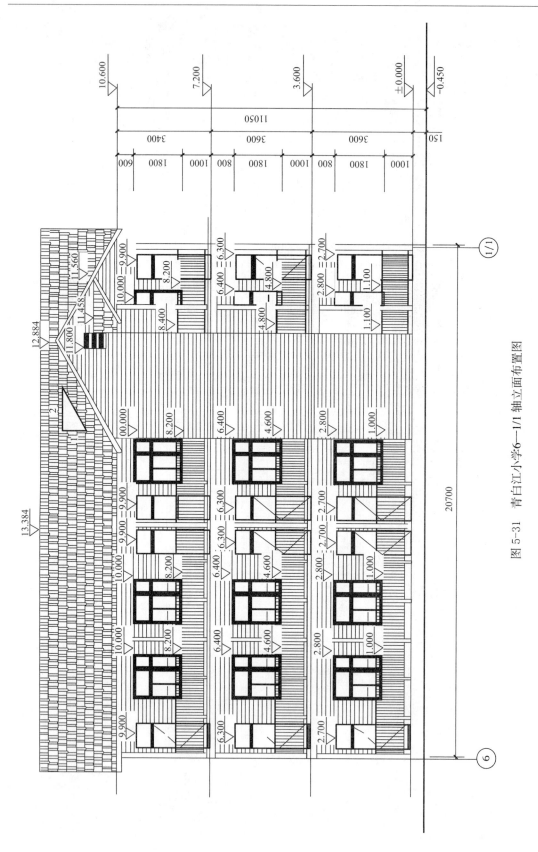

图 5-31 青白江小学6—1/1 轴立面布置图

四、荷载计算

（一）荷载统计

1. 恒载

恒载按照实际构造做法进行统计，具体计算过程如下。

（1）木结构部分

① 屋面荷载标准值

根据屋架桁架的具体形式估算得屋面荷载约为 1kN/m²。

② 楼面荷载标准值

8～10 厚地砖楼面，干水泥擦缝	0.152kN/m²
20 厚 1：2 干硬性水泥砂浆粘接层	0.2kN/m²
40 厚现浇钢筋混凝土楼面	1kN/m²
15 厚水泥板	0.3kN/m²
2″×12″SPF@406	0.14kN/m²
合计	1.792kN/m²

③ 外墙

涂料	—
12.5mm 石膏板	0.15kN/m²
120 厚玻璃纤维保温隔声棉	0.030kN/m²
2″×6″SPF@406	0.070kN/m²
2×9.5mm 厚 OSB 板	0.114kN/m²
呼吸纸	—
防腐木龙骨	0.030kN/m²
水泥纤维挂板	0.046kN/m²
合计	0.44kN/m²

④ 内墙

A. 二层

涂料	—
2×12.5mm 石膏板	0.3kN/m²
120 厚玻璃纤维保温隔声棉	0.030kN/m²
2″×6″SPF@300	0.052kN/m²
2×9.5mm 厚 OSB 板	0.114kN/m²
合计	0.496kN/m²

B. 三层

2×12.5mm 石膏板	0.3kN/m²
2×9.5mm 厚 OSB 板	0.114kN/m²
2″×6″SPF@406	0.070kN/m²
墙体的保温材料	0.030kN/m²
其他	0.030kN/m²
合计	0.544kN/m²

（2）混凝土框架部分

① 楼面

8～10 厚地砖楼面，干水泥擦缝	0.152kN/m²
5 厚 1∶1 水泥细砂浆结合层	0.05kN/m²
20 厚 1∶3 水泥砂浆找平层	0.4kN/m²
100 厚现浇钢筋混凝土楼面	2.5kN/m²
合计	3.102kN/m²

② 外墙

涂料	—
10 厚 1∶2 水泥砂浆	0.2kN/m²
15 厚 1∶3 水泥砂浆	0.3kN/m²
16 号低碳冷拔钢丝网一层	0.02kN/m²
30 厚挤塑保温板	0.015kN/m²
12 厚 1∶3 水泥砂浆找平层	0.24kN/m²
200 厚混凝土多孔砖	2.36kN/m²
界面处理剂一道	—
15 厚 1∶1∶6 水泥石灰膏砂浆	0.255kN/m²
10 厚 1∶0.3∶3 水泥石灰膏砂浆	0.17kN/m²
内墙涂料	—
合计	3.56kN/m²

③ 内隔墙

200 厚混凝土空心小砌块	2.36kN/m²
2×界面处理剂一道	—
2×15 厚 1∶1∶6 水泥石灰膏砂浆	0.51kN/m²
2×10 厚 1∶0.3∶3 水泥石灰膏砂浆	0.34kN/m²
2×内墙涂料	—
合计	3.21kN/m²

④ 梁柱自重

梁柱自重比其他恒载小得多，此处忽略不计。

2. 楼屋面活载

活载值见表 5-15。

活载
表 5-15

位置	标准值	组合值系数	准永久值系数
教室	2.0	0.7	0.5
楼梯	2.5	0.7	0.3
不上人屋面	0.5	0.7	0

3. 风载

该地 50 年基本风压为 0.3kN/m^2，场区地面粗糙度类别为 B 类，风荷载分项系数 $\gamma_\text{w}=1.4$。

风荷载标准值见式（5-17）。

$$w_\text{k} = \beta_\text{z}\mu_\text{s}\mu_\text{z}w_0 \qquad (5\text{-}17)$$

式中　w_k——风荷载标准值（kN/m^2）；

　　　β_z——高度 Z 处的风振系数，此处 $\beta_\text{z}=1$；

　　　μ_s——风荷载体型系数；

　　　μ_z——风压高度变化系数；

　　　w_0——基本风压（kN/m^2）。

（1）风荷载体型系数 μ_s

风荷载体型系数 μ_s 取值见图 5-32。

根据规范取 $\mu_\text{s}=-0.14$。

（2）风压高度变化系数 μ_z

由于地面的粗糙度为 B 类，建筑物屋面的最高点离地面的高度为 13.384m，由规范查得 $\mu_\text{z}=1.088$。

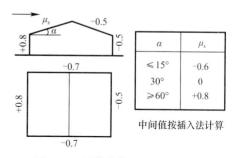

α	μ_s
$\leqslant15°$	-0.6
$30°$	0
$\geqslant60°$	$+0.8$

中间值按插入法计算

图 5-32　风荷载体型系数 μ_s 取值

故风荷载标准值为

$$w_\text{k} = \beta_\text{z}\mu_\text{s}\mu_\text{z}w_0 = 1\times\mu_\text{s}\times1.088\times0.3 = 0.326\mu_\text{s}\text{kN/m}^2$$

4. 雪载

该地基本雪压为 0.10kN/m^2。

屋面坡度 $\alpha=26.6°$。

$$s_\text{k} = \mu_\text{r}s_0 = 0.95\times0.1 = 0.095\text{kN/m}^2$$

5. 地震作用（采用简化方法）

本工程抗震设防类别丙类，抗震设防类别为 7 度（0.1g）。场地类别Ⅱ类，设计分组为第三组。

将上部轻木结构的总重量以等效重力质点的形式加到混凝土框架顶层，采用底部剪力法进行整体计算，再用底部剪力法计算上部轻型木结构的地震作用，此时需乘以一个放大系数。

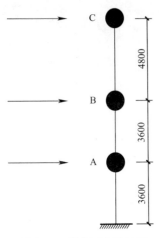

图 5-33 青白江小学地震
作用计算简化模型

① 简化模型

将每一层简化为一个质点，分别为一层质点、二层质点、屋盖质点。屋盖的简化质点取在坡屋面的 1/2 高度处。简化模型见图 5-33。

② 各层质点自重计算

屋盖自重：

$$1 \times 20.7 \times 9.66 = 199.96\text{kN}$$

木楼盖自重：

$$1.792 \times 20.7 \times 9.66 = 358.33\text{kN}$$

混凝土楼盖自重：

$$3.102 \times 20.7 \times 9.66 = 620.28\text{kN}$$

三层外墙自重：

$$0.44 \times (20.7 + 9.66 \times 2) \times 3.4 = 59.87\text{kN}$$

三层内墙自重：

$$0.544 \times (20.7 + 7.26 + 7.66) \times 3.4 = 65.88\text{kN}$$

二层外墙自重：

$$0.44 \times (20.7 + 9.66 \times 2) \times 3.6 = 63.39\text{kN}$$

二层内墙自重：

$$0.496 \times (20.7 + 7.26 + 7.66) \times 3.6 = 63.60\text{kN}$$

一层外墙自重：

$$3.56 \times (20.7 + 9.66 \times 2) \times 3.6 = 512.90\text{kN}$$

一层内墙自重：

$$3.21 \times (20.7 + 7.2 + 7.66) \times 3.6 = 410.93\text{kN}$$

每层的等效重力荷载为恒载加上 0.5 倍活载，故可得，

一层质点自重：

$$620.28 + 0.5 \times (512.90 + 410.93 + 63.39 + 63.60)$$
$$+ 0.5 \times 2.0 \times 20.7 \times 9.66 = 1345.65\text{kN}$$

二层质点自重：

$$358.33 + 0.5 \times (63.39 + 63.60 + 59.87 + 65.88) + 0.5 \times 2.0 \times 20.7 \times 9.66 = 684.66\text{kN}$$

屋盖质点自重：

$$199.96 + 0.5 \times (59.87 + 65.88) + 0.5 \times 0.5 \times 20.7 \times 9.66 = 312.83\text{kN}$$

③ 结构下上刚度比计算

上部轻木结构单位剪力墙的抗侧刚度取 0.5kN/mm/m。根据剪力墙的布置（见附录 5-C）可以算得上部轻木结构的纵向、横向抗侧刚度。模型底层混凝土框架结构层抗侧刚度采用理论计算的弹性刚度。经计算，结构纵向下上刚度比约为 7，横向下上刚度比约为 12。

④ 下部混凝土框架地震剪力计算

计算下部混凝土框架的地震作用时，将上部轻木结构的总质量以等效重力质点的形式施加至一层质点，简化模型见图 5-34。

结构等效重力荷载为

$$G_{eq1} = (1345.65 + 684.66 + 312.83) \times 1 = 2343.14\text{kN}$$

一层混凝土框架结构约为 $T_1 = 0.12 \sim 0.15\text{s} < T_g$，故不考虑顶部附加地震作用。

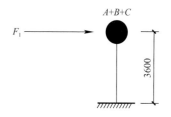

图 5-34 一层混凝土框架地震作用计算简化模型

结构的阻尼比取 0.05，基本自振周期的水平地震影响系数最大值 $\alpha_{max} = 0.08$；特征周期值为 0.45s；地震影响系数曲线的阻尼调整系数 η_2 按照 1.0 取值，曲线下降段的衰减指数 γ 取 0.9，直线下降段的下降调整系数 η_1 取 0.02。水平地震影响系数 $\alpha_1 = \eta_2\alpha_{max} = 0.08$。

地震影响系数曲线见图 5-35。

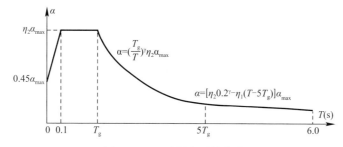

图 5-35 地震影响系数曲线

α—地震影响系数；α_{max}—地震影响系数最大值；η_1—直线下降段的下降斜率调整系数；

γ—衰减指数；T_g—特征周期；η_2—阻尼调整系数；T—结构自振周期

结构总水平地震作用标准值为

$$F_{Ek1} = \alpha_1 G_{eq} = 0.08 \times 2343.14 = 187.45\text{kN}$$

$$F_1 = F_{Ek1} = 187.45\text{kN}$$

⑤ 上部轻木结构地震剪力计算

上部轻木结构地震作用计算简化模型示意图如图 5-36 所示。

结构的基本自振周期可以按照经验公式 $T = 0.05H^{0.75}$ 估算，其中 H 为基础顶面到建筑物最高点的高度（m），则该结构的自振周期为

$$T = 0.05 \times 9.78^{0.75} = 0.28\text{s} < 1.4T_g$$

故不考虑顶部附加地震作用。

对于轻型木结构而言，规范规定结构的阻尼比取 0.05，基本自振周期的水平地震影响系数最大值 $\alpha_{max} = 0.08$；特征周期值为 0.45s；地震影响系数曲线的阻尼调整系数 η_2 按照 1.0 取值，曲线下降段的衰减指数 γ 取 0.9，直线下降段的下降调整系数 η_1 取 0.02。由于 $0.1\text{s} < 0.28\text{s} < T$，故水平地震影响系数 $\alpha_1 = \eta_2\alpha_{max} = 0.08$。

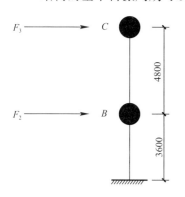

图 5-36 上部轻木结构地震作用计算简化模型

结构等效重力荷载为

$$G_{eq2} = (684.66 + 312.83) \times 0.85 = 847.87\text{kN}$$

又有该结构纵向上下结构刚度比约为 7，横向上下结构刚度比约为 12，由图 5-19 可得，上部轻木结构在纵、横向上的地震作用放大系数均为 2.0。

结构总水平地震作用标准值为

$$F_{Ek2} = 2.0\alpha_1 G_{eq} = 2.0 \times 0.08 \times 847.87 = 135.66 \text{kN}$$

上部轻木结构的地震剪力为

$$F_2 = \frac{G_2 H_2}{G_2 H_2 + G_3 H_3} F_{EK2} = \frac{684.66 \times 3.6}{684.66 \times 3.6 + 312.83 \times 8.4} \times 135.66 = 65.66 \text{kN}$$

$$F_3 = \frac{G_3 H_3}{G_2 H_2 + G_3 H_3} F_{EK2} = \frac{312.83 \times 8.4}{684.66 \times 3.6 + 312.83 \times 8.4} \times 185.92 = 70.00 \text{kN}$$

（二）荷载组合

1. 基本组合

1.2 恒＋1.4 活

1.2 恒＋1.4 活＋1.4×0.6 风

1.2 恒＋1.4×0.7 活＋1.4 风

1.2 恒＋1.2×0.5 活＋1.3 地震

2. 标准组合

1.0 恒＋1.0 活

1.0 恒＋1.0 活＋0.6 风

1.0 恒＋0.7 活＋1.0 风

1.0 恒＋0.5 活＋1.0 地震

五、结构设计

（一）上部轻型木结构计算

上部轻型木结构设计计算包括剪力墙抗侧力计算、楼盖抗侧力计算、梁柱构件计算、墙骨柱计算以及连接验算等，详见第二章多层轻型木结构设计及案例相关部分。

（二）下部混凝土框架结构设计计算

下部混凝土框架结构具体计算参见《混凝土结构设计规范》GB 50010—2002 以及《建筑抗震设计规范》GB 50011—2001。

六、连接设计

估算可知，该结构纵向与横向水平荷载均由地震荷载控制。现以二层轴线 1 剪力墙处的连接为例进行设计。剪力墙布置图见图 5-37。

（一）锚栓连接设计

选用 M14 预埋螺栓将上部轻木结构与下部混凝土框架结构进行连接，螺栓预埋深度为 300mm，螺栓穿过木构件，木构件厚度为 38mm。

单个螺栓的侧向设计承载力为

$$f_{em} = 1.57 \times 25 = 39.25 \text{N/mm}^2$$

$$f_{es} = f_{e,0} = 77G = 77 \times 0.42 = 32.3 \text{N/mm}^2$$

$$R_e = f_{em}/f_{es} = 39.25/32.3 = 1.22$$

$$R_t = t_m/t_s = 300/38 = 7.89$$

经计算，屈服模式为Ⅳ类。

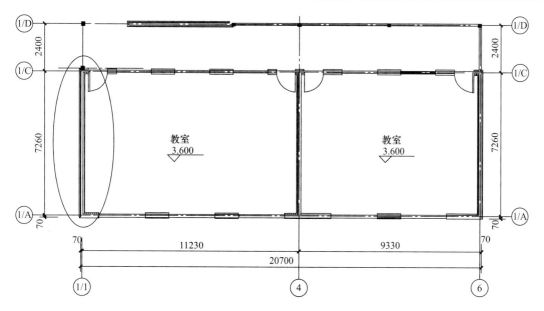

图 5-37　青白江小学二层剪力墙布置图

$$k_{s\text{N}} = \frac{d}{t_s}\sqrt{\frac{1.647R_e k_{ep} f_{yk}}{3(1+R_e)f_{es}}} = 0.55$$

$$k_{\text{N}} = \frac{k_{s\text{N}}}{\gamma_{\text{N}}} = \frac{0.55}{1.88} = 0.29$$

$$Z = k_{\min}t_s df_{es} = 0.29 \times 38 \times 14 \times 32.3 \times 10^{-3} = 4.98\text{kN}$$

$$Z_d = C_m C_n C_t k_g Z = 1.0 \times 1.0 \times 1.0 \times 1.0 \times 4.98 = 4.98\text{kN}$$

按从属面积进行分配，由上部轻木结构传来的横向水平地震作用的设计值为

$$1.3 \times (65.66 + 70.00) \times \frac{11230 \div 2}{20700} = 47.84\text{kN}$$

所需螺栓个数为

$$\frac{47.84}{4.98} = 9.6$$

取 $n = 10$ 个。

1 轴线上剪力墙长度为 7260mm，考虑螺栓边距 100mm，故螺栓间距为

$$\frac{7260 - 2 \times 100}{10 - 1} = 784.4\text{mm}$$

取螺栓的间距为 750mm。

（二）抗拔连接件设计

剪力墙角部连接件的最大拉力设计值为

$$\frac{65.66 \times 3.6 + 70.00 \times 8.4}{7.26} = 113.55\text{kN}$$

按图 5-12 所示的连接件进行设计。采用 1 个 Q235 M20 抗拉，采用 20 个 4.8 级 M14 抗剪。金属连接件厚度为 5mm，螺栓伸入木构件深度取两根墙骨柱厚度。

1 个 M20 抗拉：

$$N_r = n_v \frac{\pi d^2}{4} f_t^b = 1 \times \frac{\pi \times 20^2}{4} \times 205 \times 10^{-3} = 64.40 \text{kN}$$

20 个 M14 抗剪：

$$f_{em} = f_{e,0} = 77G = 77 \times 0.42 = 32.3 \text{N/mm}^2$$
$$f_{es} = 1.1 \times 320 = 352 \text{N/mm}^2$$
$$R_e = f_{em}/f_{es} = 32.3/352 = 0.09$$
$$R_t = t_m/t_s = 2 \times 38/5 = 15.2$$

经计算，屈服模式为Ⅰ类。

$$k_I = \frac{R_e R_t}{\gamma_I} = \frac{0.09 \times 15.2}{4.38} = 0.31$$
$$Z = k_{min} t_m d f_{em} = 0.31 \times 76 \times 14 \times 32.3 \times 10^{-3} = 10.65 \text{kN}$$

又有

$$\frac{A_m}{A_s} = \frac{2 \times 38 \times 140}{5 \times 140} = 15.2$$

每排螺栓个数为 10 个，查表 5-10 得 k_g 约为 0.42，

$$Z_d = C_m C_n C_t k_g Z = 1.0 \times 1.0 \times 1.0 \times 0.42 \times 10.65 = 4.47 \text{kN}$$

采用两个连接件，故抗拉承载力为 $2 \times 64.40 = 128.80 \text{kN} > 113.55 \text{kN}$

抗剪承载力为 $2 \times 20 \times 4.47 = 178.8 \text{kN} > 113.55 \text{kN}$

满足要求。

参 考 文 献

[5.1] 何敏娟，Frank Lam，杨军，张盛东. 木结构设计 [M]. 北京：中国建筑工业出版社，2008.
[5.2] 中华人民共和国住房和城乡建设部. GB 50005—2017 木结构设计标准 [S]. 北京：中国建筑工业出版社，2016.
[5.3] 中华人民共和国住房和城乡建设部. GB 50016—2014 建筑设计防火规范 [S]. 北京：中国计划出版社.
[5.4] 熊海贝，倪春，吕西林，等. 三层轻木－混凝土混合结构足尺模型模拟地震振动台实验究 [J]. 地震工程与工程振动，2008，28 (1)：91～98.
[5.5] Karacabeyli E, Lum C. Technical guide for the design and construction of tall wood buildings in Canada [J]. FPInnovations. (in progress)，2014.
[5.6] 贾国成. 轻木－混凝土混合结构模拟地震振动台试验研究 [D]. 上海：同济大学，2007.
[5.7] 中华人民共和国住房和城乡建设部. GB 50009—2012 建筑结构荷载规范 [S]. 北京：中国建筑工业出版社，2012.
[5.8] 罗文浩. 轻木－混凝土上下混合结构的抗震设计方法 [D]. 上海：同济大学，2015.
[5.9] 中华人民共和国住房和城乡建设部. GB 50010—2010 混凝土结构设计规范 [S]. 北京：中国建筑工业出版社，2010.
[5.10] 中华人民共和国住房和城乡建设部. GB 50011—2010 建筑抗震设计规范 [S]. 北京：中国工业建筑出版社，2010.
[5.11] 中华人民共和国住房和城乡建设部. GB 50017—2017 钢结构设计标准 [S]. 北京：中国建筑工业出版社，2018.
[5.12] Folz, B., Filiatrault, A. Seismic analysis of wood-frame structures. Ⅱ: Model implementation and verification [J]. ASCE Journal of Structural Engineering，2004，Vol. 130 (9)：1361～

1370.

［5.13］　周楠楠. 强震区轻型木结构房屋抗震性能研究［D］. 同济大学，2010.

［5.14］　John P. Judd. Analytical Modeling of Wood-framed Shear Walls and Diaphragms［D］. America：Brigham Young University，2005.

［5.15］　Foschi，R. O. Load-slip characteristics of nails［J］. Wood Science，Forest Products Reserach Society，1974，Vol. 7（1）：69～74.

［5.16］　Folz，B.，and Filiatrault，A. F. SAWS-Version 1. 0：A computer program for seismic analysis of woodframe buildings. Report No. SSRP－2001/9，Structural Systems Research Project，Department of Structural Engineering，University of California，San Diego，La Jolla，California.

［5.17］　康加华. 轻型木结构房屋力学性能与设计理论研究［D］. 同济大学，2012.

［5.18］　陆新征，叶列平，缪志伟. 建筑抗震弹塑性分析——原理、模型与在 ABAQUS，MSC. MARC 和 SAP2000 上的实践. 北京：中国建筑工业出版社，2009.

［5.19］　李敏，李宏男. ABAQUS 混凝土损伤塑性模型的动力性能分析［J］. 防灾减灾工程学报，2011，Vol. 31（3）：299～303.

［5.20］　彭小婕，于安林，方有珍. 混凝土损伤塑性模型的参数分析［J］. 苏州科技学院学报：工程技术版，2010，23（3）：40～43.

［5.21］　Patton-Mallory，M.，W. J. Mcutcheon. Predicting Racking Performance of Walls Sheathed on Both Sides［J］. Forest Products Journal. 1987，Vol. 37（9）：37～32.

［5.22］　上海市工程建设规范. DG/TJ 08—2059—2009 轻型木结构建筑技术规程［S］. 上海，2009.

第六章　多层轻木-混凝土框架混合体系的结构设计及案例

第一节　结构体系与材料

一、结构体系

多层轻木-混凝土框架混合结构就是以常见的混凝土框架为结构主体，墙体和楼屋盖用轻型木结构，将现代木结构应用到混凝土框架结构中，探索一种装配化程度高、抗震性能好、适用于多高层、利用可再生木材资源的新型结构形式。轻型木楼屋盖与钢筋混凝土结构结合在一起，由于木楼屋盖质量轻，从而大大减小了结构所受到的地震作用和基础的竖向荷载；同时，这样的组合也可降低建筑的碳排放量。

二、主要结构材料

多层轻木-混凝土框架结构体系的主要结构材料为钢筋混凝土和轻型木结构材料。轻型木结构包括轻型木墙体和轻型木楼屋盖。轻型木墙体一般由规格材作墙骨柱，定向刨花板（OSB）或多层胶合板（Plywood）为覆面板组成；轻型木楼屋盖主要由木搁栅、覆面板以及覆面板与搁栅之间的钉连接而成。木搁栅为规格材或木"工字形"梁，当采用木"工字形"梁时，能承受较大的竖向荷载、刚度较好，覆面板一般也为多层胶合板或定向刨花板。

第二节　荷载特点与传力路径

以轻型木墙体、木楼屋盖和钢筋混凝土框架形成的轻木-混凝土框架混合结构，其受力体系可分为两类。一类就是仅将钢筋混凝土框架作为受力体系，承受和传递所有的竖向和水平荷载，轻型木墙体只作为隔断、楼盖只承受与传递竖向荷载；而另一类考虑轻型木墙体和楼屋盖抵抗水平力的作用，本章主要介绍后者的研究和设计工作。

在考虑轻木墙体、楼屋盖抗侧作用的结构体系中，竖向荷载作用下的传力同普通钢筋混凝土，即竖向荷载作用到楼屋面，再传递到梁、柱直至基础。

水平荷载来自风和地震作用。水平荷载作用下考虑木墙体、楼屋盖的作用后就不同于普通钢筋混凝土框架结构。木楼屋盖和钢筋混凝土框架共同作用，将水平荷载传递到竖向墙体和钢筋混凝土框架上。楼盖与屋盖的平面内刚度和承载能力对于钢筋混凝土框架中水平力的分配有着很大的影响，所以这是这类混合结构的重点和难点，需要作深入的探讨和研究。

第三节　试验与理论研究[6.1]

本章所提出的轻木-混凝土框架结构中，楼盖与屋盖体系采用轻型木结构。这种混合结构由于采用了质量较轻的木楼盖和木屋盖，大大降低了结构自身重量，从而较大程度上降低了结构的竖向荷载和地震作用。但与此同时带来的结构难点问题就是如何评估木楼屋盖抗侧刚度对于结构整体抗侧性能的影响。

楼屋盖的平面内抗侧刚度是影响各抗侧力构件中水平地震作用分配的重要因素。刚性楼盖体系中水平力按照抗侧力构件刚度进行分配，柔性楼盖体系中水平力按照抗侧力构件从属面积的比例分配。我国现行的建筑抗震设计规范中假定木楼盖是柔性楼盖。实际上轻型木楼屋盖体系是具有一定的平面内刚度的，大量研究也证明了这一点。

故本节采用试验研究与数值模拟相结合的方法，研究了一个单层混合结构的抗侧力。用试验数据校核数值模拟的结果，为轻木-混凝土框架结构的设计提供依据。

一、单层混合结构抗侧力试验

（一）模型设计与制作

本试验的试验模型为一单层双开间混凝土框架与木楼盖组成的混合结构，模拟多层混合结构中一个结构单元，长 4m，宽 3m，高 2.1m。框架长边方向两侧边柱柱顶有梁相连，构成框架，中柱与边柱有连梁相连，两根中柱之间无联系。

为了研究不同楼盖刚度对各混凝土柱水平力分配所造成的影响，采用了满铺楼盖、楼盖开洞、无楼盖三种不同的楼盖工况，见图 6-1。单向加载时水平荷载较小，混凝土框架不出现裂缝，故三种工况采用同一个混凝土框架，仅对木楼盖部分进行改造。

框架梁、框架柱与基础梁配筋图见图 6-2。混凝土框架采用 C30 混凝土，纵筋采用 HPB335 级钢筋，箍筋采用 HRB235 级钢筋。梁、柱基础的受力纵筋为Φ 14，箍筋为φ 6。梁、柱的箍筋加密区长度均取为 500mm，试验室地槽间距 1m，基础梁与地槽用直径 40mm 的锚栓连接。加载时，柱端预埋 20mm 厚钢板，以防混凝土局部压坏，构造措施见图 6-3。

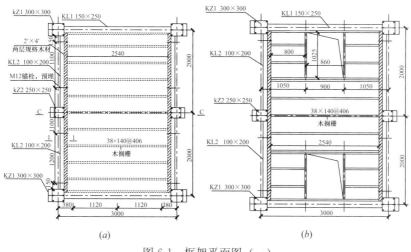

(a) (b)

图 6-1　框架平面图（一）

（a）满铺木楼盖工况 1；（b）开孔木楼盖工况 2；

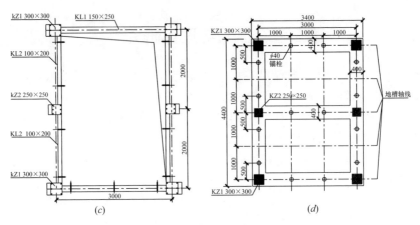

图 6-1　框架平面图（二）

（c）无木楼盖工况 3；（d）基础梁平面图

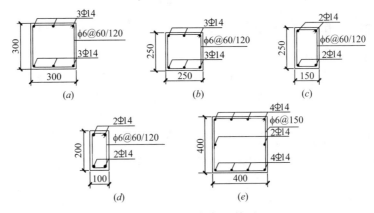

图 6-2　混凝土框架配筋图

（a）KZ1；（b）KZ2；（c）KL1；（d）KL2；（e）基础梁

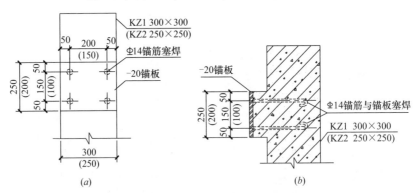

图 6-3　预埋锚板构造详图

（a）预埋钢板正视图；（b）预埋钢板剖面图

模型楼面活荷载为 $2.0kN/m^2$，根据《木结构设计标准》GB 50005—2017 中对于楼面搁栅计算的规定，采用间距为 400mm、断面尺寸为 38mm×140mm 的二级规格材，搁栅材质为 SPF。用于连接的钉有两种规格，分别为 $\phi3.8mm×82mm$ 和 $\phi3.3mm×63mm$，钉表面采用达克罗处理（锌铬膜涂层），前者用于搁栅和封边梁的连接以及搁栅吊的正面钉连接，后者用于覆面板和搁栅的连接以及搁栅吊的侧钉连接。按照规范要求，边缘钉连接钉间距为 150mm，内部的钉连接钉间距为 300mm。木搁栅与混凝土梁连接采用金属搁栅吊。木楼盖覆面采用 12.5mm 厚 OSB 定向刨花板，与木搁栅用钉连接。木楼盖与混凝土结构的连接结构见图 6-4。

（二）试验装置与仪器布置

本试验的主要加载设备有 40t 推拉千斤顶、油泵、电子位移计、DH3815 应变测量系统。混凝土框架一侧三根柱柱顶为加载点，三个千斤顶分别作用在加载点，千斤顶固定在反力架上，两端均用销栓固定。

本试验主要记录木楼盖和混合结构的位移荷载关系，所以在混凝土框架上布置了 14 个位移计，其中位移计 1～10 用以测量不同加载下的位移量，位移计 11～14 用来监测加载过程中是否出现扭转等现象，另有两个应变片布置在加载的反力架上，用来监测反力架钢梁的应力。具体的位移计布置见图 6-5。

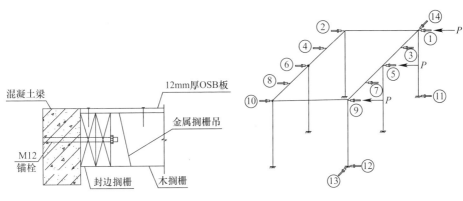

图 6-4 木楼盖与混凝土梁连接构造　　　图 6-5 位移计布置示意图

（三）加载程序

分两个加载阶段加载：水平单向加载阶段和水平往复加载阶段。

1. 水平单向加载

根据楼盖构造不同，共有三种加载工况：满铺楼盖、楼盖开孔、无楼盖依次加载。三种工况采用同一个混凝土框架，只对木楼盖部分进行改造。加载前先对结构进行预加载，大小为 3kN，以消除千斤顶连接销轴的空隙，检查设备装置是否可靠。正式加载时，按力控制进行加载，从 3kN 开始加载，1kN 为一级，加至 10kN，读数并记录荷载位移曲线。

2. 水平往复加载

在单向加载结束后，重新建造一个满铺楼盖体系，进行水平往复加载破坏试验。破坏试验采用力和位移混合控制加载。力控制阶段，荷载大小为 24kN，循环 2 次；位移控制阶段，取 24kN 荷载时中柱柱顶位移 $\Delta = 3.5mm$ 为控制位移，按 Δ 的倍数控制中柱柱顶位移进行加载，每级位移循环 2 次，直至结构承载力下降到峰值荷载的 85%。以上所说的荷载均是针对一个加载点而言。

（四）试验现象描述

1. 水平单向加载

由于水平单向加载荷载较小，三种工况下木楼盖在加载过程中没有明显的外观变形，混凝土构件无裂缝出现。

2. 水平往复加载

水平往复加载阶段，楼盖工况为满铺木楼盖，当荷载加至 $5\Delta=17.5mm$ 时，开始出现细微的响声，边柱柱底首先出现水平裂缝，混凝土梁两端出现细小的垂直裂缝，最后中柱柱底出现水平裂缝。当荷载加至 $7\Delta=24.5mm$ 时，连接混凝土梁与木楼盖的锚栓螺母崩脱，产生较大响声，随着荷载的增加，两侧锚栓螺母相继崩脱，响声接二连三。当荷载加至 $12\Delta=42mm$ 时，混凝土柱底和混凝土梁端裂缝发展较大。在试验的破坏阶段，可以观察到木楼盖的剪切变形。试验后观察，混凝土框架有明显的变形和裂缝，而木楼盖基本保持了良好的外观和整体性。

（五）试验数据处理与分析

1. 水平单向加载

（1）柱顶位移比较

从三种工况下各柱柱顶荷载位移的对比可以看出，当混凝土框架顶部满铺木楼盖的时候，由于木楼盖平面内具有一定的刚度，可以将抗侧刚度较小的中柱柱顶受到的水平力，传递给抗侧刚度较大的边框架。10kN 水平荷载下三种工况柱顶测点位移值比较见表 6-1，与无楼盖工况相比，满铺楼盖工况的中柱柱顶侧移明显减小，而边柱侧移相应增加。当木楼盖有洞口时，木楼盖平面内刚度有所降低，楼盖开洞工况中柱柱顶侧移与满布楼盖模型相比略大，而边柱侧移则相对较小。由此可见，木楼盖的平面内刚度有效协调了各混凝土柱的柱顶侧移。

10kN 水平荷载下三种工况柱顶测点位移值　单位：mm　　　　表 6-1

	测点 1	测点 2	测点 5	测点 6	测点 9	测点 10
工况一	0.569	0.537	1.071	0.936	0.571	0.550
工况二	0.552	0.526	1.113	1.009	0.551	0.536
工况三	0.503	0.485	2.140	0.174	0.501	0.493

（2）木楼盖平面内刚度计算

在工况一满铺楼盖和工况二楼盖开孔这两种工况中，中柱柱顶受到的水平力，一部分由两个中柱抵抗，另一部分传递给了两侧的边框架。传递给边框架的这部分力是通过两个途径传递的，一部分通过木楼盖传递，另一部分由连接中柱与边框架的连梁传递。

首先计算出边框架的抗侧刚度 K_1 以及连梁的侧移刚度 K_2，试验时所用的混凝土弹性模量实测为 $2.9\times10^4 N/mm^2$，钢筋的弹性模量实测为 $2.03\times10^5 N/mm^2$。边框架在水平力 $P=10kN$ 的作用下产生了水平位移 $\Delta=0.456mm$，故边框架的抗侧刚度为：$K_1=P/\Delta=10kN/0.456mm=21.93kN/mm$

连梁和中柱是协同工作传递力的，故连梁的抗侧刚度定义为中柱柱顶产生单位位移时，一侧边跨所受到的力，此时一侧边跨所受的力为 $P=1.792kN$，位移为 $\Delta=1.935mm$，故连梁的抗侧刚度为：$K_2=P/\Delta=1.792kN/1.935mm=0.93kN/mm$

木楼盖所传递的水平剪力的计算公式如下：

$$P_w=K_1\times S_1-P-K_2\times(S_2+S_3) \tag{6-1}$$

式中　K_1——边框架的侧向刚度；

K_2——连梁的侧向刚度；

S_1——边框架平均侧移；

S_2——加载侧中柱相对于边框架侧移；

S_3——非加载侧中柱相对于边框架侧移；

P——每根柱的柱顶荷载。

木楼盖的抗侧刚度计算公式为：

$$K_w = P_w/S_2 \qquad (6-2)$$

工况一满铺木楼盖模型中，当荷载加至 10kN 时，木楼盖刚度计算如下：

$$S_1 = 0.570\text{mm}；S_2 = 0.501\text{mm}；S_3 = 0.393\text{mm}$$

$$P_w = K_1 \times S_1 - P - K_2 \times (S_2 + S_3) = 1.669\text{kN}$$

$$K_w = P_w/S_2 = 1.669/0.501 = 3.332\text{kN/mm}$$

工况二木楼盖开洞模型中，当荷载加至 10kN 时，木楼盖刚度计算如下：

$$S_1 = 0.552\text{mm}；S_2 = 0.562\text{mm}；S_3 = 0.478\text{mm}$$

$$P_w = K_1 \times S_1 - P - K_2 \times (S_2 + S_3) = 1.128\text{kN}$$

$$K_w = P_w/S_2 = 1.128/0.562 = 2.251\text{kN/mm}$$

由以上计算可得，满铺木楼盖的楼盖抗侧刚度为 3.332kN/mm，开洞率为 21.9% 的木楼盖抗侧刚度为 2.251kN/mm，与满铺木楼盖相比，抗侧刚度降低了 32.4%。

（3）各工况水平力在混凝土柱中的分配

根据各工况下混凝土柱顶的侧移值和边框架的抗侧刚度，可以推算 10kN 水平荷载下，中柱和边框架各自承受的水平力及其在总水平荷载中所占的比例，见表 6-2。

各工况混凝土框架水平力分配　　　　　　　　表 6-2

工况		分配的水平力	占总水平力的比例（%）
工况一 满铺楼盖	两根中柱	5.58	18.60
	边框架	24.42	81.40
工况二 楼盖开洞	两根中柱	6.26	20.87
	边框架	23.74	79.13
工况三 无楼盖	两根中柱	8.28	27.60
	边框架	21.72	72.40

从表 6-2 可以看出：工况一满铺楼盖模型和工况二楼盖开洞模型中混凝土框架中的水平力分配较为接近，中柱受到的一部分水平荷载通过木楼盖传递给刚度较大的边框架；楼盖开洞模型由于楼盖开洞，木楼盖抗侧刚度有所减弱，故传递水平荷载的能力有所降低，其边框架所分配的水平力略低于满铺楼盖模型。

根据我国《建筑抗震设计规范》5.2.6[6.2] 中规定计算所得到试验结构模型中柱和边框架各自承受的水平力及其在总水平荷载中所占的比例，见表 6-3。

不同楼盖刚度假定计算所得混凝土框架水平力分配　　　　　　　　表 6-3

楼盖计算假定		分配的水平力	占总水平力的比例（%）
刚性楼盖	两根中柱	3.76	12.53
	边框架	26.24	84.47

续表

楼盖计算假定		分配的水平力	占总水平力的比例（%）
柔性楼盖	两根中柱	10	33.33
	边框架	20	66.67
半刚性楼盖	两根中柱	6.88	22.93
	边框架	23.12	77.07

从表 6-2 与表 6-3 的对比可以看出：满铺木楼盖模型与楼盖开洞模型混凝土框架中中柱所承受的水平力均在 20% 左右，与根据半刚性楼盖计算假定所得到中柱承受 22.93% 的水平力非常接近，与刚性楼盖假定的 12.53% 和柔性楼盖假定计算的 33.33% 均有一定的差距；无楼盖模型混凝土框架中的水平力分配与柔性楼盖假定非常接近，中柱受到的荷载稍小于柔性楼盖假定，这是中柱依靠与之相连的连梁的抗侧刚度将小部分荷载分给了边框架。

2. 水平往复加载

(1) 滞回曲线

结构的滞回曲线是指结构在低周往复荷载作用下，荷载和位移之间的关系曲线。它是结构抗震性能的综合体现，也是进行结构抗震弹塑性动力反应分析的主要依据。图 6-6 为混合结构各柱柱顶测点在往复荷载作用下的滞回曲线图。1 号测点与 5 号测点分别为加载侧边柱和中柱柱顶测点，比较有代表性，故对该两点的滞回曲线进行观察分析。

5 号测点为加载侧中柱柱顶测点，为水平往复加载的位移控制点。从 5 号测点的滞回曲线图看出，在正向加载的过程中，当荷载小于 40kN 时，滞回曲线包围面积较小，力和位移之间基本呈线性变化，在卸载后，位移基本可以恢复到 0 点附近，刚度退化不明显，

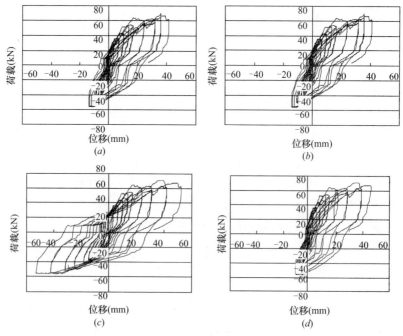

图 6-6　各柱顶滞回曲线（一）

（a）测点 1 滞回曲线；（b）测点 2 滞回曲线；（c）测点 5 滞回曲线；（d）测点 6 滞回曲线；

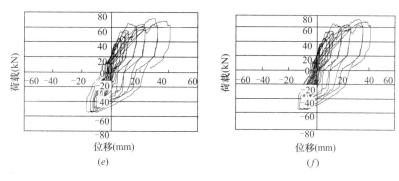

图 6-6　各柱顶滞回曲线（二）

（e）测点 9 滞回曲线；（f）测点 10 滞回曲线

残余变形较小，结构基本处于弹性工作状态。当荷载大于 60kN 后，混凝土框架的梁端和柱底出现裂缝，荷载位移曲线继续呈上升趋势，但有较明显的平台阶段，卸载后，位移无法恢复到 0 点，存在一定的残余变形，滞回曲线逐渐倾向于位移轴，曲线斜率减小，滞回曲线所包围的面积逐渐增大。正向加载时，当荷载加至 71kN 后，荷载位移曲线开始出现下降，在 $15\Delta = 52.5mm$ 的一级循环后停止加载。在反向加载的过程中，当荷载小于 30kN 时，荷载位移曲线基本呈线性，滞回曲线包围面积较小，在卸载后，位移基本可以恢复到 0 点附近，刚度退化不明显，残余变形较小；当荷载大于 44kN 后，荷载位移曲线继续呈上升趋势，有较明显的平台阶段，卸载后，位移无法恢复到 0 点，存在一定的残余变形。5 号测点滞回曲线在正向加载过程中荷载值的峰值略大于反向加载，正反向加载出现的滞回曲线不对称，整个滞回曲线饱满，基本呈纺锤形，无明显的捏拢现象。

1 号测点为边框架加载柱柱顶测点。在往复加载过程中，1 号测点所受到的水平力时刻与中柱柱顶 5 号测点相同。从 1 号测点的滞回曲线可以看出，正反向加载过程中的滞回曲线不对称，出现这种情况的原因是：当结构受到正向荷载时，加载侧的中柱和与之相连的框梁通过与木楼盖的接触受压将水平荷载传递给木楼盖，再由木楼盖传递给两侧的边框架；当结构受到反向荷载时，加载侧中柱受到的力要通过混凝土梁与木楼盖的连接螺栓传递，与接触受压传力相比，靠螺栓受拉来传递的效果较差，并且在反向加载位移达到 42mm 时，有一根螺栓的螺母发生了崩脱，故木楼盖在正向加载时所起到的传递水平荷载的作用较反向加载要好得多。

（2）骨架曲线

骨架曲线取荷载位移曲线各加载级第一循环的峰值点所连成的包络线，即滞回曲线的外包络线。一般情况下，结构的骨架曲线与单调加载的 P-Δ 曲线相似，能直观地反映出结构的屈服、极限承载能力以及加载过程中荷载和位移的相对变化。根据测点 5 和测点 1 的滞回曲线绘制其骨架曲线，见图 6-7 与图 6-8。

通过测点 5 和测点 1 的骨架曲线可以看出：

① 中柱和边柱在低周往复荷载作用下，都经历了弹性、屈服和极限破坏这三个阶段，且这三个阶段刚度退化明显。

② 在正向加载过程中，骨架曲线在达到 A 点即弹性极限点之前，骨架曲线为一直线，荷载和位移呈线性变化；A 点过后，混凝土构件出现裂缝，骨架曲线开始弯曲，荷载的增长滞后于变形增长，结构刚度明显降低，这一阶段一直持续到 B 点即结构屈服点；达到屈

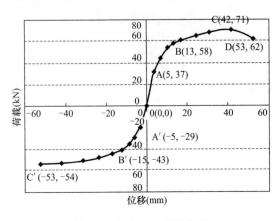

图 6-7　测点 5 的骨架曲线

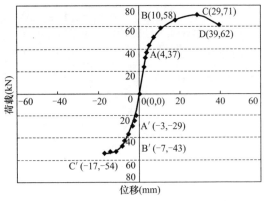

图 6-8　测点 1 的骨架曲线

服点后骨架曲线出现明显的拐点，此后位移继续增加，结构刚度持续降低，一直达到 C 点即结构极限荷载点；之后结构承载力持续降低至极限荷载的 80%，达到结构的极限位移点 D 点。

③ 在反向加载过程中，骨架曲线在达到 A′点之前，骨架曲线为一直线，荷载和位移呈线性变化，A′点过后，混凝土构件出现裂缝，骨架曲线开始弯曲，结构刚度明显降低，这一阶段持续至 B′点，结构屈服，达到屈服点后骨架曲线出现明显拐点，进入平台段，位移持续增大而荷载没有提高，达到 C′点结构极限荷载点；由于在此位移下，正向加载已经达到极限位移点，故没有持续反向加载达到结构极限位移点。

④ 从测点 5 的骨架曲线可以看出，正向加载时的承载力要高于反向加载的承载力，从测点 1 的骨架曲线可以看出，正反向加载骨架曲线不对称，这均是由于正反向加载时混凝土与木楼盖之间传递水平力的机制不同而导致正向加载传递能力要远好于反向加载。

⑤ 正向加载和反向加载的特征荷载见表 6-4。

骨架曲线各特征点处中柱与边柱柱顶位移比较　　　　　　　　表 6-4

	正向加载（kN）	反向加载（kN）	反向加载/正向加载（%）
开裂荷载	37	29	78%
屈服荷载	58	43	74%
极限承载荷载	71	54	76%

通过表 6-4 的对比可以看出，正向加载的各特征荷载均高于反向加载，说明木楼盖在分配各混凝土柱所承受的水平力方面起到了重要的作用，提高了结构的水平承载能力。

⑥ 测点 5 与测点 1 骨架曲线中各特征点处边柱与中柱柱顶位移的比较见表 6-5。

骨架曲线各特征点处中柱与边柱柱顶位移比较　　　　　　　　表 6-5

	正向加载			反向加载		
	测点 1 边柱柱顶（mm）	测点 5 中柱柱顶（mm）	边柱位移/中柱位移（%）	测点 1 边柱柱顶（mm）	测点 5 中柱柱顶（mm）	边柱位移/中柱位移（%）
开裂点	4	5	80%	3	5	60%
屈服点	10	13	77%	7	15	47%
极限承载点	29	42	69%	17	53	32%
极限位移点	39	53	73%	—	—	—

通过表 6-5 的对比可以看出：正向加载过程中，中柱柱顶测点 5 和边柱柱顶测点 1 的位移值相对于反向加载要接近得多，而正如前文所述，木楼盖在正向加载阶段所起到传力作用要强于反向加载，所以，在混合结构的弹性阶段、屈服阶段和破坏阶段，木楼盖对于平衡各混凝土柱顶位移，起到了重要的作用。

（3）恢复变形能力

在强震作用下，结构进入塑性阶段，结构变形恢复能力的好坏直接影响到震后结构的使用性能、可修复程度和修复费用。本章采用残余变形率作为衡量试件变形恢复能力的指标。

变形恢复能力指标定义为：试件最终卸载后的残余变形 Δ_e 与试件的极限变形 Δ_u 之比，即 Δ_e/Δ_u。根据 5 号测点的滞回曲线，计算得到混合结构模型的变形恢复性能指标见表 6-6。

混合结构整体变形恢复能力　　　　表 6-6

位移等级	2Δ		3Δ		4Δ	
荷载方向	正向	反向	正向	反向	正向	反向
残余变形 Δ_c (mm)	2.2	−2.7	3.8	−4.2	5.4	−5.2
极限变形 Δ_u (mm)	7.0	−7.0	10.5	−10.5	14.0	−14.0
残余变形率 Δ_c/Δ_u	0.31	0.39	0.36	0.40	0.38	0.37
均值	0.35		0.38		0.38	
位移等级	5Δ		7Δ		9Δ	
荷载方向	正向	反向	正向	反向	正向	反向
残余变形 Δ_c (mm)	6.6	−6.8	12.7	−10.5	16.5	−15.5
极限变形 Δ_u (mm)	17.5	−17.5	24.5	−24.5	31.5	−31.5
残余变形率 Δ_c/Δ_u	0.38	0.39	0.52	0.43	0.52	0.49
均值	0.39		0.48		0.51	
位移等级	12Δ			15Δ		
荷载方向	正向	反向		正向		反向
残余变形 Δ_c（mm）	23.9	−22.0		32.8		−32.5
极限变形 Δ_u（mm）	42.0	−42.0		53		−53
残余变形率 Δ_c/Δ_u	0.57	0.53		0.62		0.61
均值	0.55			0.62		

由表 6-6 可见：随着加载位移等级增加，混合结构框架的变形恢复能力有所下降，反映了试件的累积损伤；在 2Δ～5Δ 位移作用下，结构的残余变形率比较稳定，增长缓慢，处于 0.35～0.39 之间，这与试验中所观察到的当位移达到 5Δ 时混凝土框架柱底和梁端出现裂缝的现象是一致的；当位移作用大于 5Δ 后，残余变形率增长较快，说明当混凝土出现裂缝后，框架的恢复变形能力大大降低。

（4）位移延性

在结构抗震性能中，延性是一个重要的特征。标志延性常用极限位移 Δ_u 和屈服位移 Δ_y 之比，即延性系数来表示：

$$\mu = \Delta_u/\Delta_y \qquad (6-3)$$

正向加载的屈服位移为 $X_y=13\text{mm}$，极限位移 $X_u=42\text{mm}$，延性系数：

$$\mu = \frac{X_u}{X_y} = \frac{42}{13} = 3.23$$

反向加载的屈服位移为 $X_y = 18\text{mm}$，极限位移 $X_u = 53\text{mm}$，延性系数：

$$\mu = \frac{X_u}{X_y} = \frac{53}{15} = 3.53$$

由此可见，混合结构模型正反向加载的延性系数均大于 3，表明混合结构模型具有较好的延性。

（5）刚度对比和刚度退化

结构在反复荷载的作用下，刚度采用割线刚度 $K = P/\Delta$ 表示，其中，P 为骨架曲线反映的荷载，Δ 为骨架曲线反映的屈服位移。

第一级循环 $1\Delta = 3.5\text{mm}$：$K_{1正向} = \dfrac{31.73}{3.40} = 9.32\text{kN/mm}$，$K_{1反向} = \dfrac{20.22}{3.26} = 6.20\text{kN/mm}$；

第二级循环 $2\Delta = 7.0\text{mm}$：$K_{2正向} = \dfrac{44.3}{6.81} = 6.51\text{kN/mm}$，$K_{2反向} = \dfrac{29.64}{6.00} = 4.93\text{kN/mm}$；

第三级循环 $3\Delta = 10.5\text{mm}$：$K_{3正向} = \dfrac{54.32}{10.54} = 5.17\text{kN/mm}$，$K_{3反向} = \dfrac{35.21}{8.50} = 4.14\text{kN/mm}$；

第四级循环 $4\Delta = 14.0\text{mm}$：$K_{4正向} = \dfrac{58.35}{13.53} = 4.32\text{kN/mm}$，$K_{4反向} = \dfrac{41.36}{12.33} = 3.36\text{kN/mm}$；

第五级循环 $5\Delta = 17.5\text{mm}$：$K_{5正向} = \dfrac{60.97}{17.25} = 3.54\text{kN/mm}$，$K_{5反向} = \dfrac{44.84}{17.26} = 2.60\text{kN/mm}$；

第六级循环 $7\Delta = 24.5\text{mm}$：$K_{6正向} = \dfrac{65.13}{24.35} = 2.68\text{kN/mm}$，$K_{6反向} = \dfrac{47.39}{23.84} = 1.99\text{kN/mm}$；

第七级循环 $9\Delta = 31.5\text{mm}$：$K_{7正向} = \dfrac{68.32}{30.98} = 2.21\text{kN/mm}$，$K_{7反向} = \dfrac{40.65}{31.64} = 1.60\text{kN/mm}$；

第八级循环 $12\Delta = 42.0\text{mm}$：$K_{8正向} = \dfrac{70.92}{41.90} = 1.69\text{kN/mm}$，$K_{8反向} = \dfrac{53.04}{41.98} = 1.26\text{kN/mm}$；

第九级循环 $15\Delta = 52.5\text{mm}$：$K_{9正向} = \dfrac{62.32}{52.58} = 1.17\text{kN/mm}$，$K_{9反向} = \dfrac{53.91}{52.56} = 1.03\text{kN/mm}$。

从图 6-9 可以看出，在整个水平反复加载过程中，结构刚度退化明显。刚度退化主要发生在混凝土开裂至结构屈服前后的阶段，开裂后的混凝土退出工作，有效截面高度降低，加快了刚度的退化；整个加载过程中，正向加载的结构刚度均大于反向加载，特别是加载的初始阶段，正向加载结构刚度高出反向加载较多，这是由于正向加载时木楼盖传递水平荷载效果较好，各榀混凝土框架共同受力，结构体现了较好的整体刚度。

（6）耗能能力

基于试件在低周反复荷载作用下的滞回曲线，可以对试件在弹性及弹塑性变形阶段吸收能量和耗散能量的情况进行研究分析。计算滞回环面积的基本方法为曲线积分法，本章采用将一系列小梯形面积的叠加来近似计算的简便方法。

耗能计算公式为：

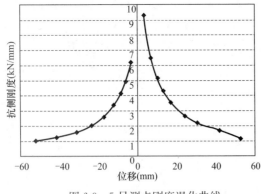

图 6-9　5 号测点刚度退化曲线

$$E_1 = \sum_{i=1}^{n} \frac{1}{2}(\Delta_{i+1} - \Delta_i)(P_{i+1} + P_i) \tag{6-4}$$

$$E_2 = \sum_{i=1}^{n} \frac{1}{2}(|\Delta_{i+1}| - |\Delta_i|)(|P_{i+1}| - |P_i|) \tag{6-5}$$

$$E = E_1 + E_2 \tag{6-6}$$

式中 Δ_i、Δ_{i+1}——位移等级分别为 i 和 $i+1$ 时的位移；

$\quad\quad P_i$、P_{i+1}——对应于位移为 Δ_i 和 Δ_{i+1} 时的柱顶位移。

根据图 6-6（c）中 5 号测点的滞回曲线计算得到结构耗能值见表 6-7。

混合结构各循环的耗能值 单位：kN·mm 表 6-7

位移等级		第一次循环	第二次循环	平均
Δ (3.5mm)	正向	80.70	69.58	75.14
	反向	59.89	53.47	56.68
	总计	140.59	123.05	131.82
2Δ (7mm)	正向	169.98	160.96	165.47
	反向	141.65	129.11	135.38
	总计	311.63	290.07	300.85
3Δ (10.5mm)	正向	294.93	267.05	280.99
	反向	253.23	225.49	239.36
	总计	548.16	492.54	520.35
4Δ (14mm)	正向	402.05	378.57	390.31
	反向	298.66	314.68	306.67
	总计	700.71	693.25	696.98
5Δ (17.5mm)	正向	551.22	512.68	531.95
	反向	461.94	481.52	471.73
	总计	1013.16	994.20	1003.68
7Δ (24.5mm)	正向	885.21	849.36	867.28
	反向	692.94	669.93	681.44
	总计	1578.12	1519.29	1548.72
9Δ (31.5mm)	正向	1385.53	1297.46	1341.50
	反向	1096.49	927.52	1012.01
	总计	2482.02	2224.98	2353.50
12Δ (42mm)	正向	2162.46	2026.92	2094.69
	反向	1795.34	1632.34	1713.84
	总计	3957.80	3659.26	3808.53
15Δ (52.5mm)	正向	2795.75	——	2795.75
	反向	2381.57	——	2381.57
	总计	5177.32		5177.32

根据表 6-7 画出 5 号测点的耗能图见图 6-10。

根据图 6-10 和表 6-7 说明：

① 在混合结构混凝土框架开裂前，框架基本处于弹性阶段，此阶段结构耗能较小；

② 随着位移等级的增加，框架的耗能能力不断地增加，进入弹塑性阶段之后，虽然时间的损伤不断积累，荷载值增长缓慢，但是位移大幅度的增加还是会提高结构的耗能能力；

③ 在同级位移下，混合结构的正向耗能值均高于对应的反向耗能值，说明结构在正向加载时，由于木楼盖作用，边框架参与受力程度要高于反向加载。

④ 无论是正向加载，还是反向加载，在同级位移的两次循环中，第二次循环的耗能值较首次循环有所降低，降低幅度在 5%～14% 之间，表明结构在水平低周反复荷载作用下，损伤不断积累，耗能能力不断下降。

黏滞阻尼系数也是反映耗能能力大小的指标之一，具体计算方法示意于图 6-11。

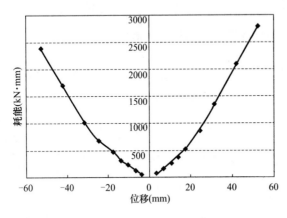

图 6-10　5 号测点耗能图　　　　图 6-11　黏滞阻尼系数计算示意图

图 6-11 中，面积 $ABCD$ 为滞回环循环一周所耗散的能量，面积 OBE 为假想的弹性直线 OB 达到相同位置（OE）时所包围的面积，即所吸收的能量，曲线面积 S_{ABC} 与三角形面积 S_{OBE} 之比即表示耗散的能量与等效弹性体产生相同位移时输入的能量之比。

黏滞阻尼系数用公式表示为：

$$h_e = \frac{1}{2\pi} \times \frac{S_{ABC} + S_{CDA}}{S_{OBE} + S_{ODF}} \tag{6-7}$$

根据 5 号测点滞回曲线计算得到结构的黏滞阻尼系数见表 6-8。

结构的黏滞阻尼系数

表 6-8

位移等级	第一次循环	第二次循环	平均
Δ（3.5mm）	0.2014	0.1903	0.1959
2Δ（7.0mm）	0.2102	0.1879	0.1990
3Δ（10.5mm）	0.2142	0.1934	0.2038
4Δ（14.0mm）	0.2153	0.1923	0.2038
5Δ（17.5mm）	0.2229	0.1975	0.2102
7Δ（24.5mm）	0.2645	0.2323	0.2484
9Δ（31.5mm）	0.2743	0.2321	0.2532
12Δ（42.0mm）	0.2762	0.2397	0.2580
15Δ（52.5mm）	0.2873	0.2637	0.2755

根据表 6-8 画出混合结构的不同加载等级下的黏滞阻尼系数图见图 6-12。

可以看出，随着位移量级的增加，结构的黏滞阻尼系数不断增大；在混凝土框架出现裂缝后，结构的黏滞阻尼系数显著增大；在同级位移下的两次循环中，第二次循环的结构黏滞系数小于第一次循环的黏滞系数。这些特性都是与结构的耗能性能相对应的。

王雪芳和郑建岚（2004）[6.3]通过对一个单层混凝土框架进行低周往复试验得到在达到极限位移时框架的黏滞系数在0.26左右，而本章中单层混合结构往复试验所得到的结构黏滞阻尼系数为0.27，与之非常接近。这是因为在单层混合结构混凝土框架出现塑性铰到结构丧失承载力的过程中，木楼盖一直处于弹性状态，对于耗能的贡献不大，故混合结构的耗能性能与纯混凝土框架是相似的。

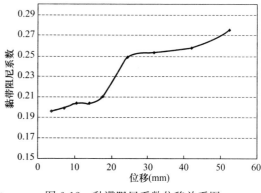

图6-12　黏滞阻尼系数位移关系图

二、单层混合结构抗侧力试验数值模拟

本节采用有限元软件SAP2000，根据木楼盖的数值模拟方式不同，建立了两种不同的混合结构模型：包含所有楼盖构件的完全木楼盖模型和将木楼盖简化为线性交叉弹簧的简化木楼盖模型，然后采用这两种模型对于第四章中的单层混合结构抗侧力试验进行了数值模拟，并将有限元计算结果与试验结果作了对比分析。

（一）混合结构中木楼盖数值模型

1. 完全木楼盖模型

假定木楼盖搁栅与覆面板材料为线弹性，用四节点的Shell单元来模拟覆面板，单元划分大小近似为150mm×150mm，用Frame单元模拟混凝土框架和木搁栅。搁栅之间的金属挂钩件连接性能与铰接相似，定义为铰接。木楼盖与混凝土梁的锚栓连接模拟为能承受轴向力拉力以及竖向剪力的Link单元。采用有两个自由度的多线性Link单元模拟覆面板和搁栅的钉连接，钉连接荷载位移曲线由面板钉连接试验得到，见图6-13。有限元模型参数见表6-9。

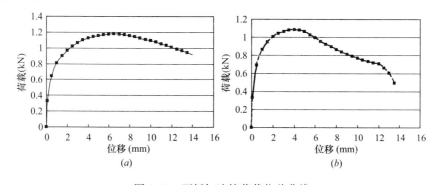

(a)　　　　　　　　　　　　*(b)*

图6-13　面板钉连接荷载位移曲线

（*a*）面板钉连接平行搁栅荷载位移曲线；（*b*）面板钉连接垂直搁栅荷载位移曲线

构件单元参数　　　　　　　　　　　　　　　　　　　　　　表6-9

构件	单元类型	材料参数
混凝土框架梁、框架柱	Frame	混凝土：$E=29000MPa$，钢筋：$E=203000MPa$
楼盖搁栅	Frame	SPF：$E=9500MPa$
覆面板	Shell	$E_1=5100MPa$，$E_2=1500MPa$，$G_{12}=1000MPa$

构件	单元类型	材料参数
覆面板和搁栅的钉连接	Link	$K_1=$Rigid，K_2，K_3（见图 6-13）
搁栅之间的连接件	Pin-joint	采用铰接
搁栅与混凝土梁的锚栓连接	Link	$K_1=$Rigid，$K_2=$Rigid，$K_3=0$
覆面板之间的接触模拟	Gap	Open＝3mm；$k=$rigid

注：　（1）Frame：E——沿杆件长度方向的弹性模量；

　　　（2）Shell：E_1——覆面板沿较强方向的弹性模量；

　　　　　　　　E_2——沿较弱方向的弹性模量；

　　　　　　　　G_{12}——覆面板的剪切模量；

（3）Link：K_1、K_2、K_3——局部坐标系中沿方向 1、2、3 的弹簧刚度，1 为连接件长度方向，2、3 为垂直长度方向。

2. 简化木楼盖模型

在一个真实的多层混合结构设计和分析中，如果将木楼盖中每一个结构构件都囊括在有限元模型中，由于模型中有成千上万的钉连接，将导致建模过程过于烦琐，不便使用，必须对木楼盖模型进行一定的简化。

（1）木楼盖弹性抗侧刚度推导

① 计算假定

A. 根据试验中的观察，在水平荷载的作用下，木结构剪力墙的变形以剪切变形为主，故忽略剪力墙的弯曲变形，认为水平位移主要由以下三部分组成：面板钉连接沿 Y 轴方向变形引起水平位移，即覆面板相对于墙骨柱转动引起的水平位移，见图 6-14 中的①；面板钉连接沿 X 轴方向变形引起水平位移，即覆面板相对于骨柱平动引起的水平位移，见图 6-14 中的②；覆面板的剪切变形引起的水平位移，见图 6-14 中的③。假定这三种变形是互不相关的，剪力墙的整体水平位移由它们线性叠加而成。

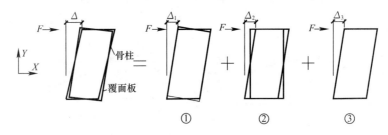

图 6-14　木剪力墙水平侧移组成

B. 假定骨柱是刚性构件，忽略其弯曲变形的影响；

C. 假定面板钉连接抗侧刚度为线性，且两个垂直方向上相同；

D. 只考虑覆面板边缘钉连接的作用，忽略内部钉连接的作用；

E. 相邻覆面板之间有填块。

② 公式推导

基于以上简化，推导剪力墙弹性刚度计算公式。

A. 钉连接沿 Y 方向变形引起的剪力墙水平位移

钉连接沿 Y 方向变形引起的剪力墙水平位移如图 6-15 所示。

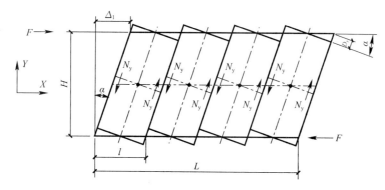

图 6-15　钉连接 Y 方向变形引起的剪力墙水平位移

根据钉连接沿 Y 方向变形引起的剪力墙水平位移的变形特点可以发现，该变形引起的墙体位移，只与覆面板水平方向的尺寸有关，与高度方向的尺寸没有关系。

根据力矩平衡可得：

$$N_y \times l \times \frac{L}{l} = F \times H \tag{6-8}$$

其中

$$N_y = n_y \times k \times \alpha \times \frac{l}{2}; n_y = \frac{H}{d}$$

代入式（6-8），得到

$$\alpha = \frac{F}{L \times \left(\frac{kl}{2d}\right)} \tag{6-9}$$

根据几何关系

$$\Delta_1 = H \times \alpha = \frac{F}{L \times \left(\frac{kl}{2d}\right)} \times H \tag{6-10}$$

以上各式中：

n_y——沿剪力墙高度方向，钉连接的个数；

N_y——Y 轴方向钉连接的合力；

d——覆面板边缘钉连接的间距；

l——单块覆面板沿剪力墙长度方向的宽度；

L——剪力墙的总长度；

H——剪力墙的总高度；

k——钉连接的弹性抗侧刚度。

B. 钉连接沿 X 方向变形引起的剪力墙水平位移

钉连接沿 X 方向变形引起的剪力墙水平位移如图 6-16 所示。根据钉连接沿 X 方向变形引起的剪力墙水平位移的变形特点可以发现，该变形引起的墙体位移，只与每个覆面板沿剪力墙高度方向的尺寸有关，与水平方向的尺寸没有关系。

根据力平衡可得：

$$N_x = F \tag{6-11}$$

211

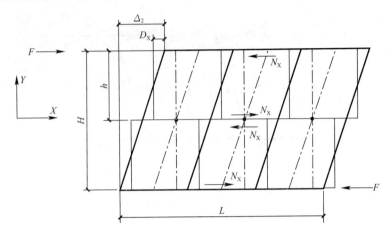

图 6-16　钉连接 X 方向变形引起的剪力墙水平位移

其中

$$N_x = n_x \times k \times D_x; n_x = \frac{L}{d};$$

代入式（6-11），得到

$$D_x = \frac{F}{\left(\dfrac{kL}{d}\right)} \qquad (6-12)$$

根据几何关系

$$\Delta_2 = \frac{H}{h} \times 2 \times D_x = \frac{F}{L \times \left(\dfrac{kh}{2d}\right)} \times H \qquad (6-13)$$

以上各式中：

n_x——沿剪力墙长度方向钉连接的个数；

N_x——覆面板长度方向钉连接的合力；

d——覆面板边缘钉连接的间距。

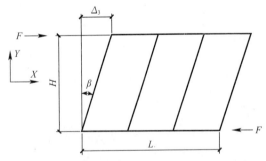

图 6-17　覆面板剪切变形引起的剪力墙水平位移

以上各式中：

G——剪力墙覆面板的平面内的剪切刚度；

t——覆面板的厚度。

D. 剪力墙水平位移简化计算公式

C. 覆面板剪切变形引起的水平位移

覆面板剪切变形引起的剪力墙水平位移如图 6-17 所示。

$$\Delta_3 = \beta \times H \qquad (6-14)$$

其中

$$\beta = \frac{F}{G \times t \times L}$$

代入式（6-14），得到

$$\Delta_3 = \frac{F}{G \times t \times L} \times H \qquad (6-15)$$

剪力墙的水平位移：

$$\Delta = \Delta_1 + \Delta_2 + \Delta_3 = \frac{F}{L \times \left(\frac{kl}{2d}\right)} \times H + \frac{F}{L \times \left(\frac{kh}{2d}\right)} \times H + \frac{F}{L \times (Gt)} \times H \quad (6\text{-}16)$$

E. 剪力墙弹性抗侧刚度计算公式

$$k_{\mathrm{d}} = \frac{F}{\Delta} = = \frac{L}{H} \times \left[\frac{1}{\frac{2d}{kl} + \frac{2d}{kh} + \frac{1}{Gt}}\right] \quad (6\text{-}17)$$

从上式可以看出，剪力墙的抗侧刚度与平行受力方向的长度成正比，与垂直受力方向的长度成反比，而且与面板钉连接的抗侧刚度、间距以及覆面板的尺寸和剪切刚度有密切的关系。当采用此公式计算木楼盖抗侧刚度时，该式中的 H 为楼盖跨度的一半，将计算结果扩大 2 倍即为木楼盖抗侧刚度。

③ 开洞对弹性刚度的影响

剪力墙开洞会对剪力墙的水平刚度产生巨大的影响，我国目前的木结构规范中对于有洞口范围内的剪力墙，直接忽略其承载能力。接下来，根据剪力墙在水平力作用下以剪切变形为主的特点，来推导洞口对剪力墙水平刚度的影响。

图 6-18 为一块中部开孔的板在剪力作用下的变形图。

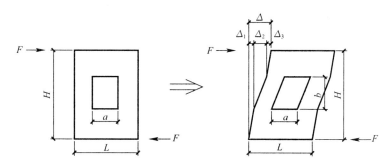

图 6-18 中部开洞板的剪切变形图

$$\Delta = \Delta_1 + \Delta_2 + \Delta_3 \quad (6\text{-}18)$$

其中

$$\Delta_1 + \Delta_3 = \frac{F}{LGt} \times (H - b);$$

$$\Delta_2 = \frac{F}{(L-a)Gt} \times b;$$

代入式（6-18）

$$\Delta = \frac{F}{LGt}H \times \left[\frac{H-b}{H} + \frac{Lb}{H \times (L-a)}\right] = \frac{F}{LGt}H \times \alpha \quad (6\text{-}19)$$

其中

$$\alpha = \frac{H-b}{H} + \frac{Lb}{H \times (L-a)} \quad (6\text{-}20)$$

称 α 为开洞板的位移放大系数，与之相对应的是开洞板的刚度降低系数 β

$$\beta = \frac{1}{\alpha} = \frac{1}{\dfrac{H-b}{H} + \dfrac{Lb}{H \times (L-a)}} \quad (6\text{-}21)$$

（2）计算简化木楼盖模型刚度

根据木楼盖在水平力作用下以剪切变形为主的特点，可将木楼盖按照平面内弹性刚度等效的方法简化为交叉弹簧，见图 6-19。图 6-19 中右边所示桁架为简化木楼盖模型，桁架弦杆为木楼盖周边的混凝土构件，桁架的斜腹杆为交叉弹簧，由于混凝土构件轴向刚度很大，故桁架在水平力下的变形是由于交叉弹簧的拉伸和压缩而产生的剪切变形。

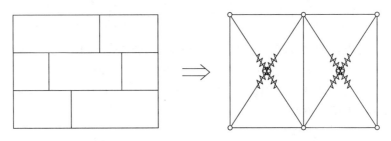

图 6-19　木楼盖简化

在单层混合结构试验中，当水平往复加载至混合结构达到极限承载力破坏时，混凝土框架的柱底梁端开裂，形成塑性铰，而此时并没有观察到面板钉连接的破坏和覆面板板角的挤压现象，故假定钉连接在结构加载至破坏的过程中，一直处于线弹性受力阶段，将木楼盖简化模型中交叉弹簧定义为线弹性。

前面已经推导出木楼盖平面内弹性抗侧刚度的计算公式，根据此公式计算出木楼盖的平面内弹性抗侧刚度，然后根据计算所得到的刚度值来计算交叉弹簧的刚度。

根据面板钉连接荷载位移曲线来计算钉连接的弹性抗侧刚度及极限抗侧承载力，面板钉连接平行于搁栅方向的抗侧刚度为 1.14kN/mm，垂直于搁栅方向的抗侧刚度为 1.02kN/mm，两个方向的平均抗侧刚度为 1.08kN/mm。

接下来根据前面所推导的木楼盖弹性抗侧刚度计算公式（6-17）来计算单层混合结构模型中木楼盖的抗侧刚度。将 $L=2.46$m、$H=1.93$m、$l=2.00$m、$h=0.90$m、$k=1.08$kN/mm、$d=150$mm、$G=1000$MPa、$t=12.5$mm 代入式（6-17）可以得到 $k_{d1}=3.28$kN/mm。

对于单层混合结构模型中开洞楼盖的抗侧刚度，可以根据第三章推导所得到的开洞木楼盖抗侧刚度降低系数的计算公式（6-21）进行计算。将 $L=2.46$m、$H=1.93$m、$a=0.86$m、$b=1.025$m 代入式（6-21）可以得到 $\beta=0.781$。

故开洞木楼盖的弹性抗侧刚度：$k_{d2}=\beta \times k_{d1}=2.55$kN/mm。

采用公式计算得到的单层混合结构模型中木楼盖的抗侧刚度为 3.28kN/mm，根据试验结果计算得到的木楼盖的抗侧刚度为 3.33kN/mm，两者差别为 1.5%；采用公式计算得到的单层混合结构模型中开洞木楼盖的抗侧刚度为 2.55kN/mm，根据试验结果计算得到的木楼盖的抗侧刚度为 2.25kN/mm，两者差别为 13.3%。

最后计算简化木楼盖中线性交叉弹簧的刚度，因为两根交叉的交叉弹簧计算方法相同，故取其中一根进行计算，计算简图见图 6-20。

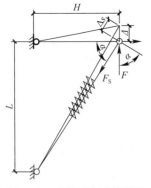

图 6-20　弹簧刚度计算简图

根据图中各力与变形关系有：

$$F = F_s \times \sin\alpha \tag{6-22}$$

$$F_s = k_s \times \Delta_s \tag{6-23}$$

$$F = \frac{k_d \times \Delta}{2} \tag{6-24}$$

$$\Delta_s = \Delta \times \sin\alpha \tag{6-25}$$

$$\sin\alpha = \frac{L}{\sqrt{L^2 + H^2}} \tag{6-26}$$

可以得到：

$$k_s = \frac{k_d}{2} \times \frac{L^2 + H^2}{L^2} \tag{6-27}$$

将木楼盖与开洞木楼盖的抗侧刚度 k_{d1}、k_{d2} 代入上式，求得简化木楼盖模型中的线性交叉弹簧的刚度为 $k_{s1}=2.66\text{kN/mm}$、$k_{s2}=2.07\text{kN/mm}$。

（二）混合结构中混凝土框架数值模型

1. 钢筋混凝土结构常用数值模型

钢筋混凝土结构在水平力作用下的分析方法按分析模型的复杂程度可以分为三种：层间分析模型（如层间剪切模型和层间弯剪模型）、杆系模型、有限元模型三类，相应的单元模型所描述的对象分别为楼层、构件和细分的单元。

层间分析模型以结构层为单元进行分析，简便，计算量小，缺点是对弹塑性位移估计的精度较低，并且由于计算是基于整体的层间剪力-层间位移恢复力模型，无法探求结构构件或截面在地震历程中的延性、内力及变形反应，难以给出塑性铰出现的先后顺序及可能出现局部破坏的薄弱部位。

杆系单元模型在单个构件的层次上将梁、柱模型化。最简单的模型为杆端塑性铰模型，因其假定反弯点固定在跨中，塑性变形仅集中在杆件两端，与实际不符。另一种则是分段变刚度的杆系模型，可以考虑一定的塑性区长度，而且反弯点可在杆系移动，与实际的杆系受力性能较为符合，计算也相对简单，适合于地震下整体结构的弹塑性分析。

有限元分析模型是对混凝土框架结构的梁、柱构件进一步细分单元。根据离散单元的大小和采用的本构关系的不同有限元分析模型又可分为截面分层的有限元法和截面作为整体考虑的有限元法。

相对于其他两种模型，杆系有限元模型是结构非弹性地震反应分析精度与分析复杂性之间的一种最佳平衡点的观点已被广大研究人员接受。本节选择杆系有限元模型中的集中塑性模型来建立混凝土框架的数值模型。

2. 塑性铰的定义

建立杆系集中塑性模型的一个重要步骤是对框架构件单元塑性铰的定义。SAP2000 对于塑性铰本构关系曲线定义见图 6-21，曲线中有五个控制点 A-B-C-D-E，即可以指定一个两个受力方向对称的曲线，也可以在正和负反向定义不同的曲线。点 B 代表铰的屈服。所有弹性变形在框架单元内发生。当铰到达点 C 时，开始失去承载力，点 IO（Immediate Occupancy）、LS（Life Safety）和 CP（Structure Stability）代表铰的能力水平，它们分别对应于直接使用、生命安全和防止倒塌。在 Pushover 分析后，应查看当结构位移达到其性能点时，各铰的变形量，来判定结构是否满足水平荷载下的结构期望的能力目标。

塑性铰本构关系图中 AB、BC、CD、DE 分别表示弹性段、强化段、卸载段和破坏段，定义塑性铰的方法有两种：一是由混凝土构件截面配筋情况计算出关键点 B、C、D、E 的位置并输入到本构关系中；另一种是由 SAP2000 按照美国规范 FEMA-356 和 ACI318 给定，由程序根据构件截面自行计算。本节采用第二种方法，采用程序所给的默认值。

本节中的数值模拟对象为混凝土框架结构，其弹塑性分析中常用的铰为弯矩铰和 PMM 耦合铰[6.4]。对于混凝土梁，一般仅考虑弯矩屈服产生塑性铰，即定义程序中的 M3；对于混凝土柱，考虑由轴力和双向弯矩相关作用产生塑性铰，即 PMM 耦合铰。塑性铰的位置，设置在结构构件的两端，因为一般水平力作用情况下，两端弯矩最大。对于钢筋混凝土结构，程序根据截面配筋值，可以自动计算屈服弯矩面和轴力弯矩相关面（0°、22.5°、45°、67.5°和 90°五个方向的曲线形成的包络面），其包络面在第一象限的形状如图 6-22 所示。

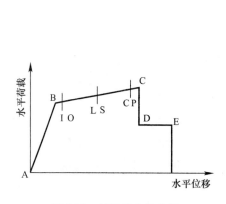

图 6-21　塑性铰本构曲线

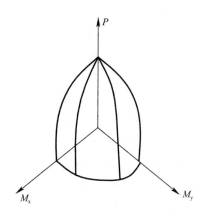

图 6-22　柱屈服面

SAP2000 对弯矩铰和 PMM 耦合铰的各参数规定的计算方法为：在点 B 和点 C 间的斜率使用钢总应变强化的 10%；点 C、D、E 基于 FEMA-356，四排均匀钢筋被平均；M_y 是基于实配的钢筋（如果有的话，否则基于最小配筋率）；除了总是关于原点对称以外，PMM 曲线和单轴 M3 曲线相同；P-M-M 相互作用面由 ACI318-02 和 $\varphi=1$ 计算得到。

SAP2000 中的塑性铰为集中塑性铰，每个塑性铰用一个离散铰来模拟，所有的塑性变形都发生在铰内，铰的塑性变形是通过一定假定铰长，并在此长度上对塑性应变或塑性变形曲率积分所求得的。构件弹性变形阶段都在框架上发生，当塑性变形超过 B 点才在铰内产生。

在进行结构弹塑性分析后，可以显示结构中出现的塑性铰，并可以用不同的颜色来表示塑性铰所处的性能状态。在分析之后，可根据结构中出现的塑性铰的数量、位置和塑性铰所处的性能状态对结构性能进行评价。

（三）混合结构试验数值模型

单层混合结构抗侧力试验分为两个加载阶段：水平单向加载和水平往复加载，分别对这两个阶段进行模拟计算。

1. 混合结构有限元模型

混合结构有限元模型如图 6-23 所示，分别采用完全楼盖模型和简化楼盖模型模拟满铺楼盖工况和楼盖开洞工况，用混凝土框架模型来模拟无楼盖工况。

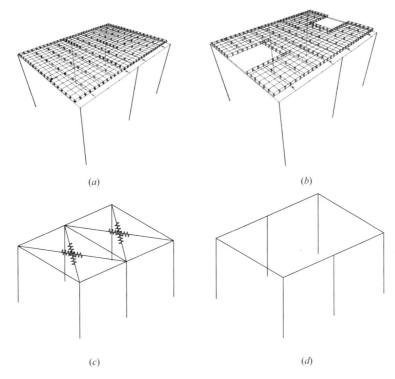

图 6-23 混合结构有限元模型

（*a*）完全木楼盖模型 1（满铺楼盖工况）；（*b*）完全木楼盖模型 2（楼盖开洞工况）；

（*c*）简化木楼盖模型；（*d*）无楼盖模型

2. 水平单向加载

（1）有限元计算与试验结果对比

单层混合结构在水平单向加载阶段各柱顶试验荷载位移曲线与有限元计算所得到的荷载位移曲线的对比见图 6-24～图 6-26，其中边框架的柱顶试验荷载位移曲线取两个边框架的位移平均值。

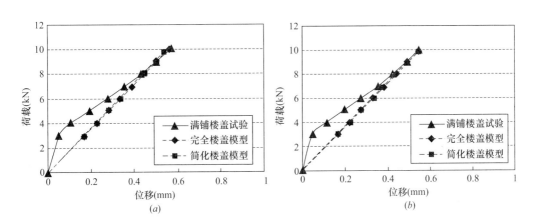

图 6-24 满铺楼盖工况试验与数值计算柱顶荷载位移曲线对比（一）

（*a*）边柱（加载侧）；（*b*）边柱（非加载侧）；

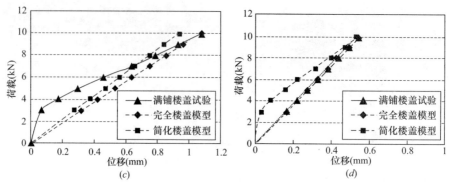

图 6-24　满铺楼盖工况试验与数值计算柱顶荷载位移曲线对比（二）

(*c*) 中柱（加载侧）；(*d*) 中柱（非加载侧）

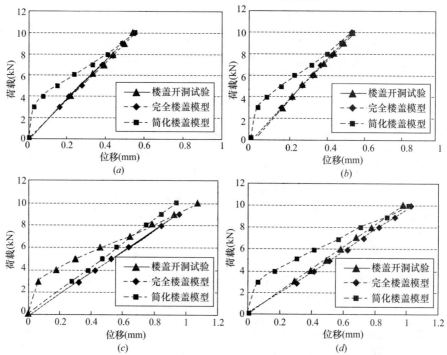

图 6-25　楼盖开洞工况试验与数值计算柱顶荷载位移曲线对比

(*a*) 边柱（加载侧）；(*b*) 边柱（非加载侧）；(*c*) 中柱（加载侧）；(*d*) 中柱（非加载侧）

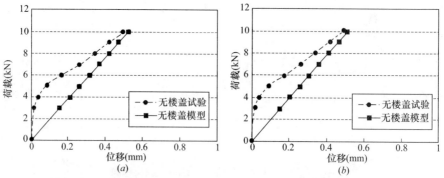

图 6-26　无楼盖工况试验与数值计算柱顶荷载位移曲线对比（一）

(*a*) 中柱（加载侧）；(*b*) 中柱（非加载侧）；

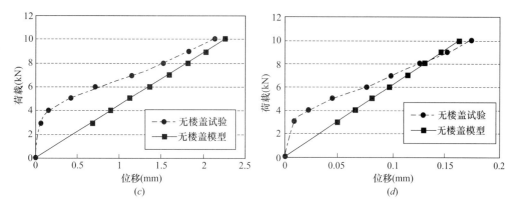

图 6-26　无楼盖工况试验与数值计算柱顶荷载位移曲线对比（二）
(c) 中柱（加载侧）；(d) 中柱（非加载侧）

10kN 水平荷载下，单层混合结构在水平单向加载阶段各柱顶位移试验值与有限元计算值的对比见表 6-10～表 6-12，其中边框架的柱顶位移取两个边框架的柱顶位移的平均值。为了便于比较，取试验位移值为基准位移 1。

10kN 荷载下满铺木楼盖工况柱顶位移试验值与数值计算值比较　　　　表 6-10

满铺楼盖工况	试验值	完全木楼盖模型	简化木楼盖模型
中柱（加载侧）	1	0.99	1.06
中柱（非加载侧）	1	1.04	1.10
边柱（加载侧）	1	0.97	0.95
边柱（非加载侧）	1	0.99	0.97

10kN 荷载下木楼盖开洞工况柱顶位移试验值与数值计算值比较　　　　表 6-11

楼盖开洞工况	试验值	完全木楼盖模型	简化木楼盖模型
中柱（加载侧）	1	0.84	0.88
中柱（非加载侧）	1	0.92	0.97
边柱（加载侧）	1	1.03	1.01
加载（非加载侧）	1	1.02	1.03

10kN 荷载下木楼盖开洞工况柱顶位移试验值与数值计算值比较　　　　表 6-12

无楼盖工况	试验值	混凝土框架模型
中柱（加载侧）	1	1.06
中柱（非加载侧）	1	0.93
边柱（加载侧）	1	1.05
加载（非加载侧）	1	1.04

通过图表对比可以看出：

① 在有限元计算所得的曲线中，三种工况下结构均体现出线性状态，说明混凝土框架和木楼盖均处于弹性受力状态；

② 在加载的初始阶段，试验曲线与有限元模拟曲线差别较大，随着荷载的增加，在加载的后半段，试验曲线与模拟曲线吻合较好，这是由于在加载的初始阶段由于荷载较

小，加载设备内部以及加载设备与混凝土框架连接销轴的摩擦力对曲线造成了一定的影响，试验曲线的后半段较真实地反映了结构的响应；

③ 在单向加载过程中，完全楼盖模型与简化木楼盖模型的荷载位移曲线非常接近，几乎重合，说明在弹性阶段，简化木楼盖模型可以较好地代替完全木楼盖模型用于混合结构有限元分析研究。

（2）水平力分配

在10kN荷载作用下，三种工况的各种结构有限元模型中各柱所分配的水平力及所占总荷载的比例见表6-13。

10kN荷载下木楼盖开洞工况柱顶位移试验值与数值计算值比较 　表6-13

工况 ＼ 模型类型		完全楼盖模型		简化楼盖模型		混凝土框架模型	
		水平力（kN）	百分比（%）	水平力（kN）	百分比（%）	水平力（kN）	百分比（%）
工况一 满铺楼盖	中柱	6.55	21.8%	5.99	20.0%	—	—
	边框架	23.45	78.2%	24.01	80.0%	—	—
工况二 楼盖开洞	中柱	7.15	23.8%	6.41	21.4%	—	—
	边框架	22.85	76.2%	23.59	78.6%	—	—
工况三 无楼盖	中柱	—	—	—	—	8.05	26.8%
	边框架	—	—	—	—	21.95	73.2%

通过表6-13中各种模型计算结果的对比以及将表6-13与表6-2和表6-3进行对比，可以看出：有限元模型计算所得到的各柱水平力的分配值与试验值差别在10%以内，非常接近；满铺楼盖工况及楼盖开洞工况的有限元模型计算得到的各柱水平力分配与按照半刚性楼盖假定计算所得的各柱水平力分配较为接近，与试验结论一致；完全楼盖模型与简化楼盖模型的各柱水平力分配的计算结果非常接近。

3. 水平往复加载

水平往复加载阶段通过控制中柱的位移来进行加载，且三个混凝土柱柱顶所受到的水平力相等，这种加载方式难以用软件进行模拟。但是可以通过对混合结构有限元模型进行Pushover分析，将得到的荷载位移曲线与试验得到的骨架曲线进行对比，以校验有限元模型的准确性。图6-27中标示了混凝土框架中所有可能出现塑性铰的位置，各个塑性铰的本构关系根据构件配筋情况由软件计算。

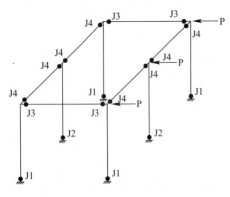

图6-27　模型可能出现塑性铰的位置

图6-28为完全木楼盖模型达到极限承载力时覆面板的变形图，为了清楚了解覆面板的变形，将变形放大了10倍。由图可以看出，钉连接变形集中在覆面板的角部和覆面板的拼缝位置，覆面板中间部位的钉连接变形很小。覆面板的变形主要是以板中心为圆心的相对于木搁栅的转动，面板本身的变形不大，保持矩形。搁栅框架从矩形变为四边形，各根搁栅均有轻微的弯曲变形。当混合结构模型达到极限承载力时，木楼盖上的面板钉连接最大受力0.59kN，根据钉连接的荷载位

移曲线可以看出，此时钉连接还处于弹性受力状态。

经过计算所得到的两个模型的中柱柱顶测点的荷载位移曲线与试验所得的骨架曲线对比见图 6-29。

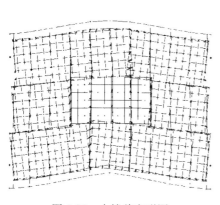

图 6-28　木楼盖变形图

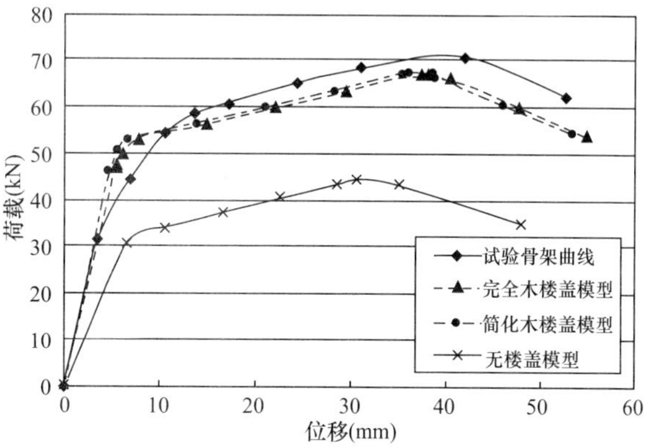

图 6-29　中柱柱顶测点荷载位移曲线

通过曲线对比可以看出：

（1）试验骨架曲线可以明显看出结构弹性、开裂、屈服、破坏四个阶段，而有限元模型计算所得到的 Pushover 曲线中有弹性、屈服、破坏三个阶段，这与塑性铰的本构关系的定义式一致的，塑性铰的本构关系中没有考虑混凝土开裂所造成的刚度退化。

（2）完全楼盖模型与简化楼盖模型的 Pushover 曲线基本吻合，极限承载力相同，均为 67.2kN，试验所得到的结构极限承载力为 71.5kN，两者误差为 6%；无楼盖模型的极限承载力为 43.7kN，与含有木楼盖的模型相比明显降低。

（3）两个含有木楼盖的有限元模型的破坏模式与试验观察到的现象相同，都是边柱柱顶、边柱梁端、中柱柱底依次出现塑性铰，最后结构丧失承载力；无楼盖模型由于中柱受力无法传递给边柱，模型破坏是由于中柱柱底塑性铰引起的，而此时中柱柱底并没有出现塑性铰，故其极限承载力较低。

（4）完全楼盖模型与简化楼盖模型 Pushover 曲线较吻合说明在混合结构模型的塑性阶段，木楼盖仍在弹性受力阶段，简化木楼盖模型可以替代完全木楼盖模型。

第四节　设计假定、设计指标与分析方法

一、设计假定

（一）简化木楼盖模型

对单向加载阶段有限元模拟所得到的柱顶荷载位移曲线显示三种工况下结构处于弹性受力状态；完全楼盖模型与简化木楼盖模型的荷载位移曲线非常接近，几乎重合，在弹性阶段，简化木楼盖模型可以较好地代替完全木楼盖模型用于混合结构有限元分析研究。

根据木楼盖在水平力作用下以剪切变形为主的特点，可将木楼盖按照平面内弹性刚度

等效的方法简化为交叉弹簧，见图6-30。图6-30中右边所示桁架为简化木楼盖模型，桁架弦杆为木楼盖周边的混凝土构件，桁架的斜腹杆为交叉弹簧，由于混凝土构件轴向刚度很大，故桁架在水平力下的变形是由于交叉弹簧的拉伸和压缩而产生的剪切变形。

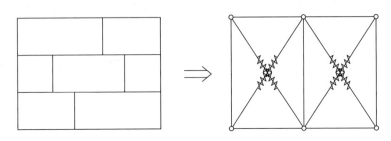

图 6-30　木楼盖简化

在单层混合结构试验中，当水平往复加载至混合结构达到极限承载力破坏时，混凝土框架的柱底梁端开裂，形成塑性铰，而此时并没有观察到面板钉连接的破坏和覆面板板角的挤压现象，故假定钉连接在结构加载至破坏的过程中，一直处于线弹性受力阶段，将木楼盖简化模型中交叉弹簧定义为线弹性。

在第三节中已经推导出木楼盖平面内弹性抗侧刚度的计算公式，根据此公式计算出木楼盖的平面内弹性抗侧刚度，然后根据计算所得到的刚度值来计算交叉弹簧的刚度。

（二）水平力分配

通过第三节的试验和数值模拟研究可知，在单向加载过程中，有限元模型计算所得到的各柱水平力的分配值与试验值差别在10%以内；满铺楼盖工况及楼盖开洞工况的有限元模型计算得到的各柱水平力分配与按照半刚性楼盖假定计算所得的各柱水平力分配较为接近，与试验结论一致；完全楼盖模型与简化楼盖模型的各柱水平力分配的计算结果非常接近。

二、设计指标

在对混合结构工程算例进行设计和分析之前，首先提出"平面剪切位移角"的概念。

在《建筑抗震设计规范》GB 50011—2010　5.5节中，对于各类结构的弹性层间位移角以及弹塑性层间位移角限值进行了规定，以保证结构在多遇地震中"小震不坏"和罕遇地震中"大震不倒"。

对于混凝土结构来说，"小震不坏"就是不出现裂缝，其中混凝土框架结构的弹性层间位移角限值为1/550，而对于含有木楼盖这种弹性楼盖的混合结构，除了应规定其弹性层间位移角限值外，还应限制其同一层间各榀框架由于楼盖的剪切变形而产生的"平面剪切位移角"。如图6-31中 α 即为平面剪切位移角，当 α 过大时，会引起梁端侧面的开裂。结构扭转也会引起同层各榀框架的侧移不同而产生"平面扭转位移角"，如图6-32中 γ 即为平面扭转位移角，但它不会引起梁端侧面的开裂。

为了保证在多遇地震作用下，梁端侧面不出现裂缝，必须对弹性平面剪切位移角进行一定的限制，参考规范中对于混凝土框架结构弹性层间位移角的限值为1/550，规定混凝土-木混合结构中弹性平面剪切位移角的限值为1/550。

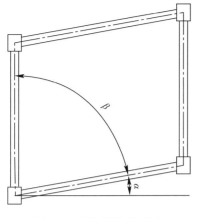

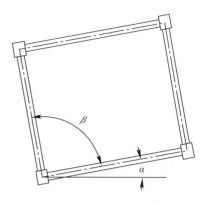

图 6-31 平面剪切位移角   图 6-32 平面扭转位移角

在罕遇地震作用下，当混合结构中的抗侧力体系局部进入塑性时，木楼盖必须能够将其承担的水平力传递给相邻的抗侧力构件，故应保证木楼盖的平面内受力仍在弹性范围。根据木楼盖抗侧力性能的研究，当木楼盖侧移小于跨度的 1/200 时，其受力在弹性范围，故建议规定混凝土-木混合结构中弹塑性平面剪切位移角限值为 1/200。

三、分析方法

在对混凝土框架-木楼盖混合结构进行设计时，如将其简化为平面结构进行计算，并按照半刚性楼盖假定分配各榀框架所受到的水平地震力；若对其进行三维建模计算，将木楼盖按照平面内抗侧刚度等效的方法，建立简化木楼盖模型进行计算；在多遇地震设计时，可以采用底部剪力法或振型分解反应谱法对结构进行计算，底部剪力法略显保守；在罕遇地震设计时，可以采用 Pushover 方法或弹塑性时程方法进行结构计算，均能较好的预计结构在弹塑性阶段的地震响应；混凝土框架-木楼盖混合结构中木楼盖受到的水平力较小，不需要对木楼盖构造进行特殊处理。

第五节　构造特点与要求[6.5]

在轻木-混凝土框架混合结构中，轻质木楼板以及木填充墙的构造特点和要求可以按照《木结构设计规范》GB 50005—2017 中的要求来设计。混合结构中的关键问题是木结构与主体结构连接的问题。

木混合结构中木结构与主体结构的连接是非常重要的，木结构常用的连接方式有普通钉连接、螺栓连接。对于轻型木结构与混凝土结构的连接处理，往往会参照钢结构的设计方法，节点处也会使用钢结构节点来处理构件间的连接。

木结构节点的设计应遵循一定的原则，木材是各向异性的材料，垂直木纹方向抗拉和顺纹抗剪强度都很低，顺纹抗压强度较高。在了解木材属性的前提下，设计中应充分利用木材相对较高的顺纹抗压强度，避免复杂的连接形式，设计出受力合理的连接形式。

本章所述分析对象中的主要连接为木墙体与钢筋混凝土框架的连接、木楼屋盖与钢筋混凝土梁的连接等。木墙体与钢筋混凝土框架可通过预埋在混凝土框架梁、柱中的锚栓进行连接。木楼盖与钢筋混凝土梁连接可按图 6-33 方式，规格材组合梁先通过锚栓与钢筋混凝土梁连接，然后楼盖搁置在组合梁上，并用钉连接、固定。

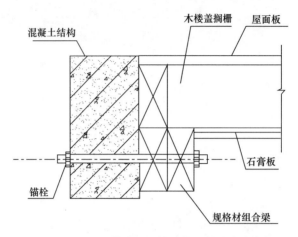

图 6-33　木楼盖与钢筋混凝土梁的连接

第六节　案例分析——六层轻木-混凝土框架混合结构[6.1]

本节以一幢六层轻木-混凝土框架混合结构为例，说明该类结构的结构分析方法与特点。

一、结构设计

1. 工程概况

该算例为 6 层建筑，层高均为 3m，采用混凝土框架-木楼盖混合结构，结构平面布置图如图 6-34 所示，建筑物总长 36m，总宽为 12.5m。

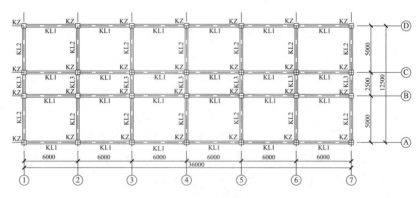

图 6-34　结构平面图

设计地震分组为第二组，设防烈度为 7 度，设计基本地震加速度为 $0.10g$，场地类别为Ⅱ类，抗震等级为三级，场地特征周期为 $0.40s$，最大地震影响系数为 0.08。

梁柱混凝土强度等级均为 C25，梁柱截面配筋见图 6-35。梁柱受力主筋选用 HRB400，抗剪钢筋为 HPB235。

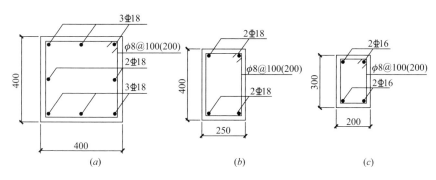

图 6-35　框架配筋图
(a) KZ；(b) KL1、KL2；(c) KL3

2. 木楼盖设计

楼盖结构采用轻型木楼盖，所取用的搁栅、覆面板尺寸根据《木结构设计规范》GB 50005—2017 要求计算，楼面恒荷载标准值为 $1.0kN/m^2$，活荷载标准值为 $2.0kN/m^2$；屋盖结构采用轻型木桁架坡屋顶，为不上人屋面，屋面恒荷载标准值为 $1.0kN/m^2$，活荷载标准值为 $0.5kN/m^2$；隔墙采用木龙骨石膏板覆面轻质隔墙，内填保温材料。

根据开间不同，木楼盖的大小有两种：5m×6m 和 2.5m×6m，在每个开间内木搁栅沿短跨方向布置，跨度分别为 5m 和 2.5m，根据搁栅的荷载以及跨度选取木搁栅的种类和截面尺寸。经计算，在 5m×6m 的开间，搁栅尺寸为 40×235mm，间距为 300mm；在 2.5m×6m 的开间，搁栅尺寸为 40×190mm，间距为 300mm。搁栅材质选用 SPFⅢ$_c$，覆面板的拼缝处设置横撑，保证搁栅的侧向稳定；楼盖覆面板采用 15.5mm 厚 OSB 板；面板与搁栅的连接采用长 51mm，直径为 2.85mm 的钉，覆面板边缘的钉间距为 150mm，内部的钉间距为 300mm；搁栅与封边搁栅之间采用搁栅挂构件连接，连接钉长 76mm；封边搁栅与混凝土梁侧的预埋锚栓连接，预埋锚栓间距为 500mm。

在第三节中提出了基于平面内抗侧刚度等效，将轻型木楼盖简化为弹性交叉构件。弹性构件的弹簧刚度，根据本算例中所使用的结构构件的尺寸和材质进行计算，其中面板钉连接的弹性侧移刚度取为 1.0kN/mm，计算得到弹性交叉构件的弹簧刚度为：$K_1=2.37kN/mm$；$K_2=2.91kN/mm$。

参照《木结构设计规范》GB 50005—2017 来计算木楼盖的平面内承载力设计值，然后将其转换为交叉弹簧的承载力值为：$V_1=10.31kN$；$V_2=7.93kN$。

轻型木楼盖的建筑构造平面图及简化模型见图 6-36、图 6-37。

对于木屋盖的抗侧刚度不再进行单独的研究，直接采用木楼盖的抗侧刚度代替。

3. 结构整体模型

采用 SAP2000 进行结构的建模、设计和分析，结构三维整体模型见图 6-38。

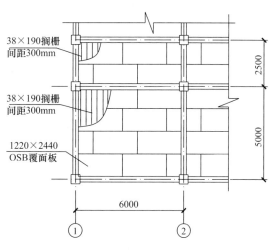

38×190搁栅
间距300mm

38×190搁栅
间距300mm

1220×2440
OSB覆面板

2500

5000

6000

① ②

图 6-36　木楼盖构造

采用含有交叉弹簧的简化木楼盖混合结构模型来进行结构设计。同时，为了比较不同楼盖刚度对于结构整体受力、变形的影响，对采用刚性楼盖假定和柔性楼盖假定的混合结构模型同时进行计算。

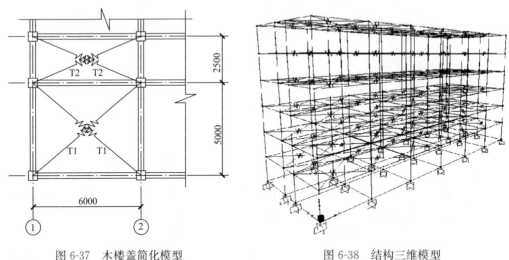

图 6-37　木楼盖简化模型　　　　　　　　　　图 6-38　结构三维模型

如前所述，简化木楼盖模型中的交叉弹簧刚度根据木楼盖的构造进行计算。当交叉弹簧的刚度为零时，即为柔性楼盖模型；当交叉弹簧的刚度为无穷大时，即为刚性楼盖模型。结构所受到的恒荷载与活荷载根据木楼盖搁栅布置的方向施加于相应的混凝土梁上。

下面首先进行结构的振型模态分析，然后采用振型分解反应谱法和底部剪力法对结构进行弹性静力分析，最后采用 Pushover 方法和弹塑性动力时程分析方法对结构进行弹塑性静力分析和弹塑性动力分析。

二、模态分析

简化木楼盖、刚性楼盖、柔性楼盖三种不同刚度楼盖的混合结构模型的自振模态（取前 6 阶模态）见图 6-39～图 6-41。

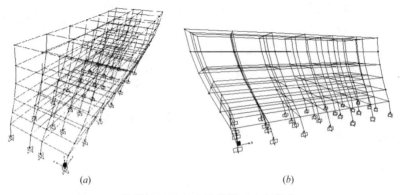

(*a*)　　　　　　　　　　　　　　　　　　(*b*)

图 6-39　简化木楼盖混合结构模型自振模态（一）
(*a*) 第 1 阶 $T = 0.991s$；(*b*) 第 2 阶 $T = 0.960s$；

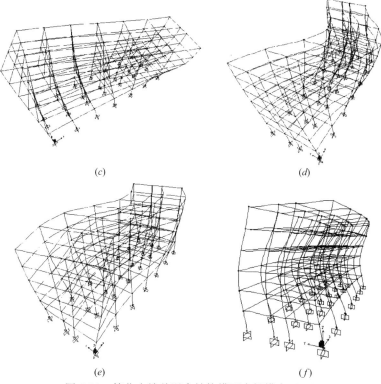

(c)　　　　　　　　　　　　　　　　(d)

(e)　　　　　　　　　　　　　　　　(f)

图 6-39　简化木楼盖混合结构模型自振模态（二）

（c）第 3 阶 $T=0.911$s；（d）第 4 阶 $T=0.462$s；（e）第 5 阶 $T=0.391$s；（f）第 6 阶 $T=0.326$s

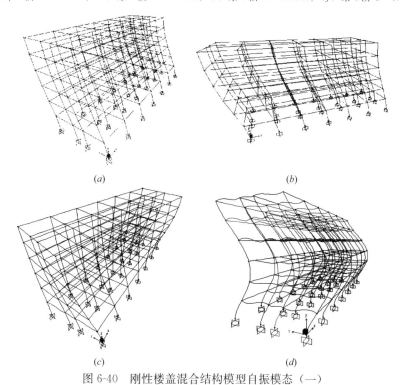

(a)　　　　　　　　　　　　　　　　(b)

(c)　　　　　　　　　　　　　　　　(d)

图 6-40　刚性楼盖混合结构模型自振模态（一）

（a）第 1 阶 $T=0.988$s；（b）第 2 阶 $T=0.959$s；（c）第 3 阶 $T=0.908$s；（d）第 4 阶 $T=0.310$s；

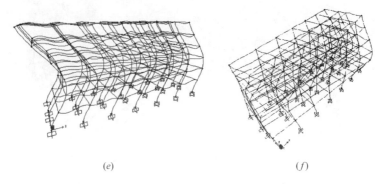

图 6-40　刚性楼盖混合结构模型自振模态（二）

(e) 第 5 阶 $T=0.302\mathrm{s}$；(f) 第 6 阶 $T=0.285\mathrm{s}$

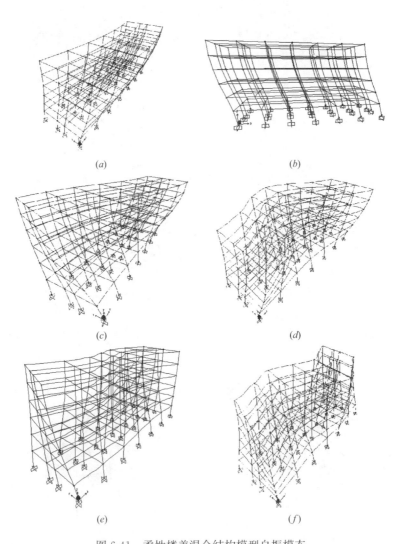

图 6-41　柔性楼盖混合结构模型自振模态

(a) 第 1 阶 $T=0.998\mathrm{s}$；(b) 第 2 阶 $T=0.960\mathrm{s}$；(c) 第 3 阶 $T=0.918\mathrm{s}$；

(d) 第 4 阶 $T=0.690\mathrm{s}$；(e) 第 5 阶 $T=0.624\mathrm{s}$；(f) 第 6 阶 $T=0.506\mathrm{s}$

通过对比可以看出：

1. 三个模型的前三阶振型相同，均是第一阶 Y 向平动，第二阶 X 向平动，第三阶 Z 向平动，但是周期略有差别，刚性楼盖模型＜简化木楼盖模型＜柔性楼盖模型，这表示当楼盖在自身平面内的振动会延长结构的自振周期；

2. 简化木楼盖模型与柔性楼盖模型的第四阶振型均为 Y 向水平面内反向平动，所谓水平面内反向平动是指同一水平面内的各榀框架均为平动，但方向相反，而刚性楼盖的第四阶振型为竖向反向平动，即在同一个竖向平面内，框架顶部和底部的运动是反向的，这种现象说明楼盖自身平面内的振动会对结构振型分布产生影响；

3. 虽然简化木楼盖模型与柔性楼盖模型第四阶的振型形状相似，但是周期差别很大，简化木楼盖模型的周期 $T=0.462s$，柔性楼盖模型的周期为 $T=0.690s$，比简化木楼盖模型要大约 50%，虽然振型形状大致相同，但是木楼盖刚度缩短了结构模型的振动周期；

4. 刚性楼盖模型前三阶振型的周期在 $0.9s$ 左右，从第四阶振型开始周期就缩短至 $0.3s$ 左右；柔性楼盖模型的第四、五、六阶振型周期在 $0.6s$ 左右，由于没有提供水平面内刚度的楼盖，出现了多种由于各榀框架做水平面内反向运动的振型；木楼盖模型第四、五、六阶振型周期发生递减，其第六阶振型已经于刚性楼盖模型的第四阶模型相同，但周期略长。

以上结论可以看出，三种结构模型的自振模态有一定的差别，而振型是影响结构在地震中响应的重要因素，在接下来对结构抗震分析中，将对其影响进行讨论。

楼盖可以看作一个水平放置的深梁，在本算例中，在受到与结构长度方向垂直的 Y 向地震力作用下，楼盖所起到的传递分配水平荷载的作用以及对结构抗震性能的影响较大，故在以下的计算分析中，地震荷载的方向均为 Y 向。

三、弹性静力分析

结构抗震弹性静力分析计算方法有两种：底部剪力法和振型分解反应谱法。

1. 底部剪力法

抗震规范规定：高度不超过 40m，以剪切变形为主且质量和刚度沿高度分布比较均匀的结构，以及近似于单质点体系的结构，可以采用底部剪力法进行计算。本算例符合以上条件。

采用底部剪力法计算所得到三个模型层位移及层间位移角见表 6-14。

层位移及层间位移角 单位：mm 表 6-14

层数	层位移（mm）			层间位移角		
	简化木楼盖模型	刚性楼盖模型	柔性楼盖模型	简化木楼盖模型	刚性楼盖模型	柔性楼盖模型
1	2.65	2.58	2.74	1/1132	1/1162	1/1094
2	7.06	6.84	7.29	1/680	1/704	1/659
3	11.4	11.05	11.77	1/691	1/712	1/669
4	15.11	14.66	15.6	1/808	1/831	1/783
5	17.89	17.36	18.48	1/1079	1/1111	1/1041
6	19.61	19.02	20.24	1/1744	1/1807	1/1704

采用底部剪力法计算所得到三个模型各榀框架所承受的地震剪力（Y 向）见表 6-15，根据结构的对称性，1 轴、2 轴、3 轴框架的受力状况与 5 轴、6 轴、7 轴相同，故仅列出 ①~④轴框架的受力情况。

三个模型各榀框架所承受的地震剪力（Y 向）　单位：kN　　　表 6-15

轴线号 模型类别	1	2	3	4	总水平力
简化木楼盖模型	98.98	104.18	106.84	107.66	727.66
刚性楼盖模型	104.50	104.50	104.50	104.50	731.50
柔性楼盖模型	92.12	104.08	109.76	111.16	723.08

采用底部剪力法计算所得到三个模型各榀框架顶部位移见表 6-16。

三个模型各榀框架的顶部位移（Y 向）　　单位：mm　　　表 6-16

轴线号 模型类别	1	2	3	4
简化木楼盖模型	18.12	18.98	19.47	19.61
刚性楼盖模型	19.01	19.01	19.01	19.01
柔性楼盖模型	16.93	18.95	19.98	20.24

通过以上结果可以看出：

（1）底部剪力法计算所得到的三个模型的总水平地震剪力差别比较小，这是因为底部剪力法是根据结构的第一阶振型来计算结构受到水平地震力，然后将其分配到各层，而三个模型的第一阶振型形状相近，周期仅有微小差别，故计算所得到的层间地震剪力也非常接近。

（2）三个模型各榀框架的地震力分配存在一定的差别：刚性楼盖模型各榀框架地震力相同，符合刚性楼盖按框架刚度分配的原则；简化木楼盖模型中间榀框架受力较大，两边框架依次递减，中间框架与边框架的地震力相差 8.14%；柔性楼盖模型中各框架承担地震力的变化趋势与简化木楼盖模型相同，但中框架与边框架的地震力差别更大，为 17.13%。

（3）三个模型各榀框架顶部侧移的变化趋势与地震力分配相同：刚性楼盖模型各榀框架侧移值相同；简化木楼盖模型中框架与边框架的侧移值相差 7.60%；柔性楼盖模型中间框架与边框架的侧移值相差 16.35%。

（4）简化木楼盖模型中最大的平面剪切位移角发生在顶层的 1 轴框架与 2 轴框架之间，为 1/6977，远小于建议值 1/550。

底部剪力法仅考虑第一阶振型的影响，故三个模型计算得到的总的水平地震力相同，而在将水平力分配到各榀框架时，由于各模型楼盖刚度的不同，使得各榀框架上水平力的分配发生了变化。

2. 振型分解反应谱法

采用振型分解反应谱进行结构抗震计算时，所计算振型的个数应遵循《建筑抗震设计规范》GB 50011—2010 第 5.2.2 条的规定，"振型个数一般可以去振型参与质量达到总质量的 90% 所需的振型数"。通过对三个模型的自振模态分析得到，当取前 14 阶振型时，其振型参与质量均达到了总质量的 90% 以上，故取前 14 阶振型进行计算。振型组合时有

"耦联"和"非耦联"两种方式，"耦联"采用CQC组合方法，"非耦联"采用SRSS组合方法。本算例为一空间结构，采用CQC组合方法进行组合计算。

三个模型的层位移及层间位移角见表6-17。

层位移及层间位移角　单位：mm　　　　　　　　　　**表 6-17**

层数	层位移（mm）			层间位移角		
	简化木楼盖模型	刚性楼盖模型	柔性楼盖模型	简化木楼盖模型	刚性楼盖模型	柔性楼盖模型
1	2.62	2.51	2.86	1/1145	1/1195	1/1049
2	6.94	6.62	7.56	1/694	1/730	1/638
3	11.09	10.61	12.10	1/723	1/752	1/661
4	14.53	13.91	15.85	1/872	1/909	1/800
5	17.00	16.27	18.55	1/1215	1/1271	1/1111
6	18.43	17.64	20.11	1/2098	1/2190	1/1923

所得到三个模型各榀框架所承受的地震剪力（Y向）见表6-18。

三个模型各榀框架所承受的地震剪力（Y向）　单位：kN　　　**表 6-18**

框架轴线 模型类别	1	2	3	4	总水平力
简化木楼盖模型	94.10	101.04	105.48	107.00	708.24
刚性楼盖模型	102.22	102.22	102.22	102.22	715.54
柔性楼盖模型	79.98	98.08	111.92	117.08	697.04

计算所得到三个模型各榀框架顶部位移见表6-19。

三个模型各榀框架的顶部位移（Y向）　单位：mm　　　**表 6-19**

框架轴线 模型类别	1	2	3	4
简化木楼盖模型	16.54	17.54	18.02	18.43
刚性楼盖模型	17.63	17.63	17.63	17.63
柔性楼盖模型	14.22	17.09	19.29	20.11

通过以上结果可以看出：

（1）三个模型按照振型分解反应谱法计算得到的总水平地震剪力与底部剪力法计算结果相比均略小；

（2）简化木楼盖模型中中间框架与边框架所承受的水平力差别为12.06%，柔性楼盖模型差别达到了31.69%，与底部剪力法的计算结果相比，有了一定程度的增大，说明高阶振型对于简化木楼盖模型和柔性楼盖模型的地震响应产生了一定的影响，使得中间框架受力有所增大，边框架受力相应减小；

（3）简化木楼盖模型中中间框架与边框架顶部水平侧移的差别为10.26%，柔性楼盖模型中其差别达到了29.28%，与水平力的差别相似，这表示高阶振型的影响使得中间框架侧移增大，边框架侧移减小；

（4）简化木楼盖模型中最大的平面剪切位移角发生在顶层的①轴框架与②轴框架之

间，为 1/6000，比底部剪力法计算结果略大，但仍远小于建议值 1/550。

与底部剪力法相比，振型分解反应谱法考虑了较多振型对结构地震响应的影响，其计算得到的结构的总水平地震力较底部剪力法的略小，但中间框架的水平地震力增大。

四、弹塑性静力分析

1. 计算参数定义

（1）塑性铰定义

SAP2000 中对塑性铰的定义有两种方法：一是自定义，由截面配筋情况计算出塑性铰本构关系中关键点的位置；二是由程序按照 FEMA356 规范中默认铰属性，本算例中采用由程序默认铰属性进行计算。

对于梁单元，一般仅考虑绕强轴方向弯矩屈服产生的塑性铰 M3，但是在本算例中，特别是柔性楼盖模型中，由于在水平地震力作用下，各榀框架之间的侧移不同，连接各榀框架之间的混凝土梁在绕其弱轴方向仍可能产生塑性铰 M2，且由于木楼盖平面内的桁架效应，纵向的混凝土梁在水平荷载下会受到一定的轴向力，故对连接 Y 向各榀框架的梁单元的两端定义为 PMM 铰，对于各榀横向框架中的梁单元两端定义 M3 铰。

对于柱单元，考虑由于轴力和双向弯矩相关作用产生的塑性铰，在其两端定义 PMM 铰。

（2）侧向荷载模式

SAP2000 程序提供了三种加载方式：均匀加速度分布、振型分布和自定义分布。均匀加速度分布的侧向力由均一加速度和相应质量分布的乘积得到，相当于均布加载；振型分布加载按照指定的振型加载，在每一个节点上的力与振型位移、振型角频率的平方及分配给节点的质量成比例。在本章算例中，采用振型分布加载模式对结构进行 Pushover 分析。

（3）需求谱定义

SAP2000 能力谱方法中所采用的需求谱，是根据 ACT-40 中的弹性反应谱用高阻尼进行折减得到的。我国《建筑抗震设计规范》GB 50011—2010 中对于地震反应谱与 ACT-40 中弹性反应谱略有不同，按照反应谱水平段两端点相等的原则，可以按下式进行转换：

$$2.5C_{\mathrm{A}} = \alpha_{\max} \tag{6-28}$$

$$C_{\mathrm{V}} = T_{\mathrm{g}}\alpha_{\max} \tag{6-29}$$

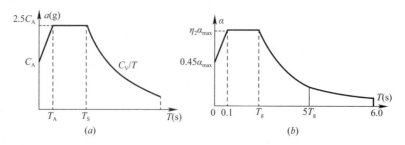

图 6-42　中国规范反应谱和 ACT-40 定义的反应谱

（a）ATC-40 中的设计反应谱；（b）GB 50011—2001 中的设计反应谱

本章算例的设防烈度为 7 度，设计地震分组为第二组，场地类别为 Ⅱ 类，设计基本地震加速度为 0.1g，场地特征周期为 0.40s。

7 度罕遇地震：$\alpha_{max}=0.5$，$C_A=0.2$，$C_V=0.2$。

2. 推覆曲线

图 6-43 为三种结构模型进行 Pushover 分析所得到的荷载位移曲线对比图，取中间框架的顶部作为位移观测点，荷载为结构所承受的总 Y 向地震剪力。通过对比可以看出，三种结构模型的荷载位移曲线基本重合；简化木楼盖模型的极限荷载点为（298，1302），刚性楼盖模型为（298，

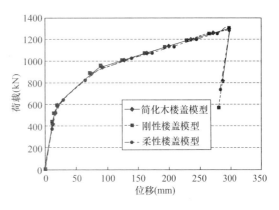

图 6-43　Pushover 分析荷载位移曲线

1307），柔性楼盖模型为（298，1285），三个模型极限位移相同，极限承载力略有差别。

3. 7 度罕遇地震下的验算

7 度罕遇地震下：简化木楼盖模型的性能点 $S_d=106.996$mm，转化为顶点位移为 $D=146.540$mm；刚性楼盖模型的性能点 $S_d=106.946$mm，转化为顶点位移为 $D=144.988$mm；柔性楼盖模型的性能点 $S_d=106.725$mm，转化为顶点位移为 $D=152.907$mm。

7 度罕遇地震下，三个模型达到性能点时，各层顶点位移及层间位移角见表 6-20，其中简化木楼盖模型与柔性楼盖模型均取中间框架上的位移值。

层位移及层间位移角　　　　　　　　　　　　　　　　　　　　　表 6-20

层数	层位移（mm）			层间位移角		
	简化木楼盖模型	刚性楼盖模型	柔性楼盖模型	简化木楼盖模型	刚性楼盖模型	柔性楼盖模型
1	11.45	11.20	11.92	1/262	1/268	1/252
2	37.91	37.16	39.47	1/113	1/116	1/109
3	70.33	69.08	73.22	1/93	1/94	1/89
4	101.56	99.98	105.73	1/96	1/97	1/92
5	127.21	125.55	132.54	1/117	1/117	1/112
6	146.54	144.99	152.91	1/155	1/154	1/147

所得到三个模型各榀框架所承受的地震剪力（Y 向）见表 6-21。

三个模型各榀框架所承受的地震剪力（Y 向）　　单位：kN　　　　表 6-21

框架轴线 模型类别	1	2	3	4	总水平力
简化木楼盖模型	146.96	150.06	151.4	152.02	1048.86
刚性楼盖模型	150.34	150.34	150.34	150.34	1052.38
柔性楼盖模型	139.60	148.90	155.64	157.86	1046.14

计算所得到三个模型各榀框架顶部位移见表 6-22。简化木楼盖模型中最大的平面剪切位移角发生在顶层的①轴框架与②轴框架之间，为 1/3208，小于建议值 1/200。

框架轴线 模型类别	1	2	3	4
简化木楼盖模型	142.27	144.14	145.52	146.54
刚性楼盖模型	144.99	144.99	144.99	144.99
柔性楼盖模型	133.00	141.84	149.89	152.91

三个模型各榀框架的顶部位移（Y 向）　单位：mm　　　表 6-22

达到性能点时，三个结构模型的塑性铰的分布见图 6-44。

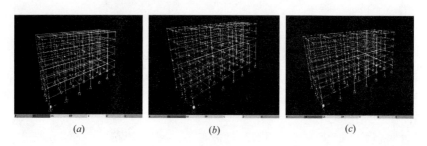

(a) (b) (c)

图 6-44　三个模型达到性能点时塑性铰状态及分布图
(a) 简化木楼盖模型；(b) 刚性楼盖模型；(c) 柔性楼盖模型

由以上图表可以看出，在 7 度罕遇地震下，三个结构模型的层间位移角均小于规范限制 1/50，满足设计要求；三个结构模型在达到性能点时的顶点侧移接近，柔性楼盖的位移值略大于简化木楼盖模型略大于刚性楼盖模型；在达到性能点时，简化木楼盖模型中的 1～5 层的梁端塑性铰大部分处于 IO 状态，第 3 层中间框架的塑性铰出现了 LS 状态，刚性楼盖模型与简化木楼盖模型不同的是第三层各个框架上均出现了 LS 状态的塑性铰，而柔性楼盖第三层中间框架塑性铰出现的位置与简化木楼盖相似，但数目更多。

4. 破坏模式

图 6-45～图 6-47 为三个结构模型从塑性铰出现到结构达到极限状态的塑性铰开展图。

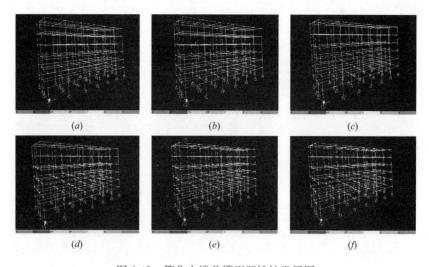

(a) (b) (c)

(d) (e) (f)

图 6-45　简化木楼盖模型塑性铰发展图

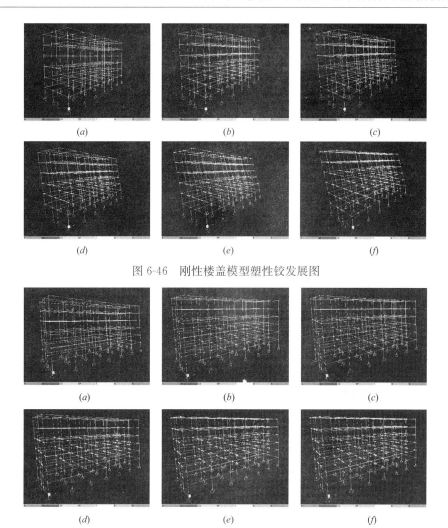

图 6-46　刚性楼盖模型塑性铰发展图

图 6-47　柔性楼盖模型塑性铰发展图

由图 6-45～图 6-47 可以看出：

（1）简化木楼盖模型的塑性铰发展为：2 层 4 轴框架首先出现梁端塑性铰→1～3 层各框架均出现塑性铰→1～6 层梁端均出现塑性铰，其中 2～3 层梁端塑性铰达到 IO 状态→2～4 层梁端塑性铰达到 LS 状态，其余梁端塑性铰均为 IO 状态→2～6 层梁端塑性铰达到 LS 状态→3～4 层的 2 轴～6 轴中部分塑性铰破坏，整个过程中，柱端无塑性铰；

（2）刚性楼盖模型的塑性铰发展为：2 层 2～6 轴框架首先出现梁端塑性铰→1～4 层各框架均出现塑性铰→1～6 层梁端均出现塑性铰，其中 2～3 层梁端塑性铰达到 IO 状态→2～4 层梁端塑性铰达到 LS 状态，其余梁端塑性铰均为 IO 状态→2～6 层梁端塑性铰达到 LS 状态→3 层所有框架均有有梁端塑性铰破坏，整个过程中，柱端无塑性铰；

（3）柔性楼盖模型的塑性铰发展为：2 层 4 轴框架首先出现梁端塑性铰→1～3 层 2～6 轴框架均出现塑性铰→1～6 层梁端均出现塑性铰，其中 2～3 层 2～6 轴框架梁端塑性铰达到 IO 状态→2～4 层梁端塑性铰达到 LS 状态，其余梁端塑性铰均为 IO 状态→2～6 层梁端塑性铰达到 LS 状态→3 层的 4 轴中部分塑性铰破坏，整个过程中，柱端无塑性铰；

（4）在初始阶段，简化木楼盖模型的塑性铰开展与柔性楼盖模型较接近，均是中部框架首先出现塑性铰，但随着位移的增大，其发展趋势逐渐开始接近于刚性楼盖模型，达到破坏时 2～6 轴框架均出现了塑性铰的破坏，而柔性楼盖模型仅是在 4 轴框架出现塑性铰破坏。

5. 木楼盖受力状态

下面对简化木楼盖模型加载过程中木楼盖的受力状态进行讨论，主要在从两个角度进行探讨：一是比较相同两榀框架之间，不同楼层处木楼盖受力状态的差别；二是同一楼层处，不同框架之间木楼盖受力状态的差别。

图 6-48 中为 1 轴框架与 2 轴框架中不同楼层的简化木楼盖模型中的弹簧单元在整个 Pushover 加载过程中，受力与楼层顶部位移关系图，其中 Link-1 为第一层弹簧，Link-37 为第二层弹簧，Link-73 为第三层弹簧，Link-109 为第四层弹簧，Link-145 为第五层弹簧，Link-181 为第六层弹簧。通过对比可以看出，木楼盖的受力随着楼层高度的增大而增大。

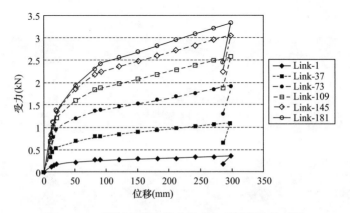

图 6-48　不同楼层处木楼盖受力与顶层位移关系图

图 6-49 中为第 6 层楼盖位于不同框架间的简化木楼盖模型中弹簧单元在整个 Pushover 加载过程中受力与楼层顶部位移关系图，其中 Link-181 为 1 轴与 2 轴框架间的弹簧，Link-191 为 2 轴与 3 轴框架间的弹簧，Link-183 为 3 轴与 4 轴框架间的弹簧。通过对比可以看出，同一楼层处，中部楼盖所受水平力较小，两侧楼盖所受水平力较大。综合来看，受水平力最大的木楼盖位于顶层的两侧，当结构整体达到极限抗侧力时，楼盖所受水平力为 3.37kN，远小于楼盖的抗侧力设计值 13.2kN。

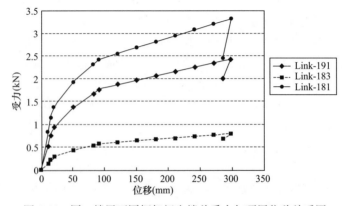

图 6-49　同一楼层不同框架间木楼盖受力与顶层位移关系图

五、弹塑性动力分析

1. 计算参数定义

本算例进行时程分析所选用的地震波为 El Centro 地震记录，它是国内外进行地震分析时使用较多的地震波，它具有较大的加速度值。El Centro 波记录是 1940 年发生在美国加州里氏 6.4 级地震时在距震中 9km 的 IMPERIAL VALLEY 的记录，南北向加速度峰值为 341.7gal，东西向峰值为 210.1gal。El Centro 波的加速度时程记录如图 6-50 所示。

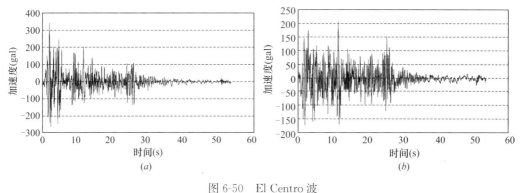

图 6-50 El Centro 波
（a）El Centro 南北向；（b）El Centro 东西向

我国《建筑抗震设计规范》GB 50011—2010 规定 7 度罕遇地震时程分析所用地震加速度时程曲线的最大值为 220gal。故 El Centro 南北方向波的调整系数为 0.64，东西方向波的调整系数为 1.05。

本算例的目的是考察木楼盖平面内刚度与结构地震响应的影响，故主要荷载方向为与建筑长度反向垂直，即 Y 向。时程分析时所采用的地震组合为：1.0×El Centro 南北方向＋0.85×El Centro 东西方向。

弹塑性时程分析所采用的结构模型中塑性铰的定义与弹塑性静力分析时的定义方法相同。采用直接积分法求解结构振动方程，积分方法采用 Hiber-Huges-Taytor 法，其中系数 $\alpha=0$。

2. 罕遇地震下的结构验算

表 6-23 为罕遇地震下各层最大的位移以及层间位移角，结构最大的层间位移角均小于规范规定的 1/50，满足规范要求。与采用 Pushover 分析方法计算结果相比，采用时程分析方法计算结果要小很多，大约是前者的一半。

层位移及层间位移角 单位：mm 表 6-23

层数	顶点位移（mm）			层间位移角		
	简化木楼盖模型	刚性楼盖模型	柔性楼盖模型	简化木楼盖模型	刚性楼盖模型	柔性楼盖模型
1	6.81	6.79	7.46	1/441	1/442	1/402
2	21.25	21.1	23.63	1/208	1/210	1/186
3	36.89	36.23	41.57	1/192	1/198	1/167
4	49.2	47.58	56.05	1/244	1/264	1/207
5	56.61	54.5	64.84	1/405	1/434	1/341
6	60.05	57.5	69.03	1/872	1/1000	1/716

三个模型 Y 向各榀框架所承受的最大地震剪力见表6-24，顶部最大侧移见表6-25。可以看出，三个模型所受到的总的最大水平地震剪力非常接近，从大到小依次是：刚性楼盖模型、简化木楼盖模型、柔性楼盖模型，差别在 5% 以内；时程分析方法计算得到的各结构模型总水平地震力与 Pushover 方法计算结果非常接近，但各榀框架所承担比例的差异较大，体现了高阶振型在结构地震响应中的影响。

三个模型各榀框架所承受的最大水平地震剪力（Y 向）　　单位：kN　　表 6-24

框架轴线 模型类别	1	2	3	4	总水平力
简化木楼盖模型	142.58	153.14	154.94	156.50	1061.18
刚性楼盖模型	153.20	153.20	153.20	153.20	1072.40
柔性楼盖模型	132.56	152.14	153.68	153.80	1030.56

三个模型 Y 向各榀框架顶部最大位移见表6-25。简化木楼盖模型中最大的平面剪切位移角发生在顶层的 1 轴框架与 2 轴框架之间，为 1/4615，小于建议值 1/200。

三个模型各榀框架的顶部位移（Y 向）　　单位：mm　　表 6-25

框架轴线 模型类别	1	2	3	4
简化木楼盖模型	57.58	58.88	59.79	60.05
刚性楼盖模型	57.49	57.49	57.49	57.49
柔性楼盖模型	46.55	54.70	64.62	69.03

在时程分析过程中，三个结构模型的塑性铰的分布见图6-51。三个结构塑性铰所出现的位移与 Pushover 分析的结果相似，均是梁端出现塑性铰，但是塑性铰的位移开展要小很多，只有柔性楼盖模型中有塑性铰达到了 IO 状态，而 Pushover 分析中三个结构大部分塑性铰已经达到了 IO 状态，部分塑性铰还达到了 LS 状态。由于时程分析中考虑了 X 向地震作用的组合，故纵向框架的梁端也出现了塑性铰。

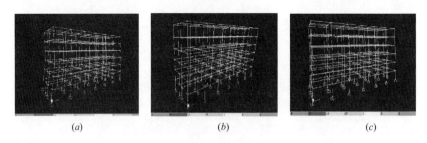

(a)　　　　　　　　　　(b)　　　　　　　　　　(c)

图 6-51　三个模型达到性能点时塑性铰状态及分布图
(a) 简化木楼盖模型；(b) 刚性楼盖模型；(c) 柔性楼盖模型

3. 顶点位移时程

取出各模型的中框架顶点 Joint91 与边框架顶点 Joint7 的位移时程曲线（Y 向）进行对比，见图6-52，并将三个模型的中框架顶点 Joint91 的位移时程曲线进行对比，见图 6-53。

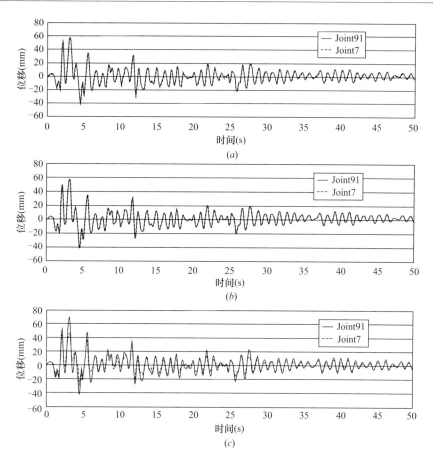

图 6-52　三个结构模型中框架顶点与边框架顶点位移时程曲线

（*a*）简化木楼盖模型；（*b*）刚性楼盖模型；（*c*）柔性楼盖模型

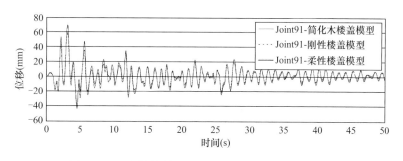

图 6-53　三个结构模型中框架顶点时程位移曲线对比

通过对比可以看出：简化木楼盖模型的中框架与边框架的顶点位移时程曲线基本吻合，差别较小，且与刚性楼盖模型较为接近；柔性楼盖模型的中框架与边框架顶点位移时程曲线有步调基本一致，但是幅值中框架较边框架要大很多；采用时程分析计算得到的结构地震响应，简化木楼盖模型更接近于刚性楼盖模型。

4. 木楼盖受力分析

下面对简化木楼盖结构模型在时程分析中木楼盖的受力状态进行讨论，并与 Pushover 分析的结果进行对比。

表 6-26 中为 1 轴框架与 2 轴框架中不同楼层处简化木楼盖模型中的弹簧单元采用时程分析和 Pushover 分析方法的最大受力，其中 Link-1 为第一层弹簧，Link-37 为第二层弹簧，Link-73 为第三层弹簧，Link-109 为第四层弹簧，Link-145 为第五层弹簧，Link-181 为第六层弹簧。

三个模型不同楼层处楼盖简化弹簧受力　单位：kN　　　　　　表 6-26

分析方法 ＼ 弹簧编号	Link1 (1层)	Link37 (2层)	Link73 (3层)	Link109 (4层)	Link145 (5层)	Link181 (6层)
Pushover	0.29	0.89	1.54	2.08	2.47	2.68
时程	1.04	2.26	2.66	2.20	2.75	4.35

表 6-27 为第 6 层楼盖位于不同框架间的简化木楼盖模型中弹簧单元在时程分析和 Pushover 分析中的最大受力，其中 Link-181 为 1 轴与 2 轴框架间的弹簧，Link-191 为 2 轴与 3 轴框架间的弹簧，Link-183 为 3 轴与 4 轴框架间的弹簧。通过对比可以看出，时程分析所得到的弹簧受力要明显大于 Pushover 分析的结果。

三个模型同一楼层处楼盖简化弹簧受力（Y 向）　单位：kN　　　　表 6-27

模型类别 ＼ 弹簧编号	Link181 (1~2轴)	Link191 (2~3轴)	Link183 (3~4轴)
Pushover	2.89	1.96	0.62
时程	4.35	4.64	1.68

通过对比可以看出，在时程分析中，受水平力最大的木楼盖位于顶层的两侧，最大受力为 4.35kN，远小于楼盖的抗侧力设计值 13.2kN；木楼盖的受力总体上仍随着楼层高度的增大而增大，并且同一楼层处，中部楼盖所受水平力较小，两侧楼盖所受水平力较大，但是各弹簧的受力要明显大于 Pushover 分析的结果，这主要是由于两个方面的原因：一是高阶振型的影响；二是 Pushover 分析考虑了 X 方向的地震力组合。

六、小结

1. 自振模态
简化木楼盖模型、刚性楼盖模型、柔性楼盖模型三个模型的前三阶模态相同，为两个方向的平动及绕 Z 轴的扭转，但周期随着楼盖刚度的降低而延长；三个模型接下来的振型出现了差别，简化木楼盖模型与柔性楼盖模型出现了由于楼盖在平面内的振动而出现了各榀框架之间水平反方向运动的振型。

2. 弹性分析
在多遇地震作用下，三个模型的总水平地震力基本相同，但各榀框架中的水平力分配有一定差别，刚性楼盖模型按各榀框架刚度分配地震力，柔性楼盖按照各榀框架所承受的竖向荷载的比例分配地震力，简化木楼盖模型介于二者之间，类似半刚性楼盖；与底部剪力分配法相比，振型分解反应谱法考虑了较多振型对结构地震响应的影响，其计算得到的结构的总水平地震力比底部剪力法的略小，但中间框架水平地震力的分配比例增大。

3. 弹塑性分析
在罕遇地震作用下，三个模型的总水平地震力基本相同，与弹性受力阶段相比，简化木楼盖模型中各榀框架间的水平力分配差别减小，这是由于中部框架首先出现塑性铰使得框架刚度降低，部分地震力通过木楼盖传递给了边框架；时程分析方法计算得到的结构总水平地震力与 Pushover 方法计算结果非常接近，但由于考虑了多阶振型的影响，中间框架所承担的地震力分配比例增大；简化木楼盖模型的中框架与边框架的顶点位移时程曲线基本吻合，差别较小，与刚性楼盖模型较为接近。

4. 木楼盖受力

在简化木楼盖模型中，平面位置相同的木楼盖所受到的水平力随着楼层高度的增大而增大；同一高度处，中部楼盖所受水平力较小，两侧楼盖所受水平力较大；罕遇地震作用下，由于考虑了多阶振型的影响以及两个方向的地震力组合，时程分析所得到的楼盖受力要大于 Pushover 分析的结果；总之，混凝土框架-木楼盖混合结构中，由于各榀框架的抗侧性能相似，木楼盖所受到的水平力比较低，小于其极限承载力。[6.6]

参 考 文 献

[6.1] 李硕. 混凝土与木混合结构抗震性能研究 [D]. 上海：同济大学土木工程学院，2010.

[6.2] 中华人民共和国住房和城乡建设部. GB 50011—2010 建筑抗震设计规范 [S]. 北京：中国建筑工业出版社，2010

[6.3] 王雪芳，郑建岚. 自密实高强混凝土框架结构的抗震性能研究 [J]. 福州大学学报，2004，52（2）：173～177.

[6.4] 王梦甫，周锡元. 高层建筑结构抗震塑性分析方法及抗震性能评估的研究 [J]. 土木工程学报，2003，36（11）：9～15.

[6.5] 郭苏夷. 混凝土与木混合结构性能分析 [D]. 同济大学土木工程学院，2008.

[6.6] 李硕，何敏娟，郭苏夷，等. 混凝土与木混合结构中木楼盖计算模型 [J]. 同济大学学报（自然科学版），2010，38（10）：1414～1420.

第七章 多层轻木-钢框架混合体系的结构设计及案例

第一节 结构体系与受力特点

一、多层轻木-钢框架混合体系的结构体系与特点

(一)结构形式

轻木-钢框架混合体系是指在钢框架梁上铺设木楼(屋)盖、在钢框架柱间设置木剪力墙的新型多层混合结构体系。这种混合体系利用了钢框架体系结构效率高、木楼盖抗挠曲变形能力强的特点,可适用于建造多层乃至小高层房屋[7.1]。

1. 水平向结构体系

轻木-钢框架混合体系的水平向结构体系可采用轻型木楼盖或新型的轻型钢木混合楼盖。其中,新型的轻型钢木混合楼盖的楼板搁栅与木规格材采用木螺钉相连,在木规格材上表面以骑马钉钉装钢筋网片,并浇筑聚酯砂浆,如图7-1所示。

轻木-钢框架混合体系的水平向结构体系除了承受竖向重力荷载外,还可以将水平地震作用、风荷载等分配到结构竖向抗侧力构件中,使结构各竖向抗侧力构件能够协同作用,充分发挥各自抵抗侧向荷载的能力,防止结构在地震作用下倒塌[7.2]。

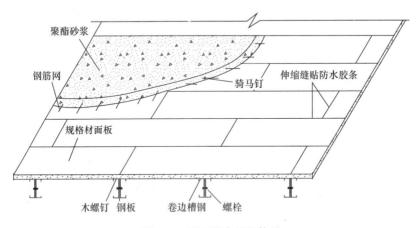

图7-1 钢木混合楼板体系

2. 竖向抗侧力体系

轻木-钢框架混合体系的竖向抗侧力体系由钢框架和内填轻型木剪力墙组成,两者通过螺栓连接,协同工作,共同抵抗地震、风等侧向荷载对结构的作用。其中,轻型木剪力墙由墙骨柱、顶梁板和底梁板、门窗洞口上的过梁以及覆面板用钉连接而成,其作为钢框架的填充墙,与钢框架共同工作,抵抗侧向荷载,并可在建筑中起到分隔的作用。轻型木剪力墙的典型构造如图7-2所示。

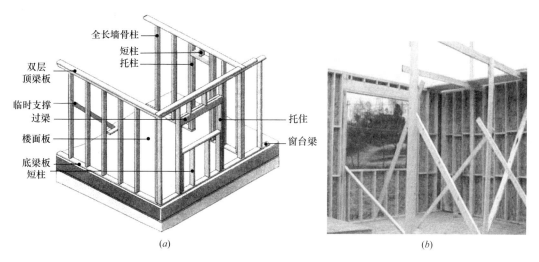

图 7-2　轻型木剪刀墙骨架构造

(a) 木骨架；(b) 施工中的墙体

图 7-3 为轻木-钢框架混合体系的竖向抗侧力体系示意图。在实际应用中，若需更高的墙体抗侧承载力，可采用双面覆板的内填木剪力墙[7.1]。

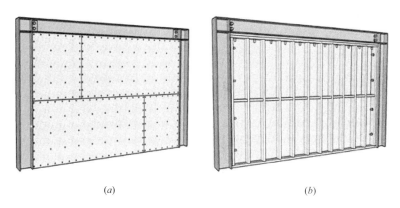

图 7-3　轻木-钢框架混合体系竖向抗侧力体系示意图

(a) 前视图；(b) 后视图

(二) 多层轻木-钢框架混合体系的优点

轻木-钢框架混合体系结合了钢框架结构与轻木结构的特点，具有许多优点，主要包括以下几个方面：

1. 抗震性能好

轻木-钢框架混合体系充分发挥钢材和木材优点：钢材具有较高的抗拉和抗压强度以及较好的塑性和韧性，且结构自重轻，使轻木-钢框架混合体系受到的地震作用较小，可在地震作用下表现出较好的抗震性能。

2. 节能环保

在轻木-钢框架混合体系的建筑材料中，木材自然生长，具有天然环保之属性，是绿色建筑的首选建筑材料，图 7-4 为木结构房屋碳循环示意图；钢材轻质高强，且资源可重复利用。除此之外，轻木-钢框架混合体系的施工过程湿作业少，可实现绿色施工，具有节能环保的特点。

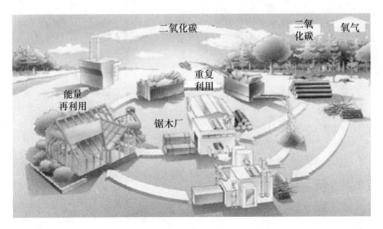

图 7-4　木结构房屋碳循环示意图

3. 施工安装方便

轻木-钢框架混合体系具有工业化生产程度高的特点：其钢构件为工厂制作，具备成批大件生产和成品精度高等特点；单个木构件尺寸小、重量轻，为工厂化生产后运输到现场提供了可能。因此轻木-钢框架混合体系可以实现工厂提供构件、现场拼装的建筑施工方式，从而提高了生产效率、加快了建设进程。

4. 通风、保温和隔热性能好

多层轻木-钢框架混合体系的墙体和楼屋面包含了大量的规格材及胶合板，只要设计中构件的布置方向适当，各种管线的排放、保温材料的填放都较方便，从而提高了建筑物的通风、保温和隔热性能，保证了居住者的舒适度[7.3]。

二、多层轻木-钢框架混合体系的结构体系受力特点

基于结构行为或力的方向，可以把建筑物荷载分为两种类型，它们包括：竖向荷载和水平荷载（即侧向荷载），如表 7-1 所示[7.4]。

由方向来分类的建筑物荷载   表 7-1

竖向荷载	水平（侧向）荷载
恒荷载	风荷载（水平）
活荷载	地震作用（水平）
雪荷载	洪水（静态和动态水压力）
风荷载（竖向吸力）	土压力（侧向压力）
地震作用（竖向）	

多层轻木-钢框架混合体系的竖向荷载通过楼面（屋面）传递到钢梁上，再由钢梁传递到钢柱及木剪力墙，其中钢框架承担了大部分竖向荷载。

除此之外，结构常受到风荷载、地震作用等水平荷载的作用，轻木-钢框架混合体系的楼（屋）盖除承受竖向重力荷载外，还将水平地震作用、风荷载等分配到由钢框架及内

填轻型木剪力墙（两者通过螺栓连接）组成的竖向抗侧力构件中，使它们各能够协同作用，充分发挥各自抵抗荷载的能力。其中，钢框架的存在可以限制剪力墙的上拔变形，而剪力墙的覆面板之间相互挤压耗能，固定覆面板与墙骨柱的钉连接变形耗散大量能量，使得轻型木剪力墙具有良好的耗能性能。在较大荷载作用下，轻型木剪力墙的抗侧刚度比钢框架更高，可以保护钢框架，避免钢框架因承受过大的水平荷载而进入塑性；在极大变形条件下，轻型木剪力墙具有良好的耗能性能和填充作用，可以预防结构连续性倒塌[7.5]。同时，由于钢框架的参与，轻木-钢框架混合体系拥有比纯木结构更强的变形能力。

第二节 构造特点

一、剪力墙及其连接构造

（一）剪力墙构造

轻型木剪力墙一般由墙骨柱、顶梁板、底梁板、边龙骨、覆面板（在骨架的一侧或两侧覆盖的木基或者其他板材）等组成，如图 7-5 所示[7.5]。

传统的轻型木剪力墙，一般是将材料运至施工现场，在施工现场通过进行制作和安装。这就要求在施工现场拼装木框架、钉面板，并将木框架安装就位。这种施工方式效率低，易受季节影响，施工的精度和质量难以得到保证，并极大地增加了用人成本。

钢木混合体系应满足建筑工业化的要求，轻型木剪力墙应在工厂制作完成，现场只进行简单的连接操作。为了使轻型木剪力墙能够顺利安装，设计时剪力墙尺寸应略小于钢框架，空隙通过连接来填补固定。墙体中竖向的墙骨柱通常由截面为 40mm×90mm 或

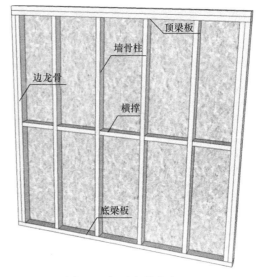

图 7-5 轻型木剪力墙

40mm×140mm 的规格材组成，中心间距具体尺寸取决于所支撑的荷载以及墙面覆盖材料的类型和厚度，一般是 300mm，400mm 或者 600mm。墙骨柱与水平的顶梁板和底梁板相连，顶梁板和底梁板通常亦采用规格材，其尺寸和等级一般与墙骨柱相同，在承重墙中通常采用双层顶梁板，且上下顶梁板的拼缝应错开至少一个墙骨柱的间距。当剪力墙上方的结构重量不能够满足其受侧向荷载时的抗倾覆要求时，要在剪力墙的角部加设抗倾覆锚固件（Hold-down）。木剪力墙的面板多采用定向刨花板（OSB）以及胶合板，通过钉与墙体骨架相连。考虑到面板可能的膨胀，在同一根墙骨柱上对接的面板在安装时应留有 3mm 的缝隙[7.1]。

（二）剪力墙与钢框架连接

剪力墙与钢框架连接在钢木混合体系中，起到至关重要的作用。连接必须保证钢框架与轻木剪力墙的协同工作、共同变形。实际工程中，轻型木结构预加工精度不如钢结构，而运输过程中，钢结构和木结构都难免发生磕碰和变形。尺寸误差和运输变形都会造成安

装困难，因此，连接还要起到弥补误差和变形的作用，且方便现场安装固定。

研究表明以下两种不同的连接方式可以较好地实现轻木-钢框架混合体系抗侧力性能：一种是普通螺栓连接，一种是高强螺栓连接。其中，高强螺栓连接比普通螺栓连接的连接刚度更大，对钢木混合墙体极限承载力提高更加明显[7.5]。

1. 普通螺栓连接

以墙体侧面连接为例，由图 7-6 说明钢框架与木剪力墙的连接构造：在木剪力墙边龙骨上开设比待穿螺栓直径大 10mm 的圆孔，此余量可调整木剪力墙在钢框架中的位置；边龙骨左侧和右侧分别设置开孔木垫板和木盖板，此开孔孔径比螺栓直径大 1mm；待木剪力墙在钢框架中的位置调整确定后，将木盖板和木垫板用钉子固定在边龙骨上；最后将普通螺栓穿过木盖板、边龙骨、木垫板、钢柱翼缘并拧紧。木垫板的作用是调节钢框架与木剪力墙间的空隙，木盖板的作用是保证螺栓与顶梁板的紧密接触并能承压传力。钢柱翼缘、木垫板、木盖板上的螺栓孔共同起到固定螺栓的作用。

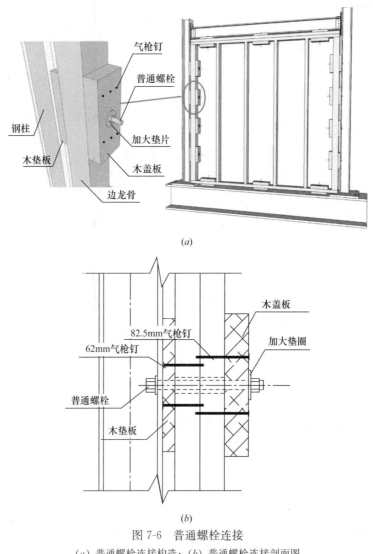

图 7-6 普通螺栓连接
(a) 普通螺栓连接构造；(b) 普通螺栓连接剖面图

连接中宜采用 4.8 级普通螺栓，这是由于轻型木结构的边龙骨孔壁承压强度低，不可承受过大的拧紧力，普通螺栓的拧紧力已经足以将木盖板挤压破坏，而不需要使用高强螺栓。为了减小木盖板的局部压应力，可在木盖板一侧使用特制加大垫圈。

2. 高强螺栓连接

高强螺栓连接，是通过高强螺栓将钢框架与轻型木剪力墙相连的一种连接方式，可参考《钢结构设计标准》中关于摩擦型高强螺栓的内容进行设计。

以轻型木剪力墙与其顶部钢框架梁连接为例说明钢框架与木剪力墙的连接构造，如图 7-7 所示。在钢梁下翼缘预先焊好钻有水平方向长圆孔的连接板，轻型木剪力墙上方用自攻螺钉连接钻有竖直长圆孔的 T 型钢连接件；长圆孔的长向比螺栓直径大 20mm；利用长圆孔调整轻型木剪力墙在钢框架中的水平、竖直位置，将 8.8 级高强螺栓穿过钢梁下方焊接板和轻型木剪力墙上方的 T 型钢板并拧紧，实现轻型木剪力墙的固定。

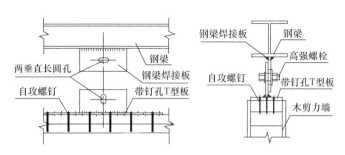

图 7-7　高强螺栓连接示意图及剖面图

钢框架和轻型木剪力墙上分别设置的一对相互垂直长圆孔作用是方便调整木剪力墙的位置。根据摩擦型高强螺栓的原理，当钢框架传到轻型木剪力墙上的作用力小于摩擦型高强螺栓的剪力设计值时，连接不发生滑动。高强螺栓拧紧后，可以保证钢框架与轻型木剪力墙之间的荷载传递。

二、楼盖及其连接构造

（一）轻型木楼盖

轻型木楼盖填充在四周的钢梁之间，木楼盖和钢梁通过螺栓连接，形成了轻木-钢框架混合体系的水平向抗侧力体系。其中，木楼盖的端部搁栅通过螺栓与钢梁相连，木楼盖的封边搁栅亦通过螺栓与钢梁相连。轻型木楼盖构造如图 7-8 所示；图 7-9 为轻型木楼盖水平抗侧力体系实物图[7.2]。

（二）新型轻型钢木混合楼盖

新型的轻型钢木混合楼盖搁栅为轻型 C 型钢，SPF（云杉-松木-冷杉）规格材面板通过木螺钉连接在搁栅上，然后在面板上铺设细钢筋网，用骑马钉将钢筋网固定在面板上，最后铺设 30～40mm 薄层水泥砂浆面层形成。规格材面板宽度一般在 200mm 左右，楼盖属于单块直面板楼盖的一种。

轻型钢木混合楼盖构造如图 7-10 所示。该楼板可按照一定模数（如 3m×6m）在工厂预制，现场直接安装在钢框架的钢梁上即可，在楼板双拼钢隔栅之间设置一块钢板，坐落于钢主梁的下翼缘上，并用螺栓连接。轻型钢木混合楼盖实物如图 7-11 所示。

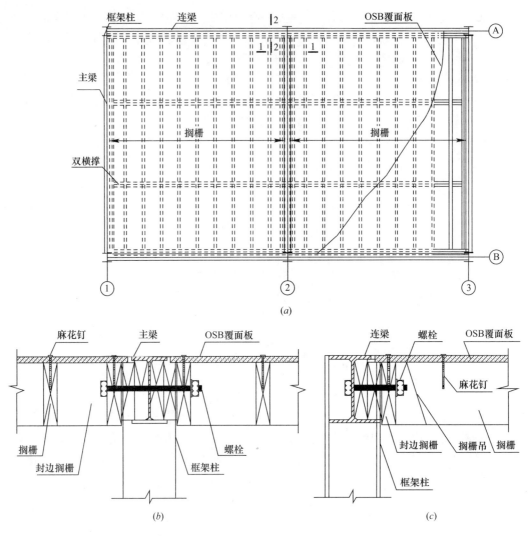

图 7-8　轻型木楼盖构造

(a) 轻型木楼盖平面图；(b) 1—1 面图；(c) 2—2 断面图

图 7-9　轻型木楼盖及其与钢框架连接

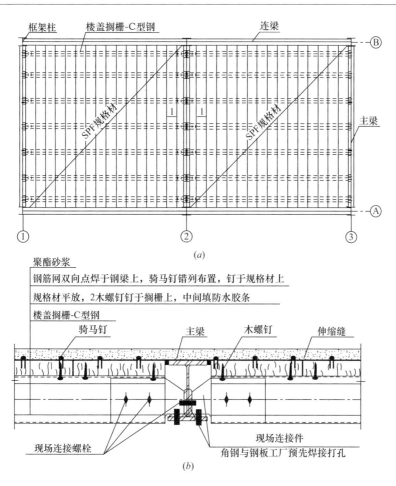

图 7-10 轻型钢木混合楼盖构造

（a）轻型钢木混合楼盖平面图；（b）1—1 断面图

图 7-11 轻型钢木混合楼盖与钢梁螺栓连接

三、钢框架构造

轻木-钢框架混合体系中的钢框架与传统钢框架结构基本相同，只是在特定的位置需要预留螺栓孔，或加焊连接板，方便轻型木剪力墙与钢框架的连接。钢柱和钢梁宜选用 H 型钢，因为 H 型钢方便木剪力墙通过螺栓等与钢框架连接，为拧紧螺栓等安装工作预留了操作空间。为符合建筑工业化的发展趋势，钢框架梁柱节点宜采用螺栓连接，方便运输和现场安装，减少现场焊接作业。钢框架的柱脚宜选用外包式柱脚或埋入式柱脚，以增大柱脚的锚固长度，提高抗弯和抗剪能力，防止整体结构倾覆。

第三节　设计要求和设计方法

一、多层轻木-钢框架混合体系设计假定

（一）水平荷载单向受力假定

轻木-钢框架混合体系简化计算时，可把整个结构看作由若干平面框架和剪力墙等抗侧力结构组成。在平面正交布置的情况下，假定每一方向的水平力只由该方向的抗侧力承担，垂直水平力方向的抗侧力结构，在计算中不予考虑。在结构单元中框架和剪力墙与主轴方向成斜交时，在简化计算中可将柱和剪力墙的刚度转换到主轴方向上再进行计算[7.6]。

（二）竖向荷载计算假定

竖向荷载作用下，钢框架承担了大部分荷载，木剪力墙也承担了一部分荷载，有利于减小钢构件的偏心受力情况。在轻木-钢框架混合体系设计的简化计算中，假定竖向荷载全部由钢框架承担，可对钢框架进行初步估算和设计，确定钢框架的材料及截面等特性，从而进一步对木剪力墙及楼屋盖进行设计，并进行验算。

（三）平面协同计算模型假定（楼板为刚性时）

平面协同计算模型假定结构在受荷载作用时不产生扭转。将结构拆分为若干个平面子结构，通过楼板连成整体结构。假定平面子结构只能在平面内受力，不能在平面外受力，楼板在自身平面内无限刚性。在水平荷载作用下，与荷载平面方向一致的平面子结构通过平面内刚性的楼板协同工作，共同抵抗水平荷载。各平面子结构所受水平力的大小与其抗侧刚度成正比，两个垂直方向的平面结构各自独立，分别计算。

这一计算模型在分析时，所有平面子结构的相同楼层只有一个平面自由度，n 层多层房屋结构只有 n 的未知量，计算简便；但不能计算平面复杂、在水平荷载作用下会产生扭转的结构[7.7]。

二、多层轻木-钢框架综合体系设计指标

（一）层间位移角限值

在钢木混合抗侧力体系中，钢构件中的应力水平、木剪力墙中钉连接的破坏状况等均可作为结构性能目标，然而，这些性能目标仅能反映结构局部破坏状况，无法对应结构整体的安全性。北岭地震后，美国研究学者已经对轻型木结构和钢框架的性能需求与各水准地震作用之间相互关系做了较深入研究，并对不同水准地震作用下房屋所需到达的性能目

标提出建议。现今，基于结构层间位移的性能目标为广大学者所接受。层间位移不仅能反映结构整体的安全情况，还能反映结构主要构件的破坏情况。

基于钢木混合体系抗侧力性能试验结果（图 7-12），结合 ASCE41-13 中立即居住（Immediate Occupancy，IO），生命安全（Life Safety，LS）和防止倒塌（Collapse Prevention，CP）的相关条文，确定了钢木混合抗侧力体系在这三个性能水准下的层间位移角限值，表 7-2 为不同地震水准下钢木混合抗侧力体系的性能目标[7.1]。

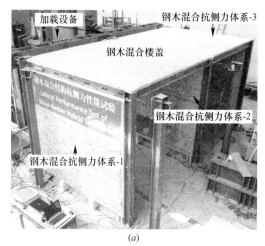
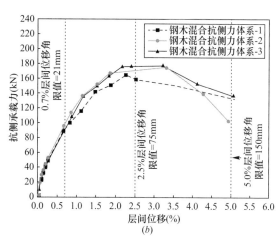

图 7-12　钢木混合抗侧力体系性能目标确定

（a）钢木混合结构抗侧力性能试验；（b）钢木混合抗侧力体系力-位移包络线

钢木混合抗侧力体系的性能目标　　　　　　　　　　　　　　　表 7-2

地震水准	小震 （50 年超越概率 63%）	中震 （50 年超越概率 10%）	大震 （50 年超越概率 2%）
结构性能水准	立即居住 IO	生命安全 LS	防止倒塌 CP
结构破坏情况	允许极少钢构件进入局部屈服；对轻型木结构剪力墙则可能在门窗洞口角部出现石膏板裂纹；结构的永久变形基本上可以忽略不计	对钢框架构件可能有塑性铰的形成，并伴随节点的扭曲和局部失稳，然而钢构件连接中的剪力传递部分仍未脱开；对轻型木剪力墙，大部分钉连接节点松动，面板角部钉连接破坏，同时伴有墙骨柱构件的局部劈裂	钢构件大量进入屈服，在钢梁柱抗弯节点处出现断裂；对轻型木剪力墙，大部分面板钉连接已经破坏，且伴随着覆面板整体脱离及墙骨柱构件劈裂等破坏
层间位移角限值	0.7%	2.5%	5.0%

（二）轻木-钢框架混合体系合理刚度比 K_r

轻木-钢框架混合体系由钢框架和木剪力墙组成双重抗侧力体系。若木剪力墙抗侧刚度太低，对结构体系抵抗水平作用的贡献较小，会使结构无法满足抗侧力的需求；若木剪力墙的刚度太大，会造成结构刚度过大、自振周期过小，从而增加结构所承担的地震作用，造成不必要的浪费。因此适宜的刚度配比对实现结构延性破坏机制尤为重要。

研究发现内填木剪力墙和钢框架的抗侧刚度比值 K_r 对混合结构体系在罕遇地震作用

下的层间位移角和木剪力墙承担结构水平剪力比率有较大影响，并建议在轻木-钢框架混合体系设计中，将初始合理抗侧刚度比 K_r 取值介于 $1.0\sim1.5$ 之间。图 7-13 为该研究中不同刚度比 K_r 的轻木-钢框架混合体系在四种不同地震作用下最大层间位移角随刚度比的变化规律[7.8]。

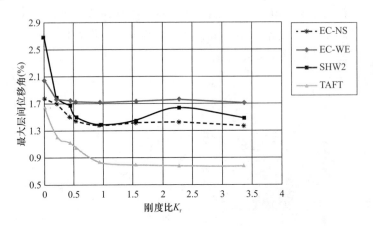

图 7-13　最大层间位移角随刚度比的变化规律

（三）楼盖水平荷载能力系数 β

楼盖主要承受楼面竖向荷载，同时也决定着水平荷载在竖向抗侧力构件中的分配。我国《建筑抗震设计规范》规定的结构的楼层水平地震剪力分配原则如下：现浇和装配整体式混凝土楼、屋盖等刚性楼、屋盖建筑，宜按抗侧力构件等效刚度的比例分配；木楼盖、木屋盖等柔性楼、屋盖建筑，宜按抗侧力构件从属面积上重力荷载代表值的比例分配[7.9]。ASCE7-05 规定当楼盖的最大平面内变形是其下竖向抗侧力构件顶部平均位移 2 倍以上时为柔性楼盖，反之为刚性楼盖。楼盖的刚柔直接决定了水平荷载的分配方式。

轻型钢木混合楼盖具有诸多优点，如质量轻、抗震性能好、抗弯强度及抗弯刚度大、工厂预制化程度高、现场湿作业少及绿色节能等。以楼盖平面内刚度与竖向抗侧力构件抗侧刚度比值 α、楼盖水平荷载转移能力系数 β 量化此种楼盖平面内刚度对水平荷载分配的影响，并根据 α 及 β 数值大小定义刚性楼盖。通过水平集中荷载作用下一层两跨的轻木-钢框架混合体系拟静力试验发现：轻型钢木混合楼盖在仅铺设 SPF（云杉—松木—冷杉）规格材面板且竖向抗侧力构件仅为钢框架时，α 在 $0.5\sim1.0$ 之间，β 为 64.0% 左右，楼盖已能较好地分配水平荷载；铺设水泥砂浆面层后，α 增至 3.0 以上，β 增至 90.0% 左右，结构有很强的空间协同作用，楼盖为刚性楼盖；当竖向钢框架间加上轻型木剪力墙后，α 下降至 $1.0\sim2.0$ 之间，β 下降至 78.0% 左右，楼盖不再为刚性[7.10]。因此可认为 $\alpha\geqslant3$ 时，增加楼盖平面内刚度对水平荷载的分配影响不大，楼盖为完全刚性。图 7-14 为 α 与 β 的关系曲线。

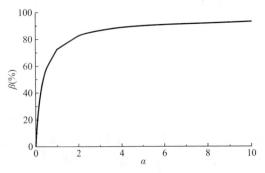

图 7-14　楼盖水平荷载转移能力系数曲线

三、多层轻木-钢框架混合体系设计方法

轻木-钢框架混合体系是由钢框架和木剪力墙所组成的一种双重抗侧力结构体系。钢框架和木剪力墙协同工作，共同承担结构的侧向荷载。木剪力墙的钢框架的填充作用为钢构件提供了一定程度的支撑效应，加之木剪力墙也承担了一部分竖向荷载，这都有利于减小钢构件的偏心受力情况。在地震作用下，木剪力墙作为第一道防线，在设防地震、罕遇地震作用下会先于钢框架发生破坏，并实现耗能，对钢框架产生保护作用，其后退出工作，钢框架作为第二道防线[7.8]。

为了能够最大限度地保证轻木-钢框架体系的抗震性能，建议其设计方法如下：

（一）钢框架初步设计

按照竖向荷载设计钢框架，并综合抗震构造要求、楼层荷载和跨度等因素，初步确定框架梁、框架柱的材料及截面等特性。

（二）木剪力墙设计

1. 确定木剪力墙刚度

计算钢框架的各层抗侧刚度，并选取合适的抗侧刚度比 K_r，由此可得到设计所需木剪力墙对应的刚度。

钢框架各层等效抗侧刚度可采用如下方法进行计算：

（1）利用有限元分析软件（如 SAP2000 等）对初步设计的钢框架进行建模，进行模态分析，计算钢框架的基本振型 $\{\phi_i^1\}$ 以及基本周期 T_f；

（2）将结构简化为多质点体系进行计算，如图 7-15 所示的多层房屋，通常将每一层楼面活楼盖的质量及上下各一半的楼层结构质量集中到楼面或楼盖标高处，作为一个质点，并假定由无重的弹性直杆支承于地面，把整个结构简化成一个多质点弹性体系。一般来说，n 层房屋应简化成 n 个质点的弹性体系[7.11]。

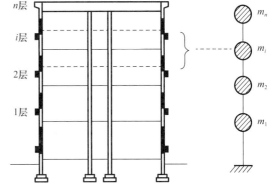

图 7-15　多质点体系计算简图

按以上方法计算并统计各层的质量 $\{m_j\}$，建立多自由度动力学模型，利用式（7-1）即可得到空框架的等效抗侧刚度[7.12]。

$$K_{f,i} = \left(\frac{2\pi}{T_f}\right)^2 \frac{\sum_{j=i}^{n} m_j \phi_j^1}{\Delta\phi_i^1}$$

$$\Delta\phi_i^1 = \phi_i^1 - \phi_{i-1}^1; \quad \Delta\phi_1^1 = \phi_1^1 \tag{7-1}$$

式中　$K_{f,i}$——第 i 层框架的等效抗侧刚度；

　　　T_f——结构的基本周期；

　　　m_j——结构第 j 层质量；

　　　$\{\phi_i^1\}$——结构的基本振型。

2. 木剪力墙选择

根据木剪力墙的抗侧刚度设计每层所用墙体的尺寸和数量，并综合建筑布置和结构布

置等因素确定抗侧力墙体的位置。其中，所需抗侧刚度下的木剪力墙构造（如钉间距等）可通过有限元软件计算确定，详见本章附录 A。

（三）木楼（屋）盖设计

轻木-钢框架混合体系的水平向结构体系可采用轻型木楼盖或新型的轻型钢木混合楼盖。其中，轻型木楼盖按《木结构设计标准》进行设计；对轻型钢木混合楼盖的设计可参考其水平往复加载拟静力试验研究的结果：轻型钢木混合楼盖平面内刚度和剪切刚度大大低于 FEMA273 的设计要求，高于 ASCE41-06 及 NSZEE 的设计要求，且与 ASCE41-06 较接近[7.13]。

（四）初步验算

根据初步设计的轻木-钢框架混合体系进行建模分析，求出其基本周期，计算地震作用，并对轻木-钢框架混合体系进行结构计算，进行必要的调整，以保证计算结果能够满足各项要求。若满足要求，则设计完成；若不满足，则重复（一）～（三）步。

验算项目包括：

1. 钢构件验算，此部分可参照《钢结构设计标准》；

2. 木剪力墙验算，此部分可参照《木结构设计标准》；

3. 楼（屋）盖验算，其中轻型木楼盖按《木结构设计标准》中相关公式进行验算；

4. 地震作用下层间位移角限值验算，即计算结构在不同地震水准下的层间位移角，并按照本节表 7-2 中规定的不同地震水准下层间位移角限值对结构进行校核。层间位移角可按以下方法进行计算：

（1）小震下可对结构进行弹性变形验算，可选用底部剪力法或阵型分解法等方法计算结构的地震作用，但应注意底部剪力法的使用前提，即对高度不超过 40m，以剪切变形为主且质量和刚度沿高度分布比较均匀的结构。

（2）大震下构件大量进入塑性，此时宜采用时程分析法验算结构各部位的受力和变形。可以借助有限元分析软件 ABAQUS 或 OpenSees 对轻木-钢框架混合体系进行建模，并选择合适的地震加速度记录，按相应的地震水准进行调幅，对结构进行分析。轻木-钢框架混合体系在 ABAQUS 及 OpenSees 中的建模要点详见本章附录 B。

（五）连接及基础设计

在第（四）步完成之后，进一步进行连接及基础设计，即可得到满足规范各项要求的轻木-钢框架混合体系。其中钢框架梁柱节点、柱脚设计可参照《钢结构设计标准》[7.14]；钢框架与木剪力墙连接包括普通螺栓连接和高强螺栓连接，其设计方法如下：

1. 普通螺栓连接

螺栓的直径根据墙体的设计抗侧力 V_d 和连接个数确定，根据《木结构设计标准》中的规定，按式（7-2）估算木剪力墙的抗侧承载力[7.15]。

$$V_d = \sum f_{vd} \cdot k_1 \cdot k_2 \cdot k_3 \cdot l \tag{7-2}$$

式中　f_{vd}——单面采用木基结构板材作面板的剪力墙的抗剪强度设计值（kN/m）；

　　l——平行于荷载方向的剪力墙墙肢长度（m）；

　　k_1——木基结构板材含水率调整系数；

　　k_2——骨架构件材料树种的调整系数；

　　k_3——强度调整系数，仅用于无横撑水平铺板的剪力墙。

接下来根据墙体的尺寸假定连接个数，如一侧布置 2 个连接，则计算如图 7-16 所示。每一个连接相当于一个剪力墙的支座。在剪力 V 作用下，剪力墙有转动趋势。由此可计算每个连接承担的剪力 V_c。根据 V_c 则可估计螺栓的尺寸。

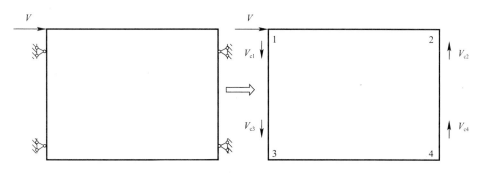

图 7-16 剪力墙连接设计简化

普通螺栓连接的设计步骤如图 7-17 所示。这样，利用普通螺栓连接，既可以通过螺栓和钉将钢框架的荷载传给轻型木剪力墙，又可以通过龙骨上的大孔来调节空隙，满足安装要求。

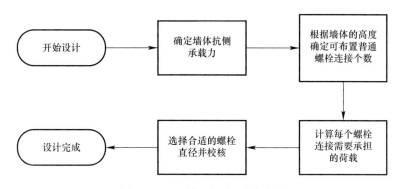

图 7-17 普通螺栓连接设计步骤

2. 高强螺栓连接

高强螺栓连接的设计步骤与普通螺栓基本相同，设计步骤见图 7-18。

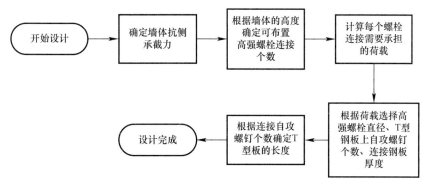

图 7-18 高强螺栓连接设计步骤

第四节　案例设计——实验用四层轻木-钢框架混合结构

一、项目基本情况

（一）基本条件

本工程为四层轻木-钢框架混合体系，层高 3.3m，建筑物长度 28.8m，宽度 12m。该结构为同济大学进行四层轻木-钢框架混合结构振动台试验的原型。

（二）荷载信息

1. 恒荷载

恒荷载按照楼面、屋面及墙体实际材料计算。

2. 活荷载

办公室、会议室、楼梯等　　　　　　　　　　　　　　　　　　　　 $2.0kN/m^2$

走廊　　　　　　　　　　　　　　　　　　　　　　　　　　　　　 $2.5kN/m^2$

屋面（不上人）　　　　　　　　　　　　　　　　　　　　　　　　 $0.5kN/m^2$

3. 雪荷载

基本雪压取 $0.5kN/m^2$。

4. 风荷载

场区地面粗糙度类别为 B 类；风振系数 β_z、体型系数 μ_s、高度系数 μ_z 按规范选取；风荷载分项系数 $\gamma_w = 1.4$。

5. 地震作用

拟建场地设防烈度为 8 度，场地类别为 Ⅱ 类第二组，特征周期 0.40s。

（三）结构布置

该建筑的轴向尺寸为 28.8m×12m×13.2m，其平面及立面布置图如图 7-19 所示，其中，Z 代表框架柱，KL 代表框架梁，Q 代表木剪力墙。

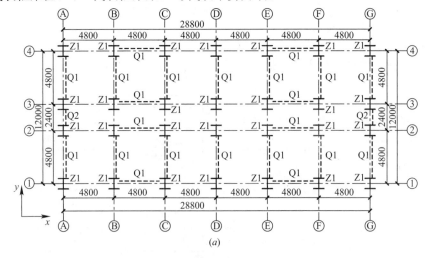

(a)

图 7-19　结构布置图（一）

(a) 框架柱与剪力墙平面布置图；

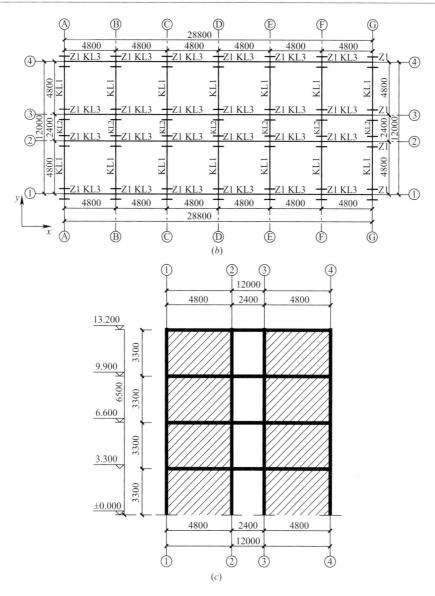

图 7-19　结构布置图（二）

（*b*）框架梁与框架柱平面布置图；（*c*）结构立面图

二、结构设计计算

下面以结构南北向（*y* 向）为例进行设计及验算，说明多层轻木-钢框架混合体系的结构设计方法：

（一）荷载计算及荷载组合

1. 荷载计算

由于规范尚未提供对轻木-钢框架混合体系的周期估算公式，故地震作用的估算在结构初步设计后进行计算，此部分仅包含对结构恒荷载、活荷载、雪荷载以及风荷载的计算。

（1）恒荷载

① 楼面荷载

8厚防滑地砖	$0.16kN/m^2$
30厚水泥胶结合层	$0.6kN/m^2$
15.5厚OSB板	$0.093kN/m^2$
间距@400mm搁栅	$0.2kN/m^2$
2×15mm石膏板	$0.3kN/m^2$
管线	$0.2kN/m^2$
吊顶	$0.3kN/m^2$
总计：	$1.853kN/m^2$
设计取值：	$1.9kN/m^2$

② 屋面荷载

1厚铝镁锰合金板直单锁边屋面	$0.03kN/m^2$
10厚通风板	$0.3kN/m^2$
3+3双层单面自粘SBS防水卷材	$0.04kN/m^2$
1厚镀锌钢板	$0.09kN/m^2$
1厚镀锌压型钢板（$H \geqslant 40mm$）	$0.1kN/m^2$
100厚岩棉（导热系数$\leqslant 0.04W/（m \cdot K）$）	$0.02kN/m^2$
12厚OSB板	$0.08kN/m^2$
镀锌钢龙骨檩条，C100×50×1.5@1200	$0.04kN/m^2$
12厚结构胶合板望板，露明板缝插接企口交接	$0.08kN/m^2$
望板下表面饰面层	$0.0016kN/m^2$
木结构檩条	$0.5kN/m^2$
管线	$0.2kN/m^2$
吊顶	$0.3kN/m^2$
总计：	$1.7816kN/m^2$
设计取值：	$1.8kN/m^2$

③ 墙体荷载

9厚浅灰色水泥纤维硅酸钙板	$0.16kN/m^2$
9.5厚OSB板	$0.127kN/m^2$
40×140SPF规格材（间距@400mm）	$0.08kN/m^2$
70厚岩棉	$0.01kN/m^2$

12厚浅灰色水泥纤维硅酸钙板	$0.1\mathrm{kN/m^2}$
总计：	$0.477\mathrm{kN/m^2}$
墙高度：	$(3.3-0.2)=3.1\mathrm{m}$

墙总重：	$1.479\mathrm{kN/m^2}$
内墙设计取值：	$1.8\mathrm{kN/m^2}$
外墙设计取值：	$1.9\mathrm{kN/m^2}$

（2）楼面和屋面活荷载

办公室、会议室、楼梯等	$2.0\mathrm{kN/m^2}$
走廊	$2.5\mathrm{kN/m^2}$
屋面（不上人）	$0.5\mathrm{kN/m^2}$

（3）雪荷载

$$s_\mathrm{k}=\mu_\mathrm{r}s_0=1.0\times0.5=0.5\mathrm{kN/m^2}$$

（4）风荷载

根据《建筑结构荷载规范》，风荷载标准值按式（7-3）进行计算

$$w_\mathrm{k}=\beta_\mathrm{z}\mu_\mathrm{s}\mu_\mathrm{z}w_0 \tag{7-3}$$

式中　w_k——风荷载的标准值（$\mathrm{kN/m^2}$）；

β_z——高度 z 处的风振系数，此处 $\beta_\mathrm{z}=1$；

μ_s——风荷载体型系数；

μ_z——风压高度变化系数；

w_0——基本风压（$\mathrm{kN/m^2}$）。

① 风压高度变化系数 μ_z 的取值

根据结构设计说明中，地面的粗糙度为 B 类，建筑物屋架的最高点离地面的高度为13.2m，按上面的两个条件查表得 $\mu_\mathrm{z}=1.0832$。

② 风荷载体型系数 μ_s 的取值

根据《建筑结构荷载规范》[7.16] 表 8.3.1 风荷载体形系数项次 1（图 7-20）确定 μ_s。

根据上面的取值方法，此结构屋架的角度为 0°，查得 $\mu_\mathrm{s}=-0.6$。

③ 基本风压 $w_0=0.3\mathrm{kN/m^2}$

风荷载标准值 $w_\mathrm{k}=\beta_\mathrm{z}\mu_\mathrm{s}\mu_\mathrm{z}w_0=1.0\times\mu_\mathrm{s}\times1.0832\times0.3=0.325\mu_\mathrm{s}$（kPa）

由于仅以 y 向为例介绍计算方法，故此处仅列出 y 向的风荷载计算过程，图 7-21 为 y 向风荷载计算简图。

屋盖 A 处 y 向水平风荷载 $F_{4-z}=\Big[(0.26+$

$0.1625)\times\dfrac{3.3}{2}\Big]\times28.8=20.08\mathrm{kN}$

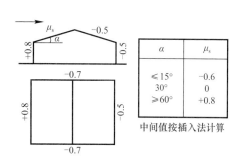

图 7-20　风荷载体形系数示意图

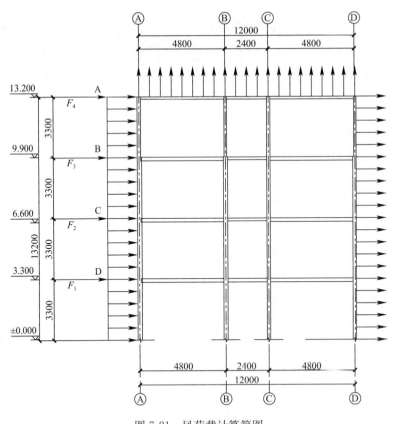

图 7-21　风荷载计算简图

楼盖 B、C、D 处 y 向水平风荷载 $F_{3-z}=F_{2-z}=F_{1-z}=[(0.26+0.1625)\times3.3]\times28.8=40.15\text{kN}$

2. 荷载组合

（1）基本组合

① 1.2 恒＋1.4 活

② 1.2 恒＋1.4 活＋1.4×0.6 风

③ 1.2 恒＋1.4×0.7 活＋1.4 风

④ 1.2 恒＋1.2×0.5 活＋1.3 地震

（2）标准组合

① 1.0 恒＋1.0 活

② 1.0 恒＋1.0 活＋0.6 风

③ 1.0 恒＋0.7 活＋1.0 风

④ 1.0 恒＋0.5 活＋1.0 地震

（二）结构初步设计

1. 钢框架设计

按照竖向荷载设计钢框架，并综合抗震构造要求、楼层荷载和跨度等因素对钢框架进行设计，初步确定框架梁、框架柱的材料及截面等特性。对于本例，具体设计步骤如下：

利用 SAP2000 等有限元软件建模，进行内力分析及截面调整，如图 7-22 所示。

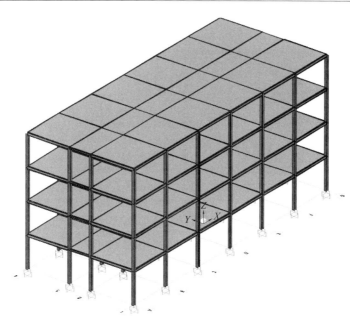

图 7-22　SAP2000 模型

根据应力水平，并综合构造要求确定钢框架截面，见表 7-3，钢材牌号为 Q235B，焊接连接采用 E43 型焊条。其中梁柱节点采用腹板螺栓连接，翼缘焊接的连接形式，柱脚设计为刚接。

四层轻木-钢框架混合体系钢框架截面选用表　　　　表 7-3

	层数	构件	截面（mm）$h \times b \times t_w \times t_f$	材料	轴线长度（mm）
梁	1、2、3	KL1	H250×175×7×11	Q235	4800
		KL2	H150×100×6×9	Q235	2400
		KL3	H200×150×6×9	Q235	4800
	4	KL1	H200×150×6×9	Q235	4800
		KL2	H150×100×6×9	Q235	2400
		KL3	H150×100×6×9	Q235	4800
柱	1	Z1	H200×200×8×12	Q235	3300
	2、3	Z1	H175×175×7.5×11	Q235	3300
	4	Z1	H150×150×7×10	Q235	3300

2. 木剪力墙设计

（1）钢框架刚度计算

取 C 轴处一榀框架进行刚度计算，如图 7-23 所示。

按第二节中钢框架刚度计算方法对该结构的钢框架进行计算，具体过程如下：

① 计算单榀框架等效质量矩阵，如图 7-24 所示。

② 利用有限元分析软件 SAP2000 对初步设计的钢框架进行建模，并进行模态分析，得到钢框架的基本振型 $\Phi = [0.033\ 0.088\ 0.130\ 0.160]^T$ 以及空框架的基本阵型特征值 $\omega^2 = 27.1$；

③ 建立多自由度动力学模型，按公式（7-1）计算空框架的等效抗侧刚度，可得空框架的各层刚度如下：

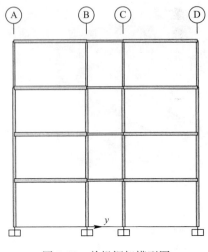

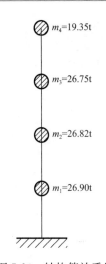

图 7-23　单榀框架模型图　　　　图 7-24　结构等效质量

$$K_{f1} = 8151.22 \text{kN/m}$$
$$K_{f2} = 4388.50 \text{kN/m}$$
$$K_{f3} = 4216.41 \text{kN/m}$$
$$K_{f4} = 2790.48 \text{kN/m}$$

（2）剪力墙选择

按内填木剪力墙和钢框架的抗侧刚度比值 $K_r = 1.5$ 来算选择剪力墙，则所需的各层木剪力墙初始刚度如下：

$$K_{t1} = 12226.82 \text{kN/m}$$
$$K_{t2} = 6582.74 \text{kN/m}$$
$$K_{t3} = 6324.62 \text{kN/m}$$
$$K_{t4} = 4185.72 \text{kN/m}$$

由于每榀轻木-钢框架体系中对称布置了两面构造相同的木剪力墙，故每面木剪力墙所需的初始刚度为：

$$K'_{t1} = 6113.41 \text{kN/m}$$
$$K'_{t2} = 3291.37 \text{kN/m}$$
$$K'_{t3} = 3162.31 \text{kN/m}$$
$$K'_{t4} = 2092.86 \text{kN/m}$$

下面以底层剪力墙为例，说明选墙方法。

首先对 OSB 板的厚度及钉间距等参数进行预估（此处初选的 OSB 板厚度为 9.5mm，边缘钉间距为 100mm，中间钉间距为 200mm，墙骨柱间距为 400mm），然后采用 ABAQUS 中精细化建模的方法，按所选参数进行建模，并对其进行低周往复荷载作用下的有限元模拟分析，如图 7-25 所示。

由此可得该参数下单面覆板木剪力墙的滞回曲线，如图 7-26 所示。通过分析滞回曲线数据，并对初始参数进行调整即可获得满足条件地木剪力墙构造（例如若所得的初始刚度较小，可选择减小钉间距或采用双面覆板等方式修改模型，加大剪力墙的初始刚度）。对于本例，采用该参数下双面覆板的剪力墙即可得到所需刚度的底层剪力墙。

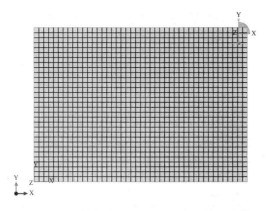

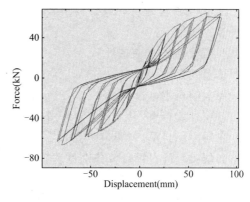

图 7-25　底层剪力墙在 ABAQUS 中的精细化模型　　图 7-26　单面覆板木剪力墙的滞回曲线

3. 楼盖设计

楼盖按轻型木楼盖设计，由 40mm×235mm 间距@400mm 搁栅及 15.5mm 厚 OSB 板和两块 15mm 石膏板组成，面板边缘钉间距为 150mm。

（三）地震作用计算（采用底部剪力法计算）

各楼层取一个自由度，集中在每一层的楼面处，图 7-27 为其计算简图。结构水平地震作用的标准值，按式（7-4）进行确定。

$$F_{EK} = \alpha_1 G_{eq}$$

$$F_i = \frac{G_i H_i}{\sum\limits_{j=1}^{n} G_j H_j} F_{EK}(1-\delta_n) \tag{7-4}$$

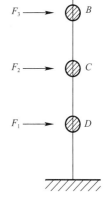

图 7-27　地震作用计算简图

式中　α_1——相应于结构的基本自振周期的水平地震影响系数；

对于该四层轻木-钢框架混合体系，阻尼比取 0.05，则地震影响系数曲线的阻尼调整系数 η_2 按照 1.0 取值，曲线下降段的衰减指数 γ 取 0.9，直线下降段的下降调整系数 η_1 取 0.02；

结构的基本自振周期由有限元分析可得：$T=0.724$s。结构的特征周期为：$T_g=0.4$s，场地设防烈度为 8 度，地面加速度 0.20g，根据规范查表可得：$\alpha_{max}=0.16$。根据图 7-28 可得：$\alpha_1 = \left(\dfrac{0.4}{0.724}\right)^{0.9} \times 1.0 \times 0.16 = 0.094$。

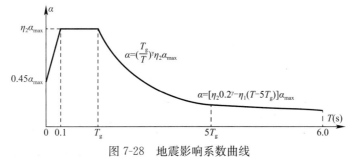

图 7-28　地震影响系数曲线

α—地震影响系数；α_{max}—地震影响系数最大值；η_1—直线下降段的下降斜率调整系数；

γ—衰减指数；T_g—特征周期；η_2—阻尼调整系数；T—结构自振周期

G_{eq}为结构等效总重力荷载，多质点可取总重力荷载代表值的85%。对于本结构，具体计算方法如下：

1. 重力荷载代表值计算

楼盖的自重：$1.9 \times 28.8 \times 12 = 656.64$kN

屋盖的自重：$1.8 \times 28.8 \times 12 = 622.08$kN

各层外墙自重：$1.9 \times (28.8 + 12) \times 2 = 155.04$kN

各层内墙自重：$1.8 \times (28.8 \times 2 + 12 \times 5) = 211.68$kN

各层梁、柱自重计算分别见表7-4及表7-5。

各层梁自重统计表　　　　　表7-4

楼层	方向	截面	单位长度构件自重（kN/m）	长度（m）	个数	自重（kN）	总计（kN）
1~3	x	HM200×150×6×9	0.29	4.8	24	33.41	
	y	HM250×175×7×11	0.42	4.8	14	28.22	64.99
		HM150×100×6×9	0.20	2.4	7	3.36	
4	x	HM150×100×6×9	0.20	4.8	24	23.04	
	y	HM200×150×6×9	0.29	4.8	14	19.49	45.89
		HM150×100×6×9	0.20	2.4	7	3.36	

各层柱自重统计表　　　　　表7-5

楼层	截面	单位长度构件自重（kN/m）	长度（m）	个数	自重（kN）
1	HW200×200×8×12	0.48	3.3	28	44.35
2、3	HW175×175×7.5×11	0.38	3.3	28	35.11
4	HW150×150×7×10	0.30	3.3	28	27.72

底层重力荷载代表：

$656.64 + (211.68 + 155.04) + 64.99 + (44.35 \times 0.5 + 35.11 \times 0.5) + 0.5 \times (2.0 \times 28.8 \times 9.6 + 2.5 \times 28.8 \times 4.8) = 1577.34$kN

二层重力荷载代表：

$656.64 + (211.68 + 155.04) + 64.99 + (35.11 \times 0.5 \times 2) + 0.5 \times (2.0 \times 28.8 \times 9.6 + 2.5 \times 28.8 \times 4.8) = 1574.12$kN

三层重力荷载代表：

$656.64 + (211.68 + 155.04) + 64.99 + (27.72 \times 0.5 + 35.11 \times 0.5) + 0.5 \times (2.0 \times 28.8 \times 9.6 + 2.5 \times 28.8 \times 4.8) = 1569.05$kN

四层重力荷载代表：

$622.08 + (211.68 + 155.04) + 45.89 + (27.72 \times 0.5) + 0.5 \times (0.5 \times 28.8 \times 12) = 1134.95$kN

2. 水平地震作用计算

$G_{eq} = (1577.34 + 1574.12 + 1569.05 + 1134.95) \times 0.85 = 4977.14$kN；

$$F_1 = \frac{1577.34 \times 3.3}{1577.34 \times 3.3 + 1574.12 \times 6.6 + 1569.05 \times 9.9 + 1134.95 \times 13.2}$$

$$\times 0.094 \times 4977.14 = 52.82\text{kN};$$

$$F_2 = \frac{1574.12 \times 6.6}{1577.34 \times 3.3 + 1574.12 \times 6.6 + 1569.05 \times 9.9 + 1134.95 \times 13.2}$$
$$\times 0.094 \times 4977.14 = 105.41\text{kN};$$

$$F_3 = \frac{1569.05 \times 9.9}{1577.34 \times 3.3 + 1574.12 \times 6.6 + 1569.05 \times 9.9 + 1134.95 \times 13.2}$$
$$\times 0.094 \times 4977.14 = 157.61\text{kN};$$

$$F_4 = \frac{1134.95 \times 13.2}{1577.34 \times 3.3 + 1574.12 \times 6.6 + 1569.05 \times 9.9 + 1134.95 \times 13.2}$$
$$\times 0.094 \times 4977.14 = 152.01\text{kN}$$

（四）结构验算

建筑物的 y 向共布置六榀轻木-钢框架混合体系，下面以 C 轴处的框架及剪力墙为例，介绍轻木-钢框架混合体系结构各构件的验算方法。

一层在地震作用下所受的总剪力为：$152.01 + 157.61 + 105.41 + 52.82 = 467.85\text{kN}$，假设所产生的侧向力均匀的分布，则 $w = \frac{467.85}{28.8} = 16.24\text{kN/m}$。由于木结构楼盖为柔性楼盖，剪力墙所承担的地震作用按照面积进行分配，则 C 轴处混合体系一层所受的剪力为：

$$V_1^{\text{E}} = \frac{1}{2} \times 16.24 \times 4.8 + \frac{1}{2} \times 16.24 \times 4.8 = 77.98\text{kN}$$

同理可得：C 轴处混合体系二至四层地震作用下剪力分别为：$V_2^{\text{E}} = 69.17\text{kN}$，$V_3^{\text{E}} = 51.60\text{kN}$，$V_4^{\text{E}} = 25.33\text{kN}$；一至四层风荷载作用下剪力分别为：$V_1^{\text{w}} = 23.42\text{kN}$，$V_2^{\text{w}} = 16.73\text{kN}$，$V_3^{\text{w}} = 10.04\text{kN}$，$V_4^{\text{w}} = 3.35\text{kN}$。

1. 钢框架验算

假设内填木剪力墙和钢框架按抗侧刚度比分配剪力，则有 C 轴处一层钢框架分配到的地震作用产生的剪力为：

$$V_{\text{f1}}^{\text{E}} = \frac{1}{1+1.5} \times 77.98 = 31.19\text{kN}$$

同理可得：二至四层钢框架分配到的地震作用产生的剪力分别为：$V_{\text{f2}}^{\text{E}} = 27.67\text{kN}$，$V_{\text{f3}}^{\text{E}} = 20.64\text{kN}$，$V_{\text{f4}}^{\text{E}} = 10.13\text{kN}$；一至四层风荷载作用下钢框架剪力分别为：$V_{\text{1f}}^{\text{w}} = 9.37\text{kN}$，$V_{\text{2f}}^{\text{w}} = 6.69\text{kN}$，$V_{\text{3f}}^{\text{w}} = 4.02\text{kN}$，$V_{\text{4f}}^{\text{w}} = 1.34\text{kN}$。

对单榀框架采用弯矩二次分配法以及 D 值法分别计算竖向荷载作用下以及水平荷载作用下的内力并进行组合，或利用有限元软件直接计算荷载组合下的内力，图 7-29 为钢框架内力包络图。

下面以 C 轴与 3 轴交点处一层框架柱、3 轴与 4 轴之间的一层框架梁为例，说明验算方法：

（1）框架柱验算

框架柱验算包括截面强度验算、平面内外的整体稳定验算以及局部稳定验算，取最不利的荷载组合（此处为 1.2 恒＋1.4 活＋1.4×0.6 风）进行验算。

①强度验算（截面无削弱）

$$\frac{N}{A_{\text{n}}} + \frac{M_{\text{x}}}{\gamma_{\text{x}} W_{\text{nx}}} + \frac{M_{\text{y}}}{\gamma_{\text{y}} W_{\text{ny}}} = \frac{405.28 \times 10^3}{6428} + \frac{22.96 \times 10^6}{1.05 \times 477 \times 10^3} = 108.89\text{N/mm}^2 \leqslant 215\text{N/mm}^2$$

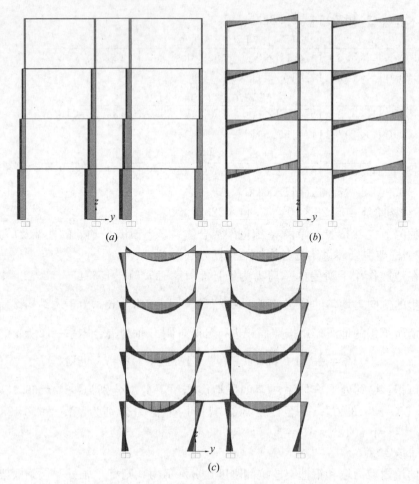

图 7-29 钢框架内力包络图

(a) 钢框架轴力包络图；(b) 钢框架剪力包络图；(c) 钢框架弯矩包络图

满足要求。

②平面内整体稳定计算

柱计算长度系数按有侧移框架取定，即 $l_0=\mu l$，梁采用 H250×175×7×11 及 H150×100×6×9，则有：

$$K_1=\frac{\sum I_b/l_b}{\sum I_c/l_c}=\frac{6120/480+1040/240}{4700/330+2900/330}=0.74$$

$$K_2=10$$

查表得 $\mu=1.24$，则有 $\lambda_x=\frac{\mu l}{i_x}=\frac{1.24\times330}{8.61}=47.53$。且该截面类型为 b 类，查表可得

其稳定系数 $\varphi_x=0.867$，$N'_{Ex}=\frac{\pi^2 EA}{1.1\lambda_x^2}=\frac{3.14^2\times206000\times6428}{1.1\times47.53^2}=5254662N$。

此处，柱有端弯矩，无横向荷载作用，则

$$\beta_{mx}=0.65+0.35\frac{M_1}{M_2}=0.65-0.35\times\frac{13.77}{22.96}=0.44$$

$$\frac{N}{\varphi_x A}+\frac{\beta_{mx}M_x}{\gamma_x W_{1x}(1-0.8N/N'_{Ex})}$$

$$=\frac{405.28\times10^3}{0.867\times6428}+\frac{0.44\times22.96\times10^6}{1.05\times477\times10^3\times(1-0.8\times405.28\times10^3/5254662)}$$

$$=94.22\text{N/mm}^2\leqslant215\text{N/mm}^2$$

③ 平面外整体稳定验算

$\lambda_y=\dfrac{330}{4.99}=66.13$，查得 b 类截面稳定系数 $\varphi_y=0.775$

$\varphi_b=1.07-\dfrac{\lambda_y^2}{44000}\dfrac{f_y}{235}=1.07-0.099=0.971$，截面形状系数 $\eta=1.0$

$$\frac{N}{\varphi_y A}+\eta\frac{\beta_{1x}M_x}{\varphi_b W_{1x}}=\frac{405.28\times10^3}{0.775\times6428}+\frac{0.44\times22.96\times10^6}{0.971\times477\times10^3}=103.18\text{N/mm}^2\leqslant215\text{N/mm}^2$$

④ 局部稳定验算

翼缘板：$\dfrac{b}{t}=\dfrac{96}{12}=8\leqslant13\sqrt{\dfrac{235}{f_y}}$

腹板：$\sigma_{max}=\dfrac{N}{A}+\dfrac{M}{I}\cdot\dfrac{h_0}{2}=\dfrac{405.28\times10^3}{6428}+\dfrac{22.96\times10^6}{4770\times10^4}\cdot\dfrac{176}{2}=105.41\text{N/mm}^2$

$\sigma_{min}=\dfrac{N}{A}+\dfrac{M}{I}\cdot\dfrac{h_0}{2}=\dfrac{405.28\times10^3}{6428}-\dfrac{22.96\times10^6}{4770\times10^4}\cdot\dfrac{176}{2}=20.69\text{N/mm}^2$

$\alpha_0=\dfrac{\sigma_{max}-\sigma_{max}}{\sigma_{max}}=\dfrac{105.41-20.69}{105.41}=0.80$

$\dfrac{h_0}{t_w}=\dfrac{176}{8}=22\leqslant(16\alpha_0+0.5\lambda+25)\sqrt{\dfrac{235}{f_y}}=70.93$

满足局部稳定要求。

（2）框架梁验算

① 强度验算

取最不利的荷载组合（此处为 1.2 恒＋1.2×0.5 活＋1.3 地震）进行验算。

最大正应力：$\sigma_{max}=\dfrac{M_x}{\gamma_x W_{nx}}=\dfrac{52.7\times10^6}{1.05\times502\times10^3}=99.99\text{N/mm}^2\leqslant f=215\text{N/mm}^2$

最大剪应力：$\tau_{max}=\dfrac{VS_x}{I_x t_w}=\dfrac{56.2\times10^3\times275\times10^3}{6120\times10^4\times7}=36.09\text{N/mm}^2\leqslant f_v=125\text{N/mm}^2$

翼缘与腹板连接处存在较大正应力和剪应力，需要验算折减应力。

$$\sigma_1=\sigma_{max}\times\frac{222}{244}=90.97\text{N/mm}^2$$

$$\tau_{max}=\frac{VS_x}{I_x t_w}=\frac{56.2\times10^3\times224\times10^3}{6120\times10^4\times7}=29.42\text{N/mm}^2$$

$$\sigma_z=\sqrt{\sigma_1^2+3\tau_1^2}=\sqrt{90.97^2+3\times29.42^2}=104.27\text{N/mm}^2\leqslant f=215\text{N/mm}^2$$

满足要求。

②挠度验算

根据电算结果，该梁最大挠度为 5.8mm，小于 1/400 即 12mm，故挠度满足要求。

2. 剪力墙验算

假设内填木剪力墙和钢框架按抗侧刚度比分配剪力，则有 C 轴处一层钢框架分配到的

267

地震作用产生的剪力为：

$$V_{t1}^E = \frac{1.5}{1+1.5} \times 77.98 = 46.79\text{kN}$$

同理可得，二至四层钢框架分配到的地震作用产生的剪力分别为：$V_{t2}^E = 41.50\text{kN}$，$V_{t3}^E = 30.96\text{kN}$，$V_{t4}^E = 15.20\text{kN}$；一至四层风荷载作用下剪力墙内剪力分别为：$V_{1t}^w = 14.05\text{kN}$，$V_{2t}^w = 10.04\text{kN}$，$V_{3t}^w = 6.02\text{kN}$，$V_{4t}^w = 2.01\text{kN}$。

以 C 轴处一层剪力墙验算为例，说明剪力墙验算方法：

此段一层剪力墙由两段内墙组成，长度均为 4.4m，假设剪力墙的刚度与长度成正比，则每一片剪力墙所承受的剪力为：

$$V_1 = V_2 = 1.3 \times V_{t1}^E \times \frac{1}{2l} = 1.3 \times 46.79 \times \frac{1}{2} = 30.41\text{kN}$$

单面铺设面板有墙骨柱横撑的剪力墙，其抗剪承载力设计值按照式（7-2）计算。

对于本例，剪力墙采用的是 9.5mm 的定向刨花板，普通钢钉的直径为 2.84mm，面板边缘钉的间距为 100mm，并根据规范要求，当考虑风荷载和地震作用时，表中抗剪强度应乘以调整系数 1.25，则可得 $f_{vd} = 6.75\text{kN/m}$；l——平行于荷载方向的剪力墙墙肢长度（m），此处 $l = 4.8 - 0.2 \times 2 = 4.4\text{m}$；$k_1$ 为木基结构板材含水率调整系数，此处取 $k_1 = 1.0$；k_2 为骨架构件材料树种的调整系数，此处骨架构件材料为云杉—松—冷杉类，取 $k_2 = 0.8$；k_3 为强度调整系数，此处取 $k_3 = 1.0$。

对于双面铺板的剪力墙，无论两侧是否采用相同材料的木基结构板材，剪力墙的抗剪承载力设计值等于墙体两面抗剪承载力设计值之和。此处两面采用的木基结构板材是相同的，故通过上面的式子算得的数值应乘以 2。

$$V_1' = V_2' = 2 \times f_{vd} \times k_1 \times k_2 \times k_3 \times l = 2 \times 6.75 \times 1.0 \times 0.8 \times 1.0 \times 4.4 = 47.52\text{kN}$$

根据木结构设计规范中的要求，当进行抗震验算时，取承载力调整系数 $\gamma_{RE} = 0.85$，则：

$$V_1 = V_2 = 30.41\text{kN} < \frac{V_1'}{\gamma_{RE}} = \frac{47.52}{0.85} = 55.91\text{kN}$$，故剪力墙满足设计要求。

3. 楼盖抗侧力验算

以一层 B、C 轴之间楼盖为例，说明楼盖设计方法。

楼盖由 40mm×235mm 间距@400mm 搁栅及 15.5mm 厚 OSB 板和两块 15mm 石膏板组成，面板边缘钉间距为 150mm。

假设地震作用所产生的侧向力均匀地分布，则 $w_f = \frac{1.3 \times 52.82}{28.8} = 2.38\text{kN/m}$。取 B、C 轴之间的楼盖进行验算，忽略走道处楼盖的作用，B、C 轴之间的楼盖有两部分构成，两部分平行于荷载方向的有效宽度各为 4.8m。楼盖侧向抗剪承载力验算过程如下：

A、B 轴间的楼盖所承受的剪力大小为：$V_0 = 2.39 \times 4.8 = 11.44\text{kN}$

设楼盖的刚度与长度成正比，则每一部分楼盖所承受的剪力为：

$$V_1 = V_2 = V_0 \times \frac{B_1}{B_1 + B_2} = 11.44 \times \frac{1}{2} = 5.72\text{kN}$$

式（7-5）为《木结构设计规范》[7.15]中楼盖的设计抗剪承载力计算公式：

$$V_d = f_{vd} \cdot k_1 \cdot k_2 \cdot B_e \tag{7-5}$$

式中 f_{vd}——采用木基结构板材作面板的楼盖的抗剪强度设计值（kN/m）；本例中，

楼盖采用的是 15.5mm 的定向刨花板，普通钢钉的直径为 3.66mm，面板边缘钉的间距为 150mm，钉入骨架构件中最小打入深度为 41mm，采用有填块的形式，且当考虑风荷载和地震作用时，抗剪强度应乘以调整系数 1.25，则通过查表可得 $f_{vd}=9.5$kN/m；

B_e——平行于荷载方向的楼盖有效宽度（m），此处等于 4.8m；

k_1——木基结构板材含水率调整系数；取 $k_1=1.0$；

k_2——骨架构件材料树种的调整系数；云杉—松—冷杉类 $k_2=0.8$；

$$V_1'=V_2'=f_{vd}\times k_1\times k_2\times B=9.5\times1.0\times0.8\times4.8=36.48\text{kN}$$

根据木结构设计规范中的要求，当进行抗震验算时，取承载力调整系数 $\gamma_{RE}=0.85$，则：

$$V_1=V_2=5.72\text{kN}<\frac{V_1'}{\gamma_{RE}}=\frac{36.48}{0.85}=42.92\text{kN}$$，故抗剪满足设计要求。

4. 层间位移角限值验算

对荷载按 1.0 恒＋0.5 活＋1.0 地震进行标准组合，利用有限元软件计算小震下结构的层间位移角，一直四层层间位移角分别为：0.14%，0.22%，0.18%，0.13%，均小于表 7-2 中小震下层间位移角限值 0.7%，故满足要求。

大震下，结构进入弹塑性，其变形的精确计算方法为时程分析法，故利用时程分析方法计算结构的层间位移角：即在 ABAQUS 或 OpenSees 中等有限元软件中对结构进行建模，输入地震加速度记录，利用有限软件进行分析并进行统计，即可得出该结构在大震下的最大层间位移角，详见本章第三节。

附录 结构建模方法

附录 A 木剪力墙精细化建模方法

一、采用木结构计算专用有限元程序 WALL2D

WALL2D 为加拿大英属哥伦比亚大学（The University of British Columbia）的 Timber Engineering and Applied Mechanics 研究团队编制的针对木结构剪力墙的专用有限元软件。其原型为 Foschi 编制的钉连接计算软件。在此基础上，Li 等对该程序进行了优化，并对程序的参数输入和计算过程进行了可视化处理，从而形成了一套有效且易用的木剪力墙专用计算程序。WALL2D 程序界面如图 A-1 所示。

在 WALL2D 中，木剪力墙被简化为平面构件。其墙骨柱以线性梁单元模拟，覆面板以壳单元模拟，锚固件和 Hold-down 以线性弹簧单元模拟，面板钉连接节点的本构关系则采用 Foschi 提出的"HYST"算法确定。"HYST"算法如图 A-2 所示，钉连接节点中的钉子通过弹塑性梁单元模拟，而其周围的木结构介质以只压非线性弹簧单元模拟。因木介质为只压弹簧，故当钉子与木材发生挤压时，木材的变形在加载方向改变时无法恢复，从而在钉子与木材间形成了缝隙，而这些缝隙的形成恰恰是节点刚度、强度退化和捏缩特性的原因。该模型中，当钉连接受力变形时，节点内力可通过钉子和只压弹簧的相互作用关系通过积分计算得到，从而从根本上避免了从滞回曲线形状层面对钉连接节点的模拟，具有更好的稳定性和更快的计算速度[7.1]。

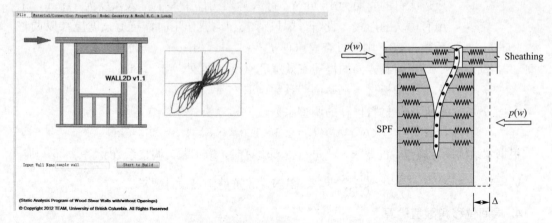

图 A-1　WALL2D 木剪力墙非线性分析程序界面　　　　图 A-2　"HYST"算法示意图

二、采用基于 ABAQUS 特殊单元的子程序

在往复荷载作用下，木剪力墙体现出充分的强度、刚度退化和捏缩等特性。目前，在通用结构分析软件中，均不具有可充分体现木剪力墙抗侧力性能的单元。而为模拟木剪力墙而编制的专用计算程序，因其前处理、后处理模块多不够完善，且对单元和节点个数多有所限制，故其在分析复杂结构体系时仍存在较大局限性。

通用有限元分析软件 ABAQUS 具有自定义单元子程序（UEL）接口，可让用户通过 FORTRAN 语言编制所需单元的程序代码，并通过该接口完成子程序与 ABAQUS 主程序的数据交换。采用如图 A-3 所示的定向耦合弹簧作为钉连接模型进行自定义单元开发。该连接单元共有两个弹簧分量，其中 u 方向为钉连接节点的初始变形方向，v 方向是与 u 垂直的次要变形方向。通过这样的方式，连接的刚度矩阵在 x 和 y 两个方向被耦合在一起。连接在 u 向和 v 向的刚度 k_u、k_v 以及节点力 P_u 和 P_v 分别是钉连接 u 向位移和 v 向位移的函数。

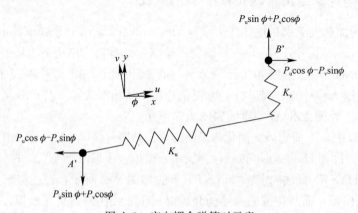

图 A-3　定向耦合弹簧对示意

在该钉连接模型中，当 u 方向的位移 δ 小于破坏位移 δ_{fail} 时，程序定义了一个参数 D_f 来对次要变形 v 方向的力和刚度进行折减，此时 $D_f = 1 - \delta/\delta_{fail}$，当 u 方向的位移 δ 大于破坏位移 δ_{fail} 时，该模型认为钉连接的变形主要沿 u 方向，v 方向弹簧的力为零。

在子程序的开发中，v 方向和 u 方向的弹簧单元均采用"HYST"算法编制，并采用 FORTRAN 代码建立了子程序与 ABAQUS 主程序的接口。自定义单元的刚度矩阵如式（A-1）所示，钉连接的抗剪承载力主要来源于其在平面内的变形，其平面外变形提供的抗力较小。因此，在钉连接单元中，可限制其在 z 方向的自由度，并在刚度矩阵中将该方向的对应刚度置以很小的数值。

$$K = \begin{bmatrix} K_{11} & K_{12} & K_{13} & -K_{11} & -K_{12} & -K_{13} \\ & K_{22} & K_{23} & -K_{12} & -K_{22} & -K_{23} \\ & & K_{33} & -K_{13} & -K_{23} & -K_{33} \\ & & & K_{11} & K_{12} & K_{13} \\ & sym & & & K_{22} & K_{23} \\ & & & & & K_{33} \end{bmatrix} \quad (A\text{-}1)$$

式中　　$K_{11} = K_{u}\cos^2\phi + K_{v}\sin^2\phi$；

$K_{12} = K_{u}\cos\phi\sin\phi - K_{v}\cos\phi\sin\phi$；

$K_{22} = K_{u}\sin^2\phi + K_{v}\cos^2\phi$；

$K_{ij} = 1 \quad if\ i = 3\ or\ j = 3$。

该用户自定义 UEL 子程序在 ABAQUS 中的工作原理和流程如下：

（1）通过初始迭代步确定弹簧单元的初始变形方向 ϕ；

（2）将钉连接包含节点的相应位移传入用户自定义 UEL 子程序；

（3）子程序通过 ABAQUS 主程序传入的节点位移计算弹簧在 u 方向和 v 方向的变形，并采用"HYST"算法得到在相应位移下弹簧在 u 方向和 v 方向的分力 F_{u}、F_{v} 以及刚度 k_{u}、k_{v}；

（4）在子程序中，通过式（A-1）组装单元刚度矩阵，并将矩阵传入 ABAQUS 主程序，参与结构整体刚度矩阵的组装；

（5）通过 ABAQUS 求解器迭代计算，如收敛，将新的节点位移传回子程序，并重复步骤（2）~（5）[7.1]。

附录 B　轻木-钢框架混合体系简化模型建模要点

一、轻木-钢框架混合体系在 ABAQUS 中的模拟要点

附录七-A 中介绍了木剪力墙结构在 ABAQUS 中精细化建模方法，但木结构剪力墙中多包含成百乃至上千个钉连接，如果在整体有限元模型中，对钉连接一一进行精确建模，则会耗费较多计算资源。因木剪力墙整体的抗侧力性能为通过其上的钉连接体现，故其滞回曲线与单个钉连接的滞回曲线在形状上极其相似。基于这一现象，国内外诸多学者采用对角弹簧的形式模拟轻型木结构中的剪力墙。基于此方法，英属哥伦比亚大学 Gu 和 Lam 提出了采用"HYST"算法模拟整个剪力墙性能的概念，这样得到的木剪力墙可仅用一个或一对"HYST"弹簧模拟，也可称为"Pseudo nail"非线性弹簧单元。

基于以上考虑，可利用等效桁架简化模型来模拟轻木-钢框架混合体系中木剪力墙的抗侧力性能，如图 B-1 所示。在该模型中，剪力墙由刚性梁单元和一对"Pseudo nail"非线性弹簧单元来模拟。刚性梁单元之间铰接，且不为整体结构提供抗侧力。在侧向荷载的

作用下，由于刚性杆的刚度很大，可忽略其变形，因此墙体的变形主要为对角弹簧的变形，墙体的非线性可全部由斜向的"Pseudo nail"弹簧单元特性来实现。具体做法为以整个木剪力墙往复加载下的包络线为目标，回归得到"HYST"算法中的相关参数。这样便可大大减少数值模型中的非线性弹簧数目，从而使模型的计算效率大幅提高。一系列研究成果表明，该简化方法不仅可以很好模拟木剪力墙在静力荷载下的整体抗侧力性能，还可对地震激励下木剪力墙的动力反应进行模拟，且具有计算快速、稳定的特点[7.1]。

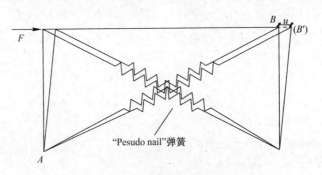

"Pesudo nail"弹簧

图 B-1　木剪力墙的简化模型

由于采用一对"Pseudo nail"弹簧模拟木剪力墙的抗侧力性能，因此弹簧在 u 方向的抗侧刚度即为墙体沿 x 方向刚度的一半。每个"Pseudo nail"弹簧单元的抗侧刚度可根据式（B-1）得到。

$$u_u = u \tag{B-1a}$$

$$F_u = \frac{F}{2} \tag{B-1b}$$

$$K_u = \frac{F_u}{u_u} = \frac{\frac{F}{2}}{u_u} = \frac{K}{2} \tag{B-1c}$$

式中　u_u——"Pseudo nail"弹簧单元在 u 方向的变形；

　　　u——剪力墙的侧向变形；

　　　F_u——"Pseudo nail"弹簧单元在变形 u 方向的力；

　　　F——剪力墙在变形 u 下的侧向力；

　　　k_u——"Pseudo nail"弹簧单元在初始变形 u 方向的刚度；

　　　K——剪力墙的抗侧刚度。

式（B-1）建立了剪力墙的荷载、位移和抗侧刚度与简化模型中的对角非线性弹簧单元的荷载、位移和刚度之间的关系，因此若已知墙体的荷载-位移曲线后，即可得到简化模型中对角非线性弹簧的荷载-位移曲线所需要的各个参数，从而建立与原剪力墙段等效的简化模型。

采用 ABAQUS 有限元分析软件对轻木-钢框架混合体系进行整体建模。对于轻木-钢框架混合体系中的内填木剪力墙，采用上述"Pseudo nail"非线性弹簧单元模拟；对于轻木-钢框架混合体系中的其他构件，采用 ABAQUS 单元库中的自有单元模拟。值得说明的是，本模型对楼板的模拟亦采用了 Li 等推荐的简化方法。该方法采用对角弹簧单元模拟楼盖的平面内刚度。弹簧刚度需通过试验得到的楼盖平面内刚度确定。研究表明，该方法可较好对楼盖传递侧向力的行为进行模拟。

整体轻木-钢框架混合体系的非线性由"Pseudo nail"非线性弹簧单元和钢材弹塑性本构关系共同体现，图 B-2 为轻木-钢框架混合体系的有限元模型。有限元模型中各构件所选用的单元及相关参数如表 B-1 所示。

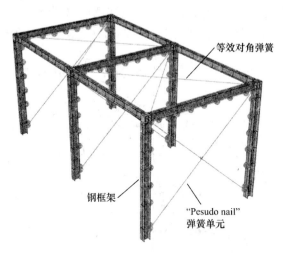

等效对角弹簧

钢框架

"Pesudo nail"
弹簧单元

图 B-2　轻木-钢框架混合体系整体有限元模型

有限元模型单元选择和参数设置　　　　　　　　　　　　　　　　表 B-1

构件	ABAQUS 单元类型	单元参数
钢构件	平面应力单元 S4R	采用 Combined hardening 准则；材料弹塑性本构关系按钢材材性输入
木剪力墙	用户自定义单元 "Pseudo nail"非线性弹簧	采用拟合得到"HYST"算法相关参数
钢-木螺栓连接	多段线性弹簧单元 SPRING-Nonlinear	弹簧的力-变形关系按钢-木连接节点性能输入
楼板	多段线性弹簧单元 SPRING-Nonlinear	弹簧的力-变形关系按楼盖平面内刚度输入

二、轻木-钢框架混合体系在 OpenSees 中的模拟要点

OpenSees 是由美国国家自然科学基金资助、西部大学联盟太平洋地震工程研究中心主导、加州大学伯克利分校为主研发而成的、用于结构和岩土方面地震反应模拟的一个较为全面的开放的程序软件体系。与大型通用有限元软件相比，它便于改进，易于协同开发。由于 OpenSees 具有开源特性，用户可以根据自身的需求，开发单元并上传至软件共享。目前，OpenSees 拥有十分丰富的单元库，且还在不断扩充中。

钢框架可采用基于刚度的纤维单元（dispBeamColumn）进行模拟，由于基于刚度法的纤维单元模型把单元划分为若干个积分区段，积分点处截面的位移通过 3 次 Hermit 多项式插值得到，该插值函数不能很好地描述端部屈服后单元的曲率分布，为减少 Hermit 函数造成的误差，可以采用多细分单元的建模方法，以提高精度。对于半刚性柱脚，模拟方式与 ABAQUS 中类似，通过 TwoNodeLink 单元将柱脚与基础相连，相当于在柱脚与基础间形成了一根弹簧，再对弹簧赋予弹性本构关系即可。

木剪力墙采用 twoNodeLink 单元进行模拟。轻型木剪力墙的特征之一，是其明显的捏缩效应。捏缩效应可以选用单轴材料 Pinching4 来模拟。Pinching4 材料模型首先定义荷载-位移关系的骨架曲线，在荷载-位移关系曲线的第一象限和第三象限分别利用包含原点的 4 个点进行定义，其本构关系如图 B-3 所示。这样就可以把骨架曲线以四段折线的代替。通过调节 Pinching4 单元的三个特征参数来定义捏缩特性，就可以实现捏缩效应的模拟。

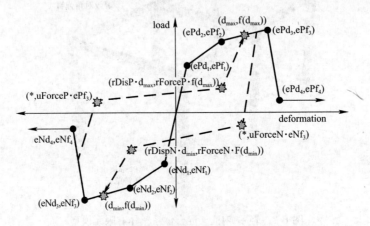

图 B-3　Pinching4 关键参数示意图

参 考 文 献

[7.1]　李征. 钢木混合结构竖向抗侧力体系抗震性能研究 [D]. 上海：同济大学土木工程学院，2014.

[7.2]　马仲. 钢木混合结构水平向抗侧力体系抗震性能研究 [D]. 上海：同济大学土木工程学院，2014.

[7.3]　何敏娟，Frank Lam，杨军，张盛东. 木结构设计 [M]. 中国建筑工业出版社，2008.

[7.4]　丁成章. 轻钢（木）骨架住宅结构设计 [M]. 机械工业出版社，2005.

[7.5]　董文晨. 钢木混合体系中钢框架与轻型木剪力墙连接形式及结构性能研究 [D]. 上海：同济大学土木工程学院，2017.

[7.6]　陈忠范. 高层建筑结构 [M]. 东南大学出版社，2008.

[7.7]　沈祖炎，陈以一，陈扬骥. 房屋钢结构设计 [M]. 中国建筑工业出版社，2008.

[7.8]　杨扬. 多层钢木混合结构抗震性能研究 [D]. 上海：同济大学土木工程学院，2015.

[7.9]　中华人民共和国住房和城乡建设部. GB 50011—2010 建筑抗震设计规范 [S]. 北京：中国建筑工业出版社，2010.

[7.10]　何敏娟，马仲，马人乐，李征. 轻型钢木混合楼盖水平荷载转移性能 [J]. 同济大学学报自然科学版，2014，42（7）：1038～1043.

[7.11]　柳炳康，沈小璞. 工程结构抗震设计（第3版）[M]. 武汉理工大学出版社，2012.

[7.12]　JWW Guo, C Christopoulos. Performance spectra based method for the seismic design of structures equipped with passive supplemental damping systems [J]. Earthquake Engineering & Structural Dynamics, 2013, 42（6）：935～952.

[7.13]　马仲，何敏娟，马人乐. 轻型钢木混合楼盖水平抗侧性能试验 [J]. 振动与冲击，2014，33（18）：90～95.

[7.14]　中华人民共和国住房和城乡建设部. GB 50017—2017 钢结构设计标准 [S]. 北京：中国建筑工

业出版社，2018.

[7.15]　中华人民共和国住房和城乡建设部. GB 50005—2017 木结构设计标准 ［S］. 北京：中国建筑工业出版社，2017.

[7.16]　中华人民共和国住房和城乡建设部. GB 50009—2012 建筑结构荷载规范 ［S］. 北京：中国建筑工业出版社，2012.